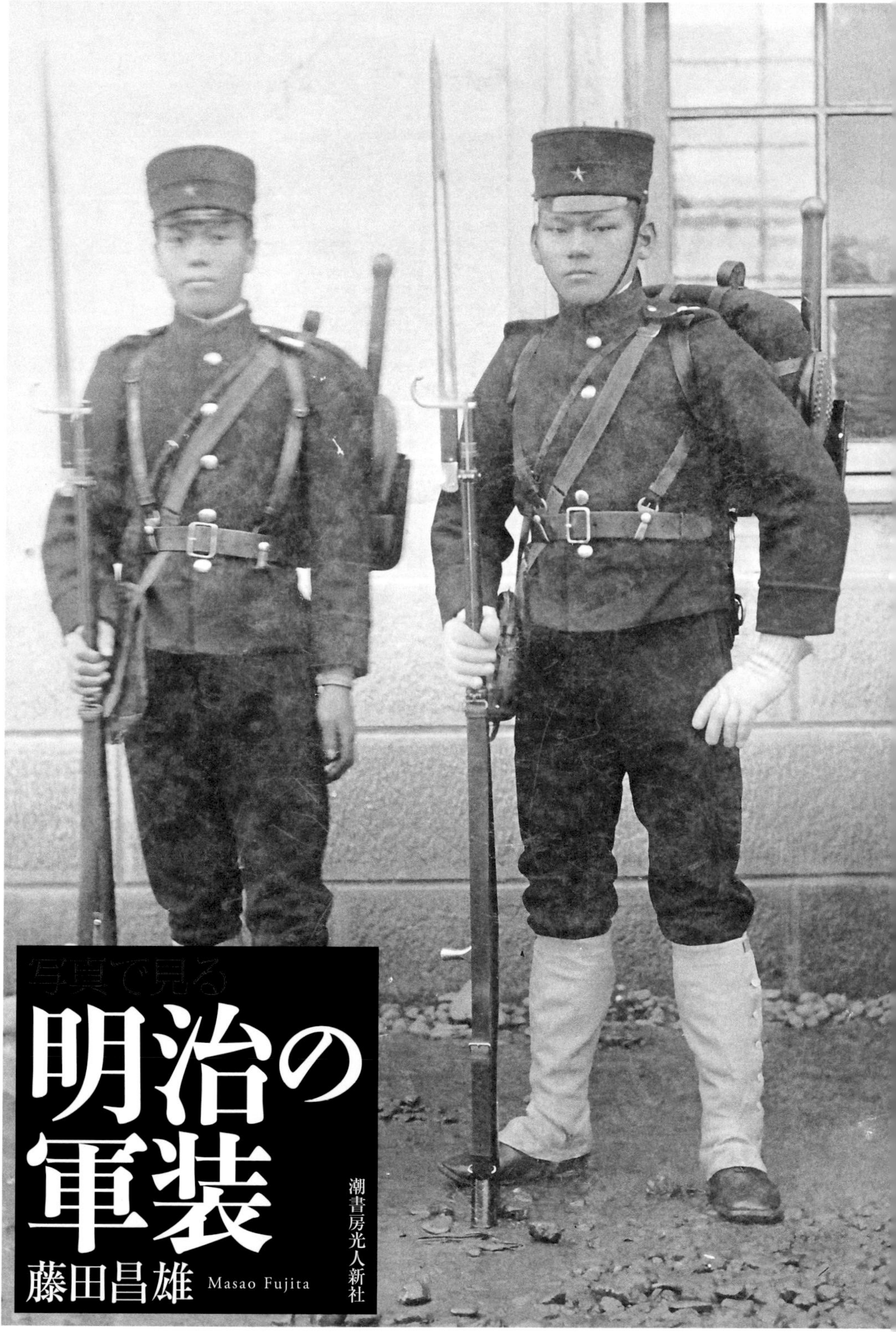

写真で見る

明治の軍装

藤田昌雄 Masao Fujita

潮書房光人新社

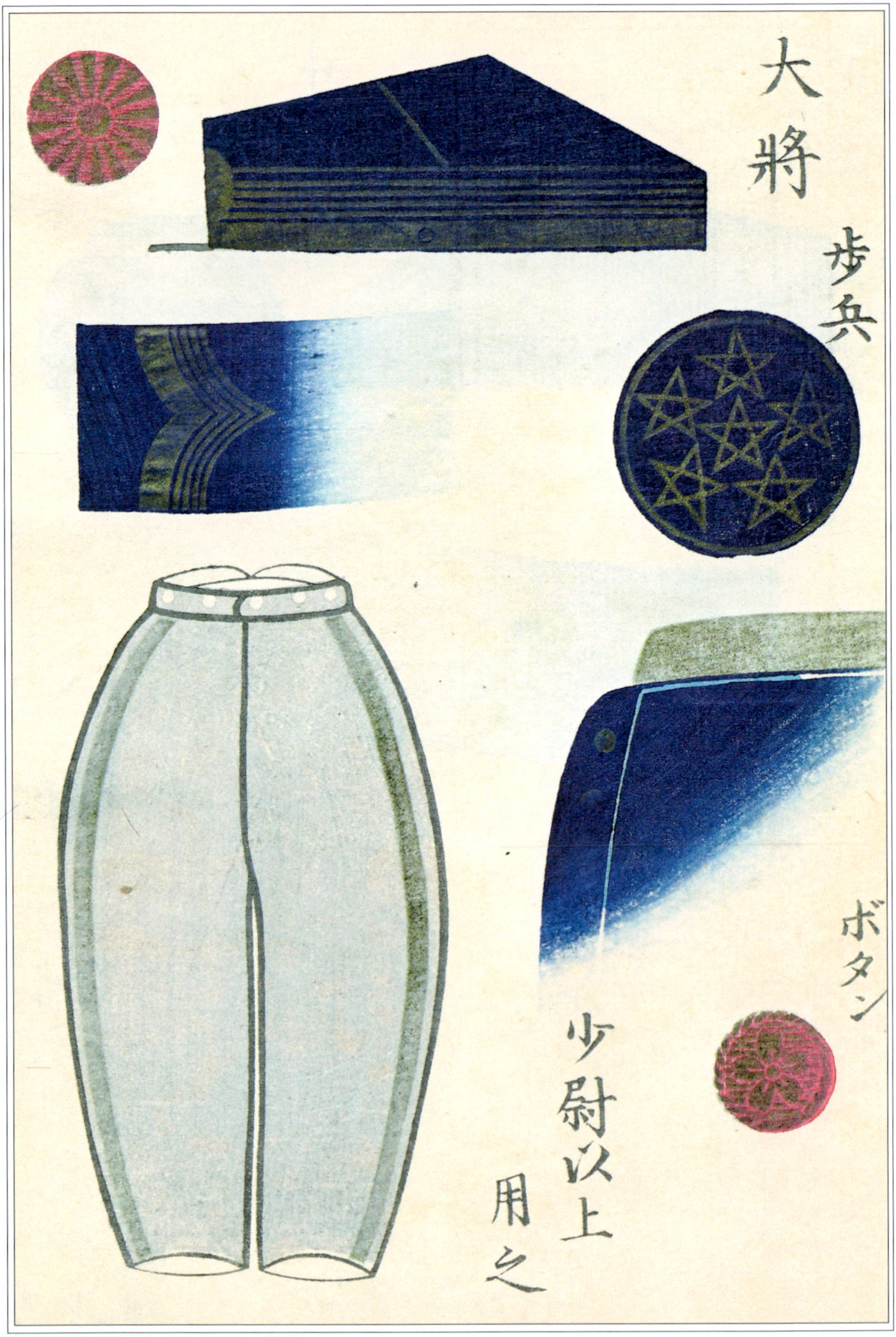

「陸軍徽章」P２からP22まで、明治３年に制定された日本陸軍初の制式服制である「陸軍徽章」の図式を収録する。初の制式服制整備に向けて、彩色図を準備する明治陸軍の意気込みが伝えられる資料である。

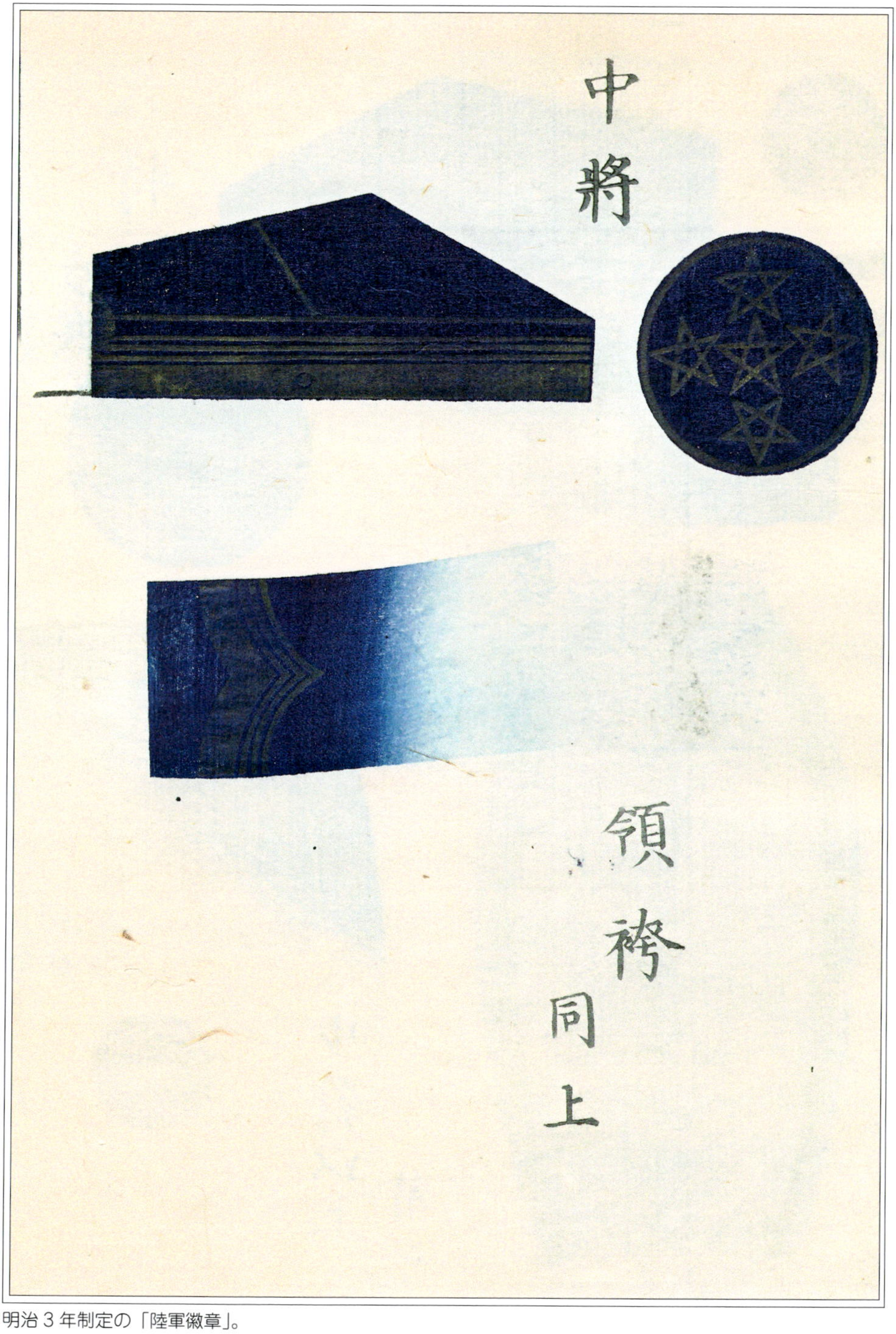

明治３年制定の「陸軍徽章」。

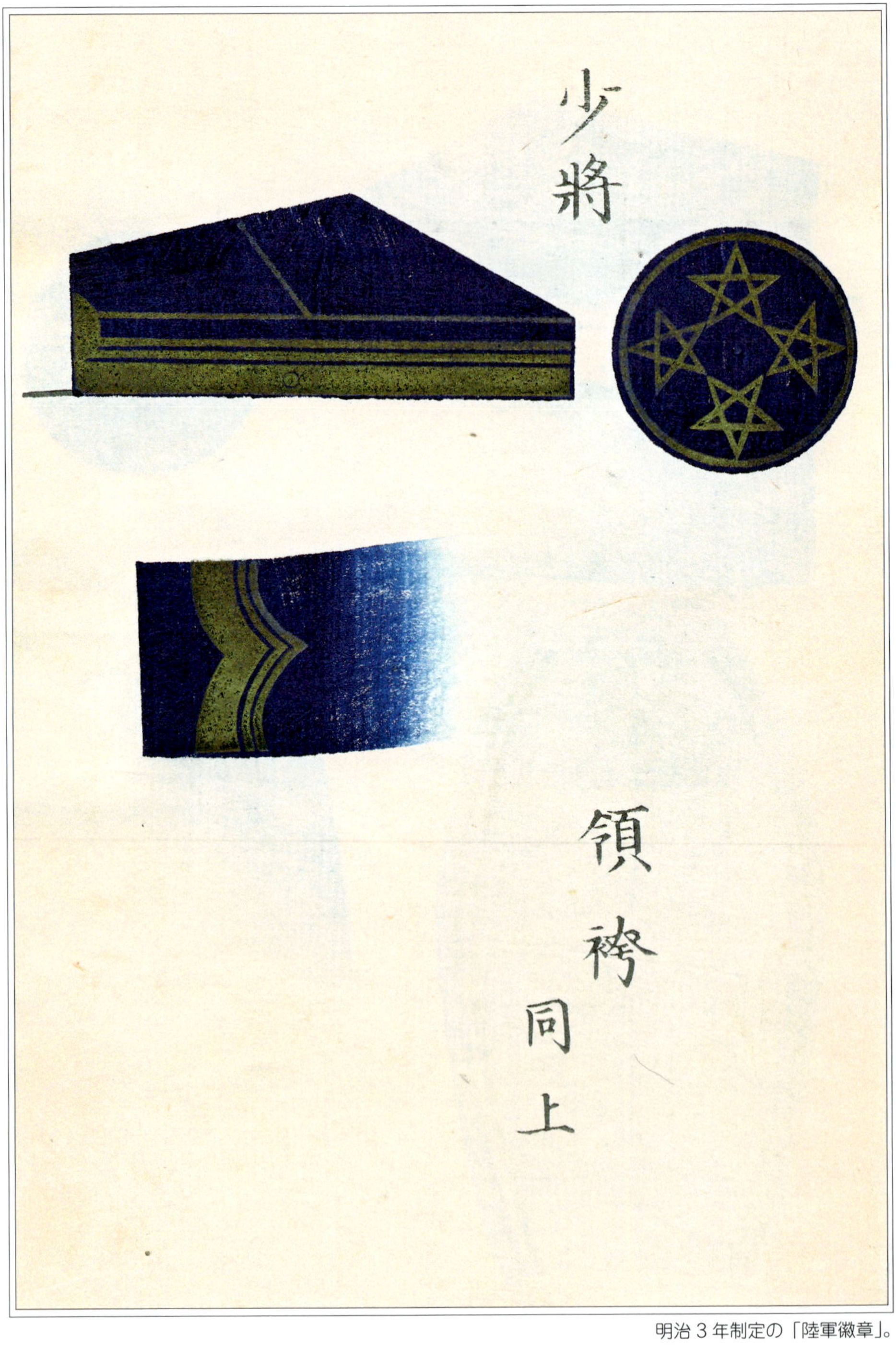

明治３年制定の「陸軍徽章」。

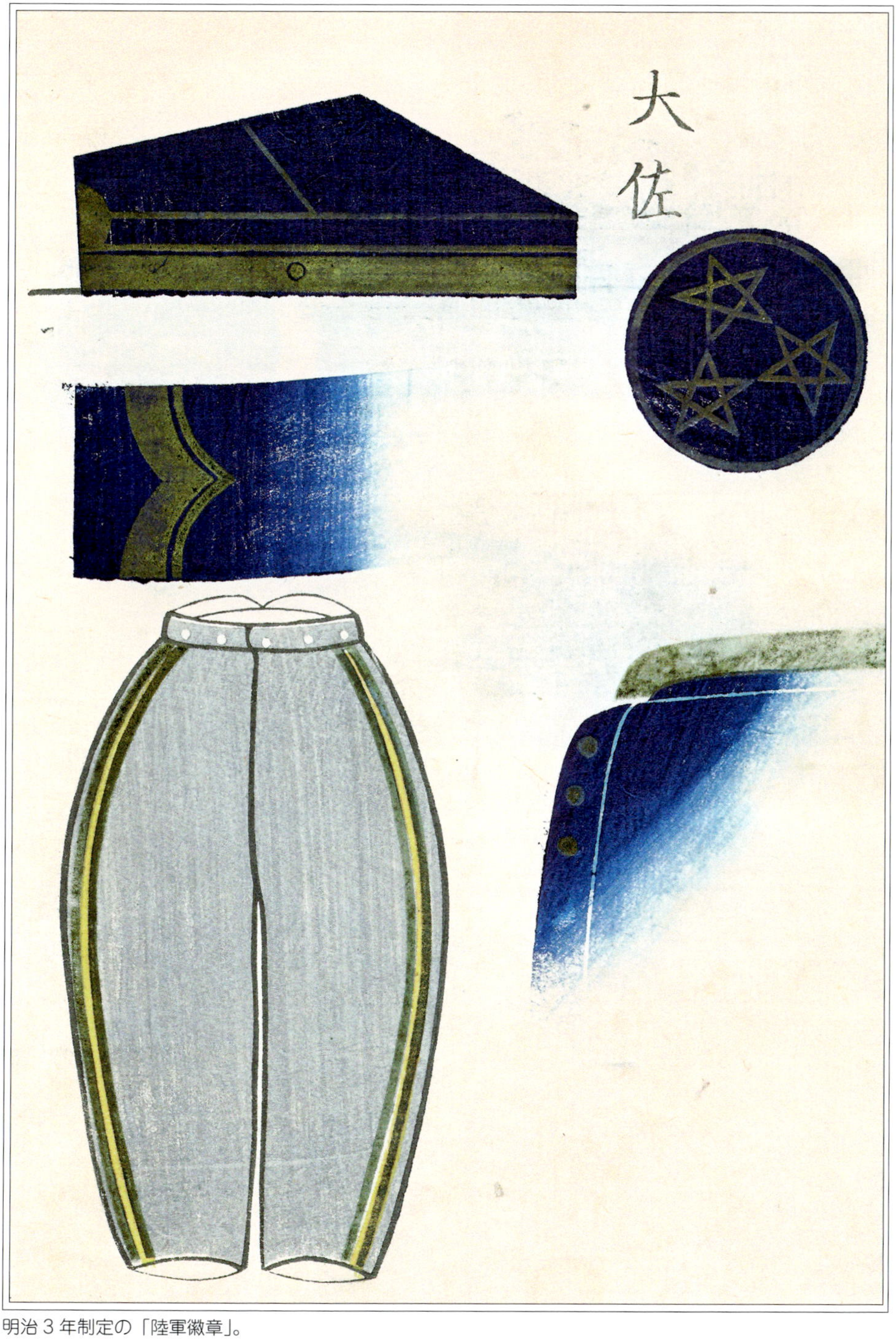

明治３年制定の「陸軍徽章」。

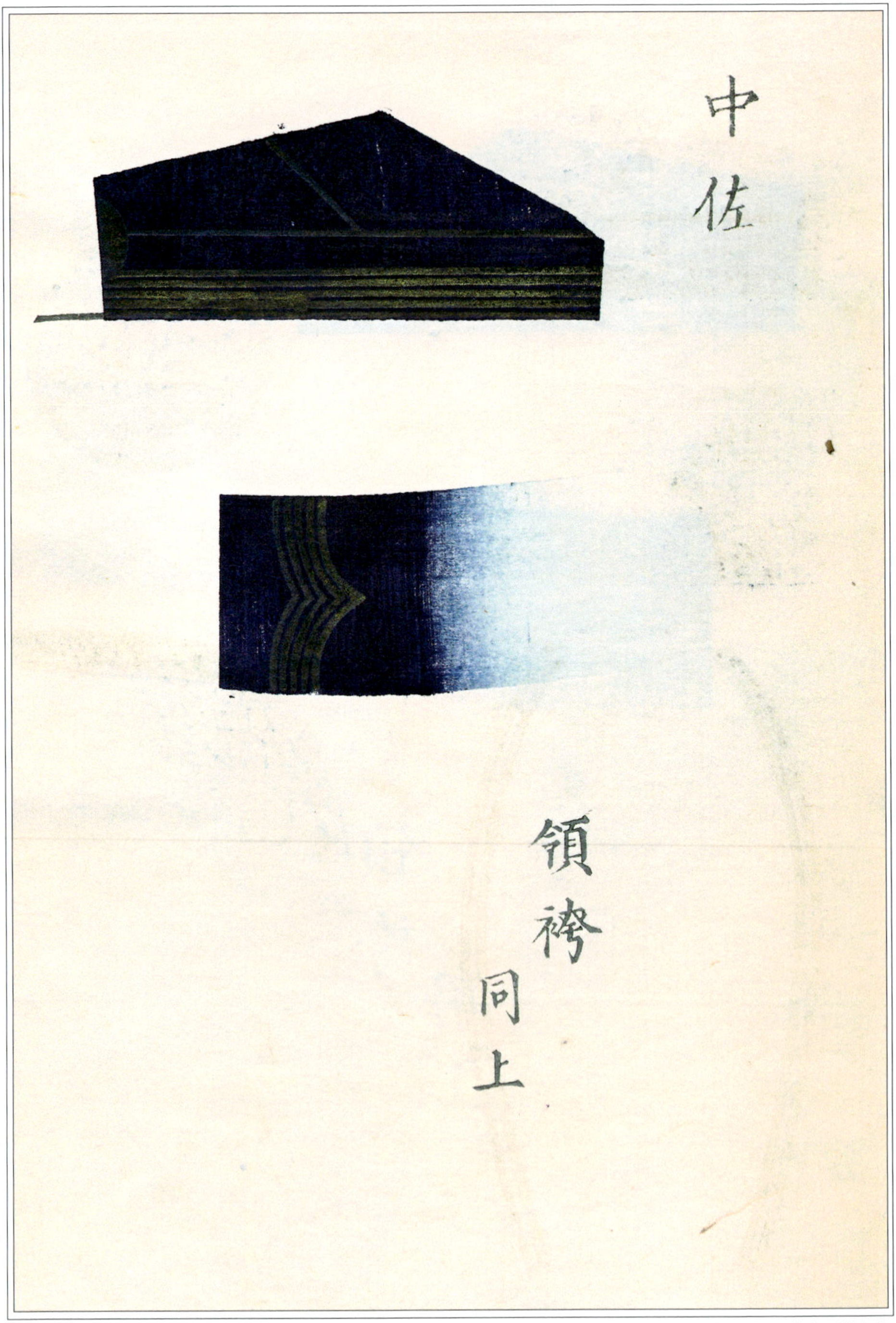

明治３年制定の「陸軍徽章」。

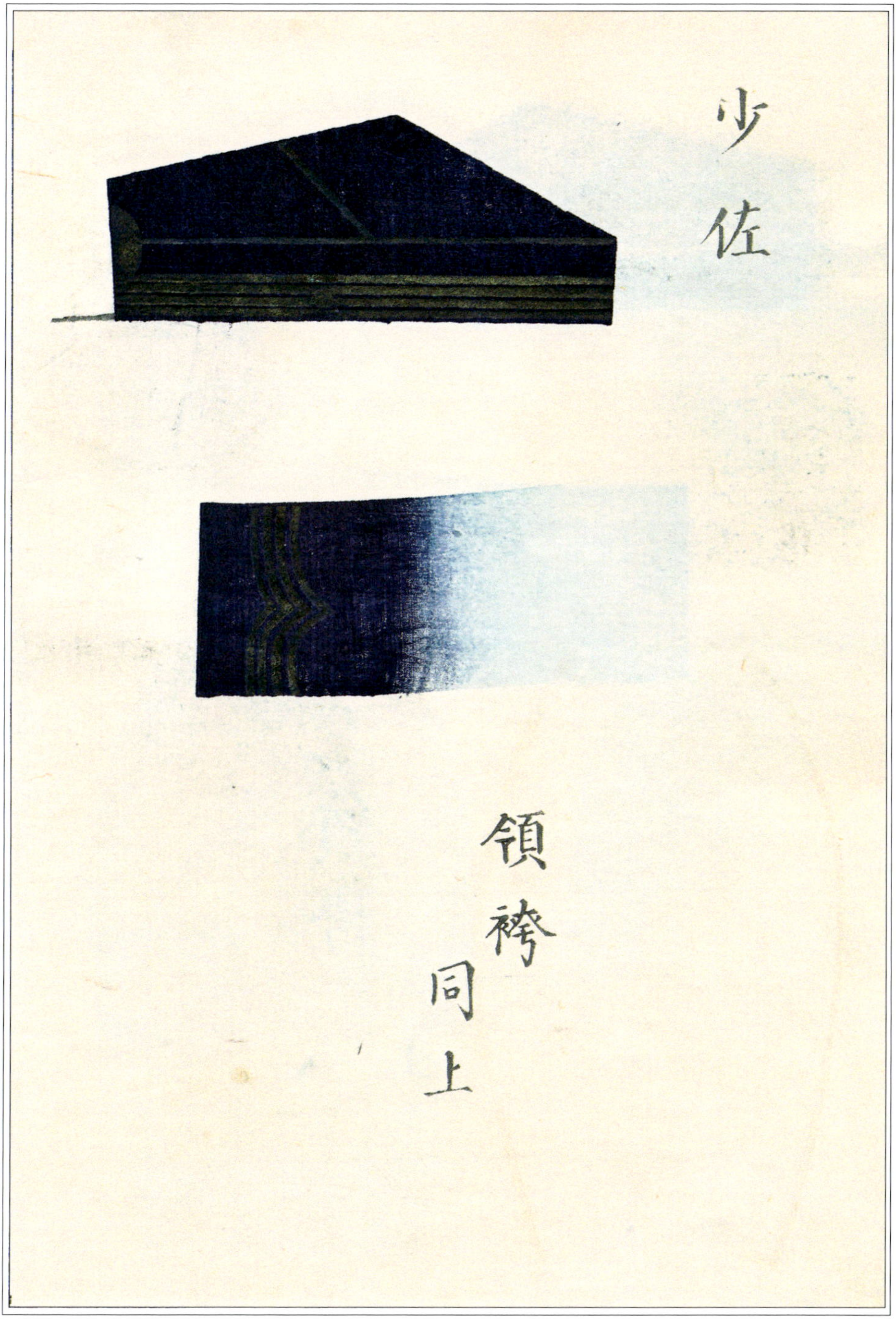

明治３年制定の「陸軍徽章」。

明治３年制定の「陸軍徽章」。

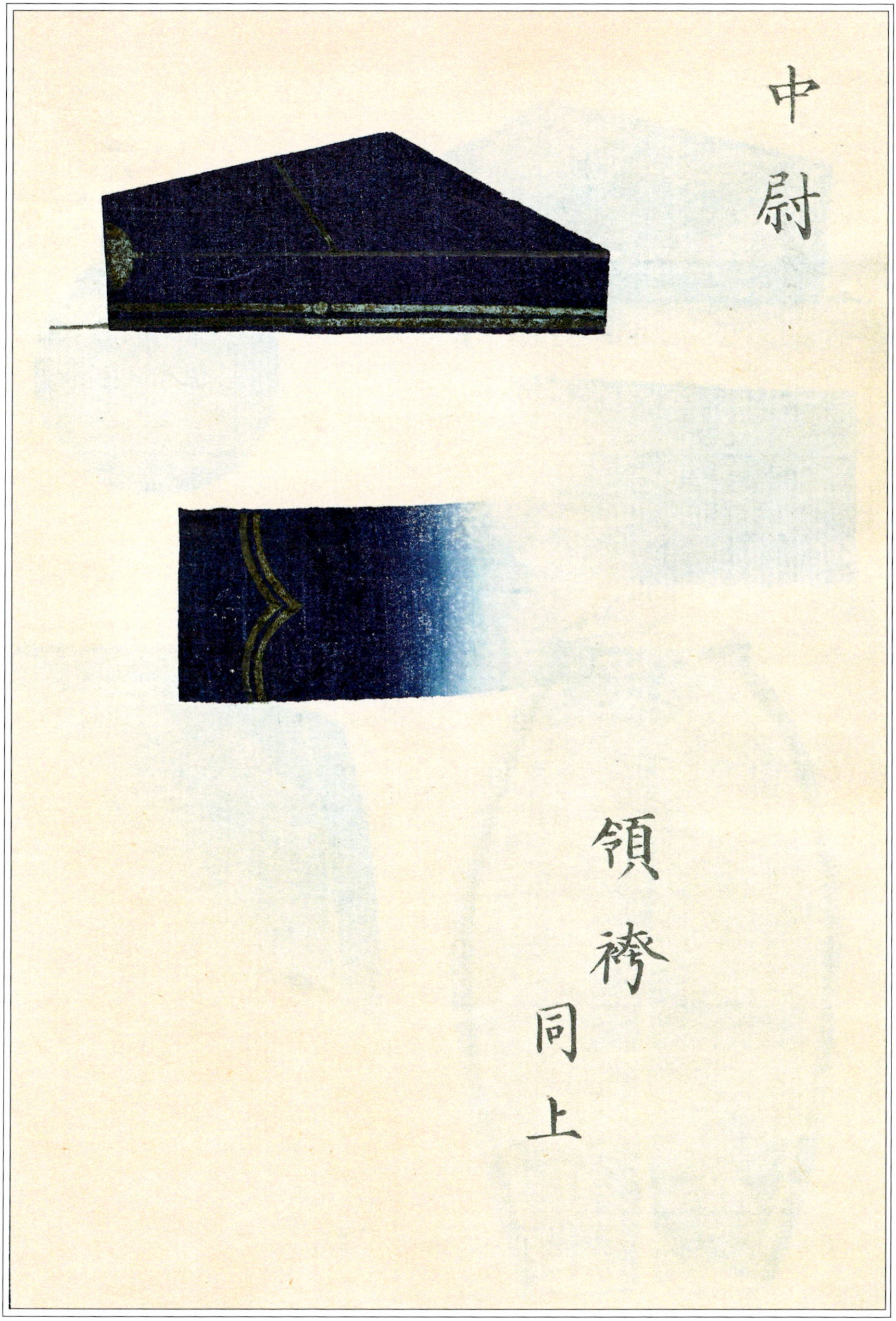

明治３年制定の「陸軍徽章」。

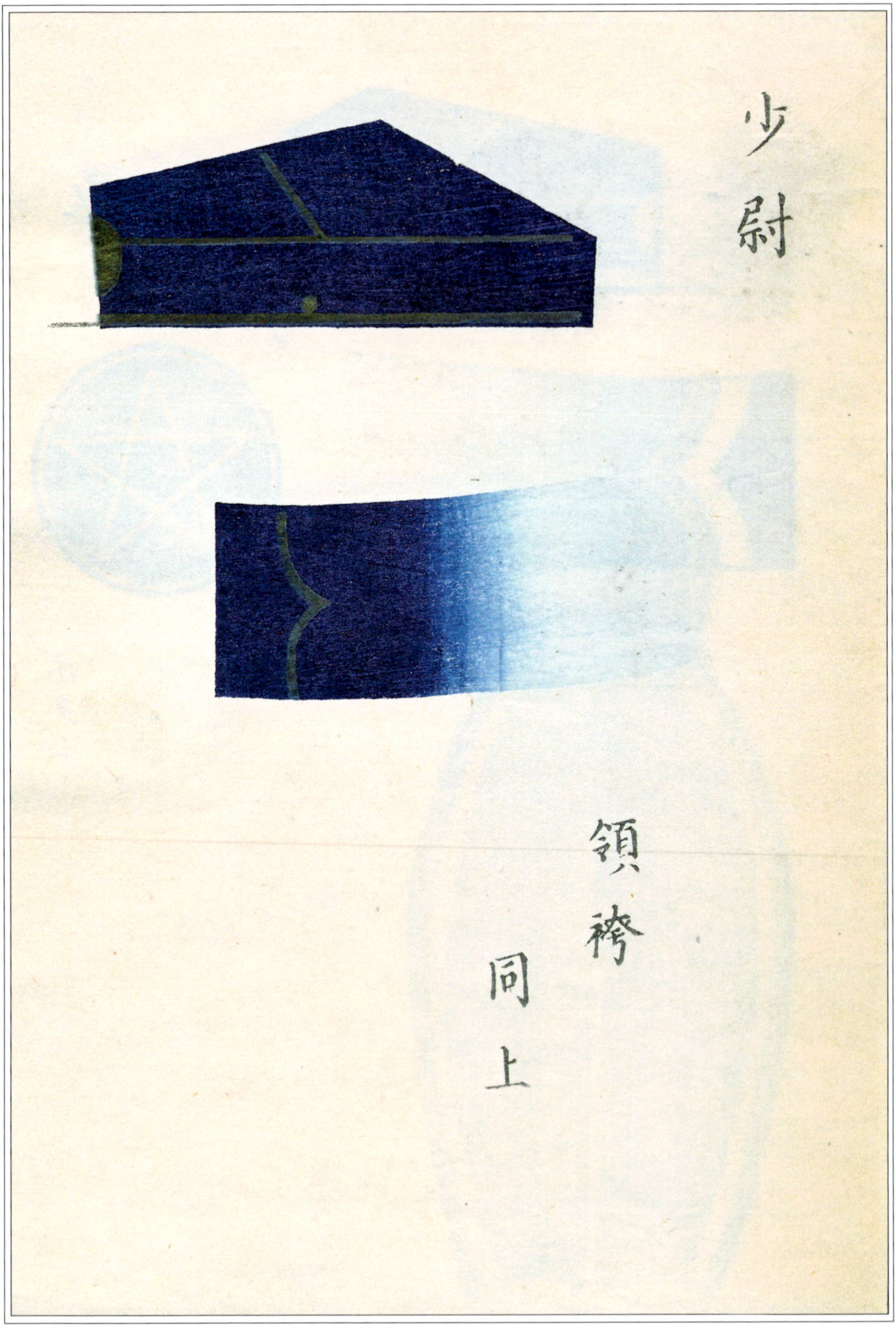

明治３年制定の「陸軍徽章」。

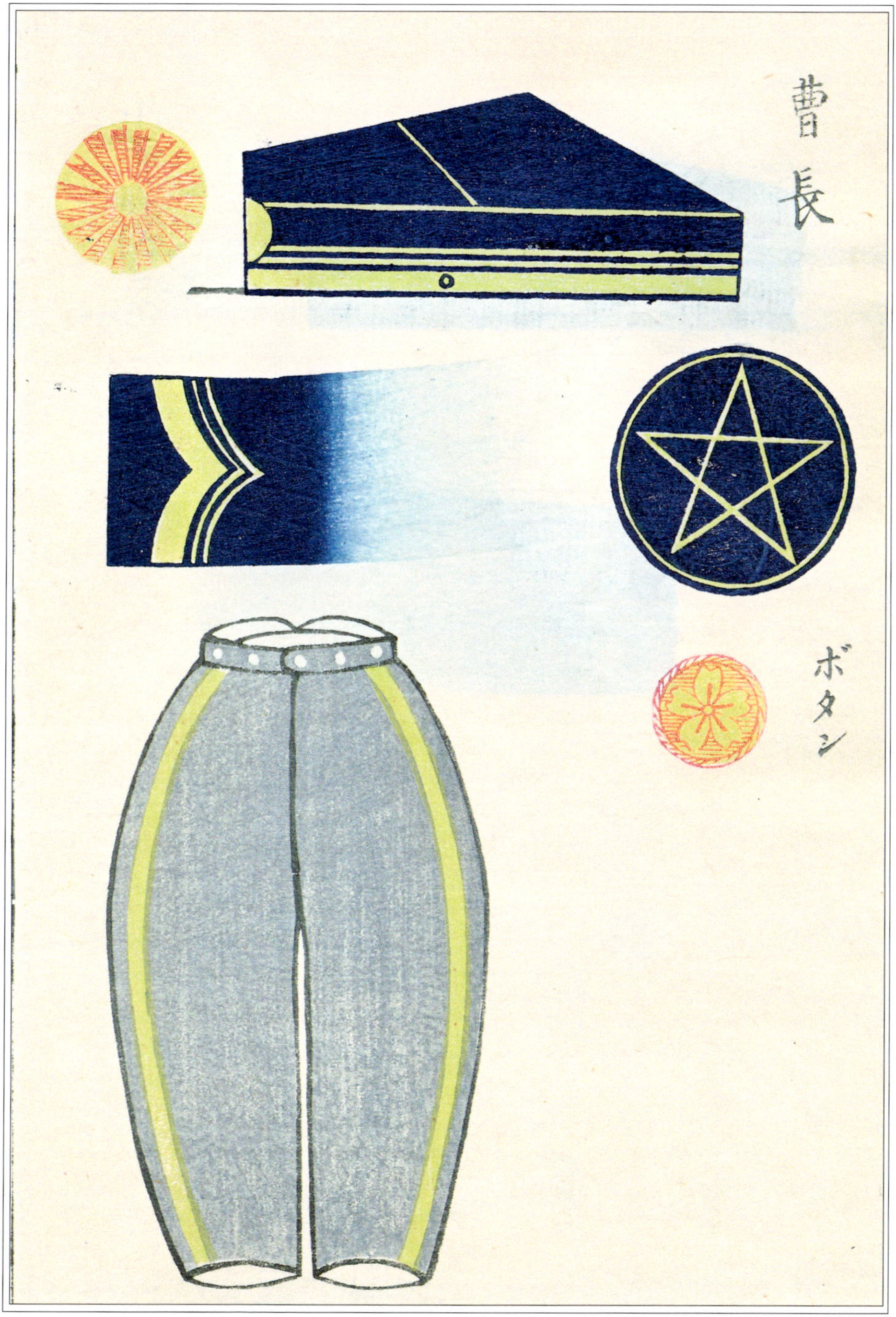

明治３年制定の「陸軍徽章」。

明治３年制定の「陸軍徽章」。

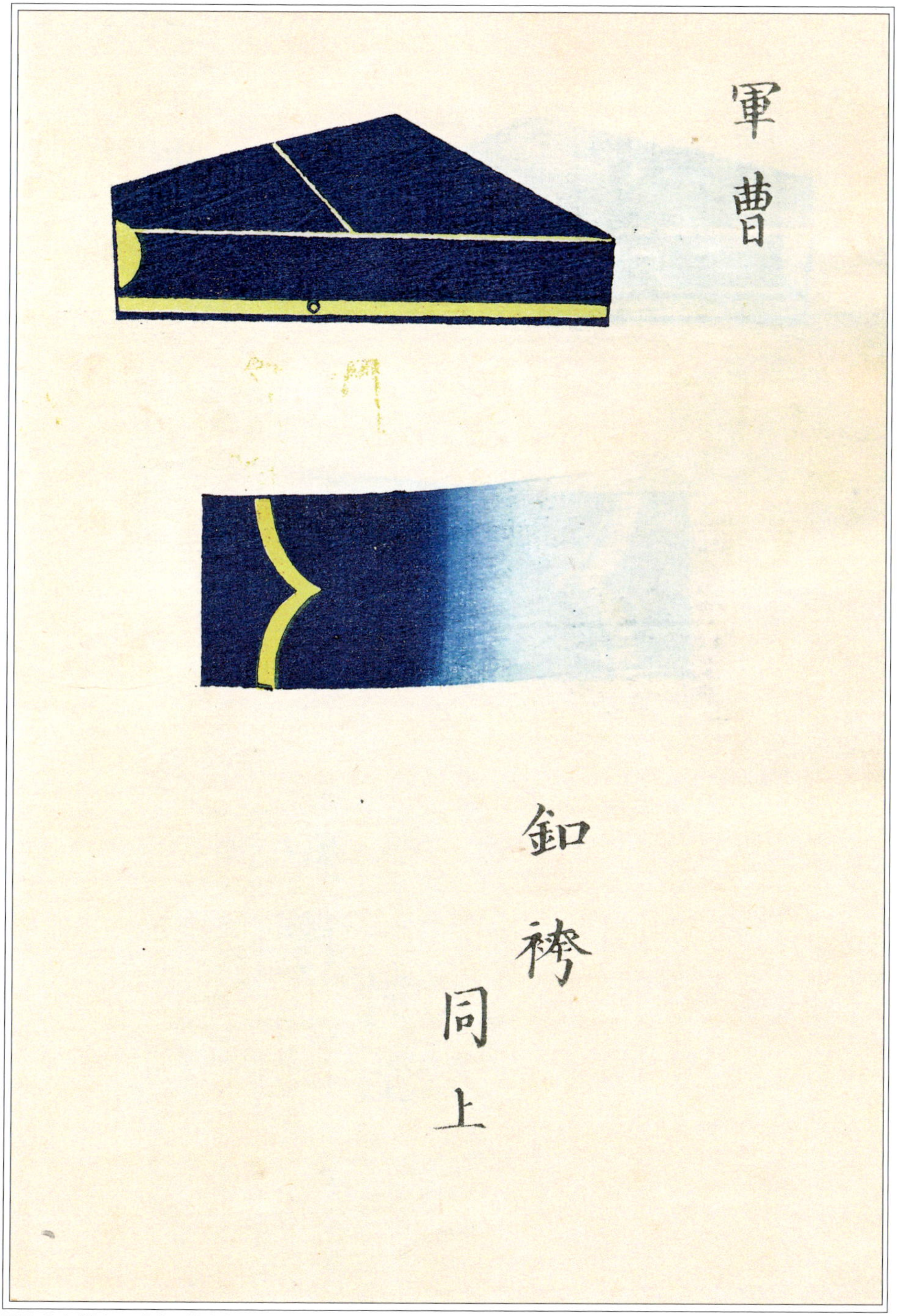

明治３年制定の「陸軍徽章」。

明治３年制定の「陸軍徽章」。

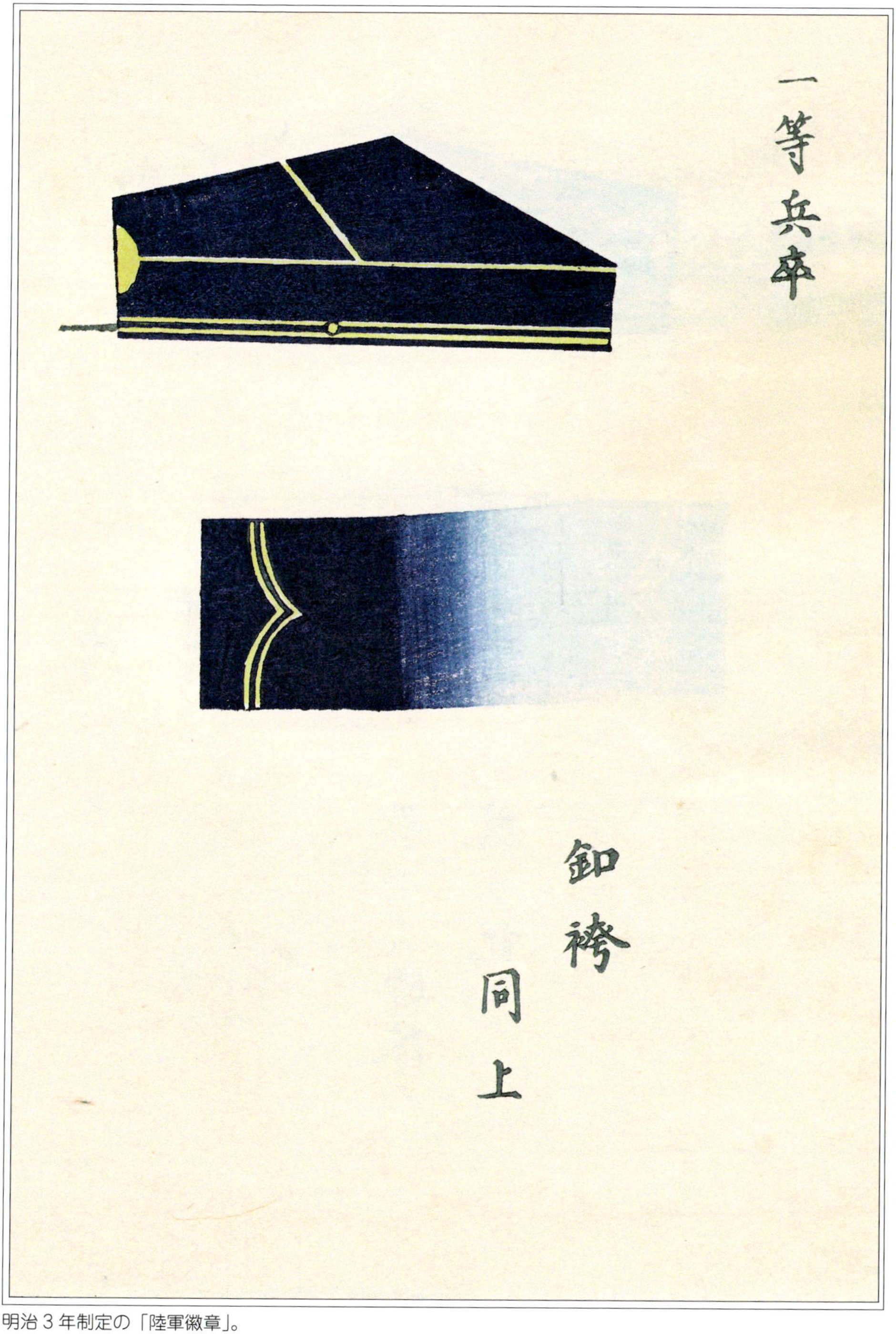

明治３年制定の「陸軍徽章」。

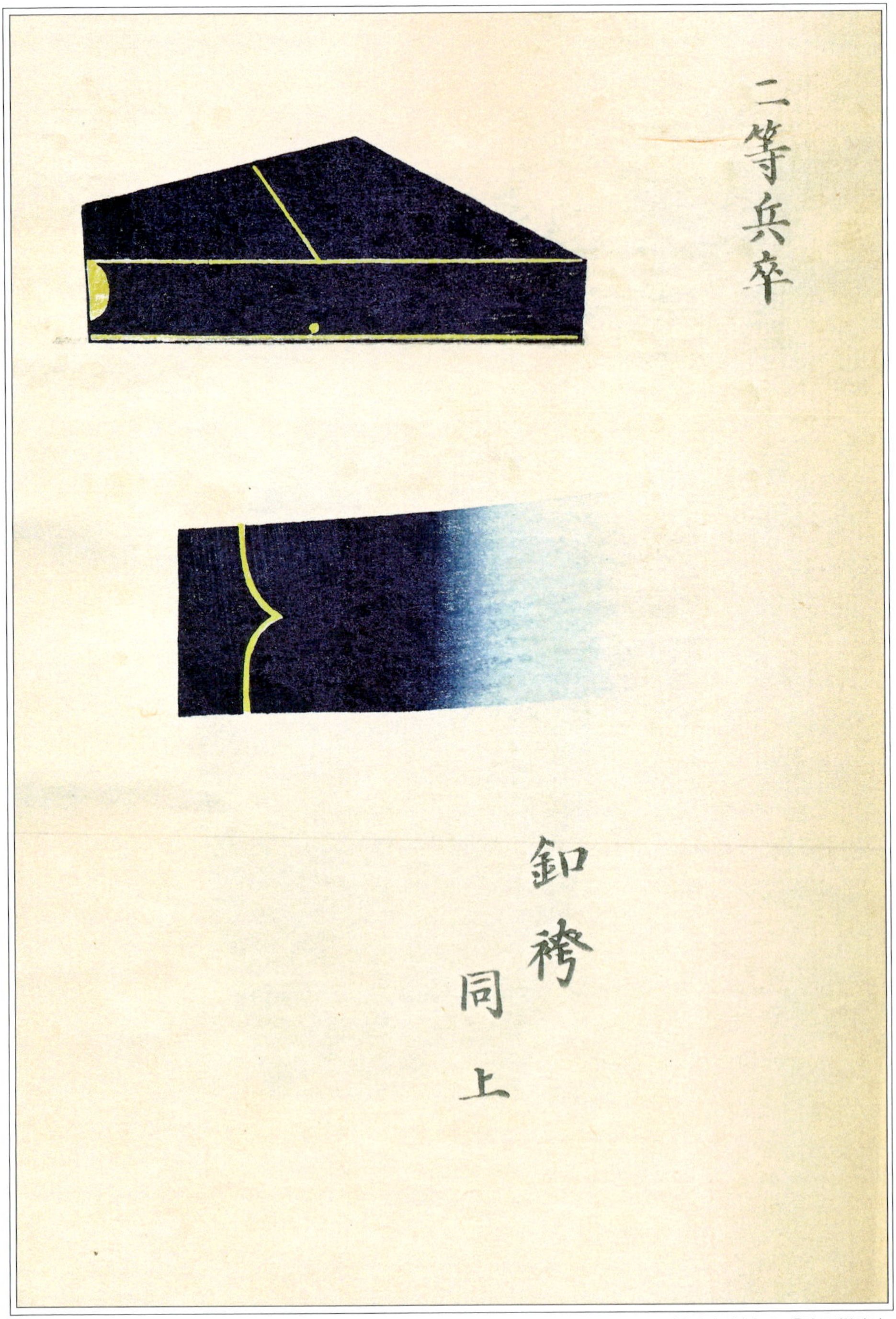

明治３年制定の「陸軍徽章」。

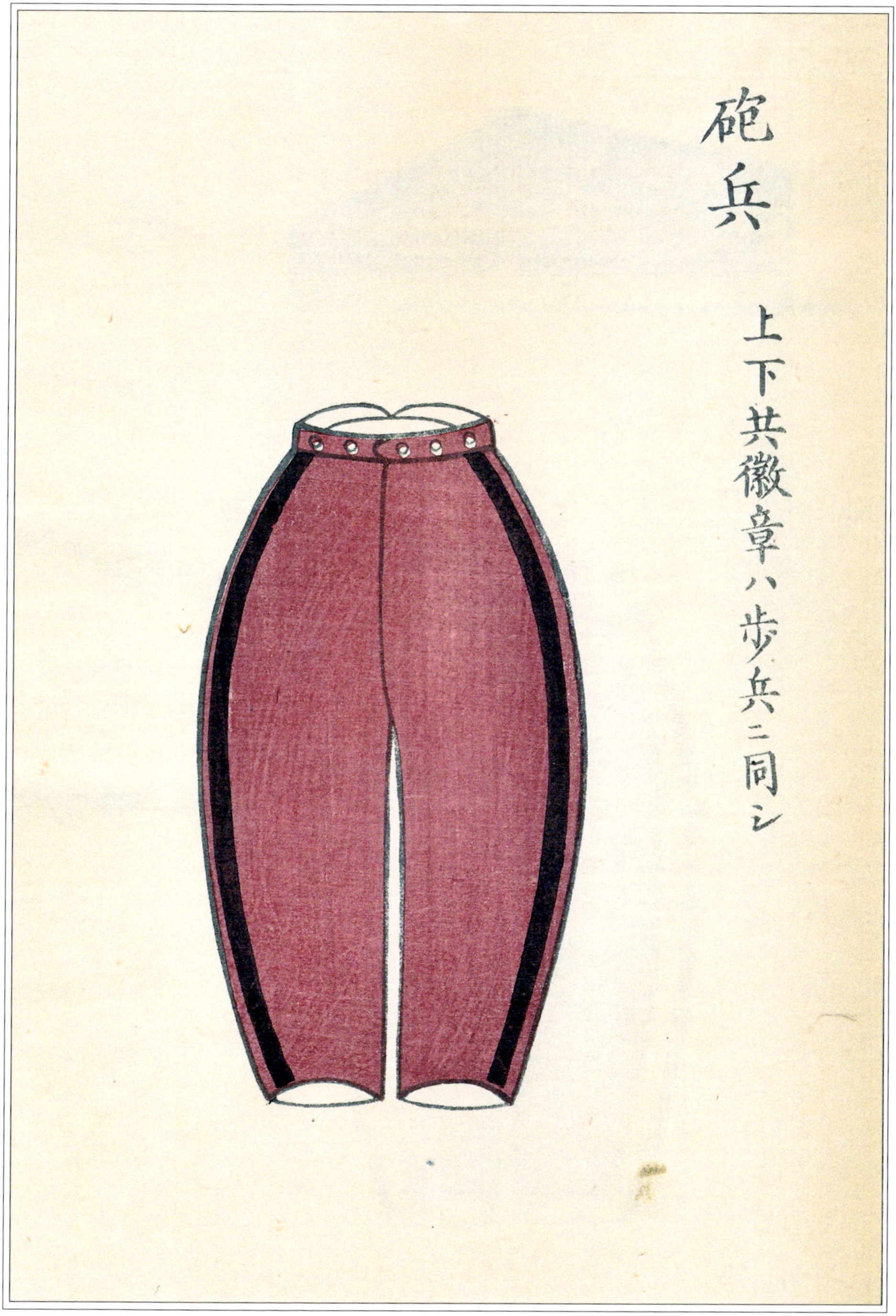

明治３年制定の「陸軍徽章」。

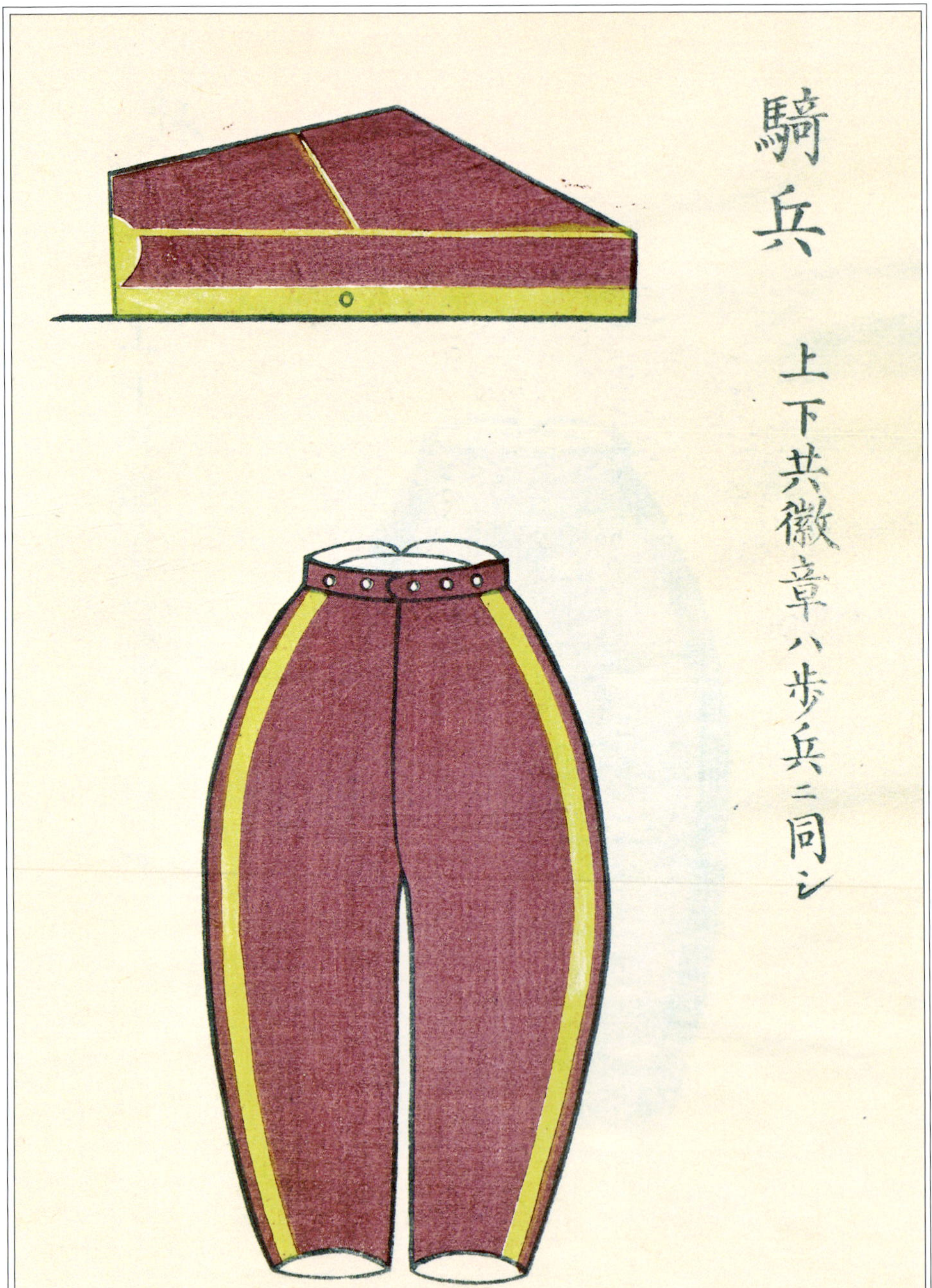

明治３年制定の「陸軍徽章」。

明治３年制定の「陸軍徽章」。

明治３年制定の「陸軍徽章」。

明治３年制定の「陸軍徽章」。

明治３年制定の「陸軍徽章」。

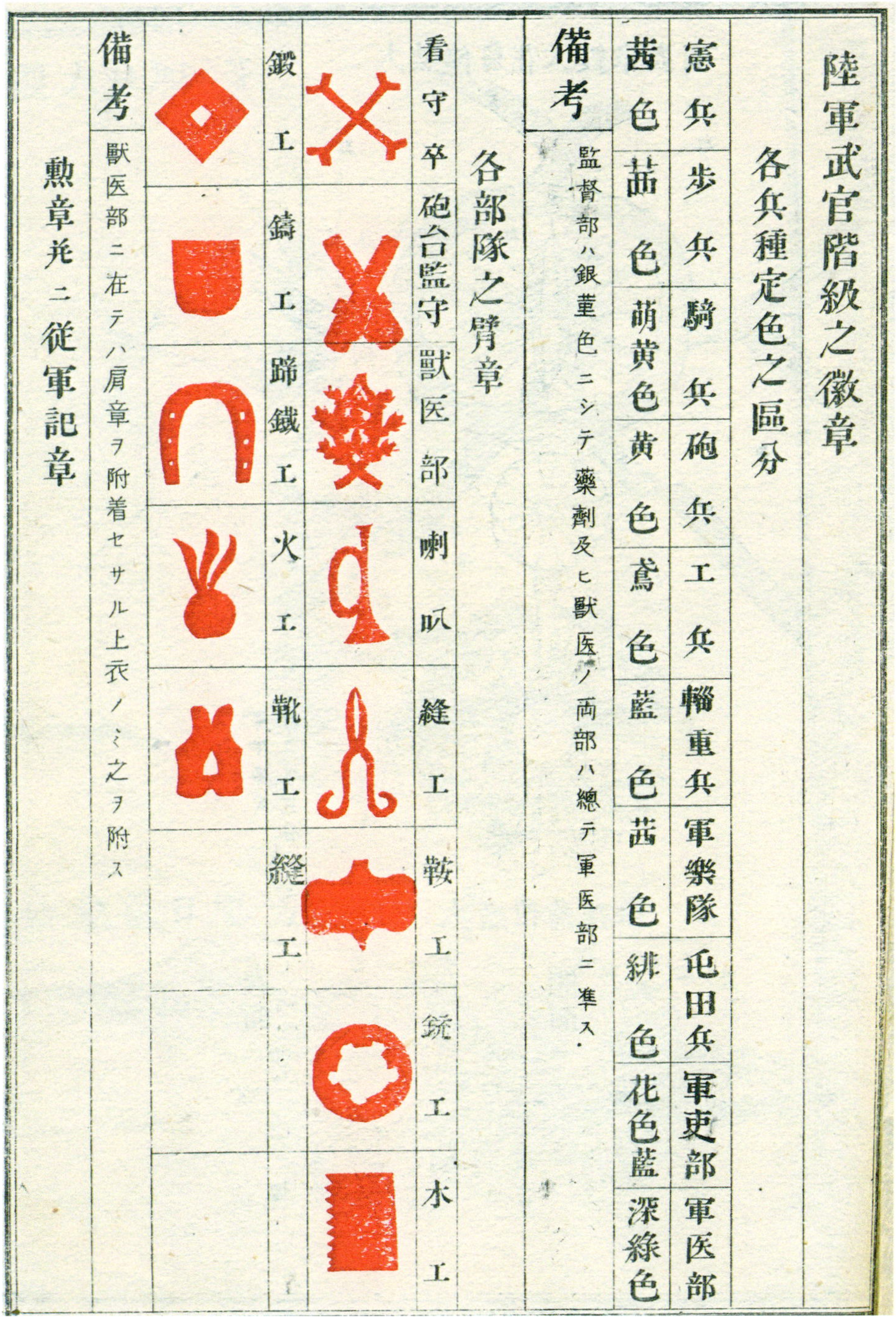

陸軍武官階級之徽章

各兵種定色之區分

憲兵	茜色
歩兵	茜色
騎兵	萌黄色
砲兵	黄色
工兵	鳶色
輜重兵	藍色
軍樂隊	茜色
屯田兵	緋色
軍吏部	花色藍
軍医部	深緑色

備考 監督部ハ銀董色ニシテ薬劑及ヒ獣医ノ両部ハ總テ軍医部ニ準ス。

各部隊之臂章

看守卒	砲台監守
獣医部	喇叭
縫工	鞍工
銃工	木工
鍛工	鋳工
蹄鐵工	火工
靴工	縫工

備考 獣医部ニ在テハ肩章ヲ附着セサル上衣ノミ之ヲ附ス

勲章并ニ従軍記章

明治19年制定の「陸軍下士以下服制」。

将校同相当官の正装の着色図。

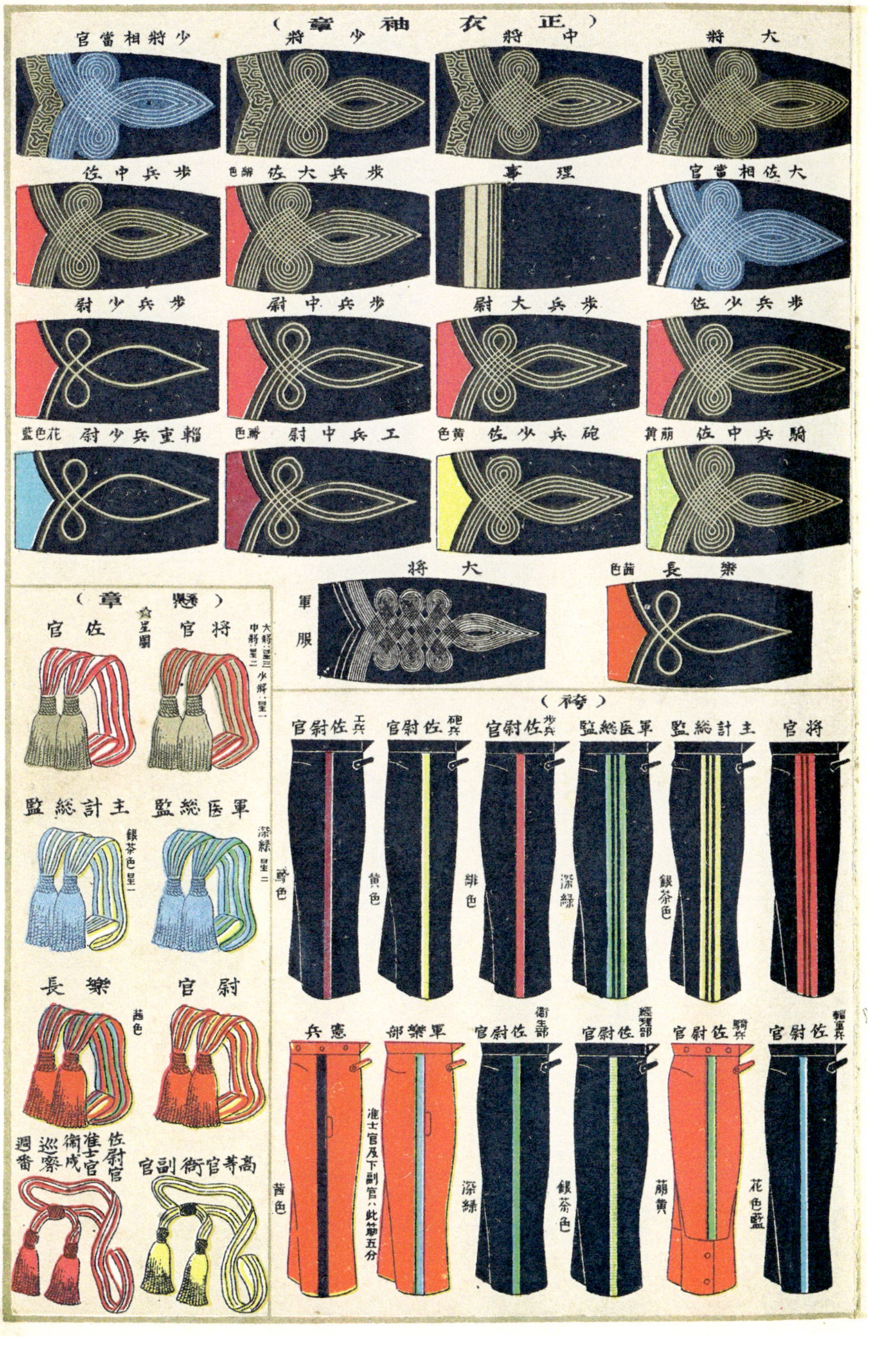
（正衣袖章）
大将
中将
少将
少将相当官
大佐相当官
理事
歩兵大佐 緋色
歩兵中佐
歩兵少佐
歩兵大尉
歩兵中尉
歩兵少尉
騎兵中佐 萠黄
砲兵少佐 黄色
工兵中尉 鳶色
輜重兵少尉 花色藍
軍服
大将
楽長 茜色
（懸章）
将官
大将：星三 中将：星二 少将：星一
佐官
星闕
軍医総監
深緑 星二
主計総監
銀茶色 星一
尉官
楽長
茜色
佐尉官 准士官 衛戍 巡察 週番
高等官副官
（袴）
将官
主計総監
銀茶色
軍医総監
深緑
歩兵佐尉官
緋色
砲兵佐尉官
黄色
工兵佐尉官
鳶色
輜重兵佐尉官
花色藍
騎兵佐尉官
萠黄
経理部佐尉官
銀茶色
衛生部佐尉官
深緑
軍楽部
准士官及下副官ハ此節五分
憲兵
茜色

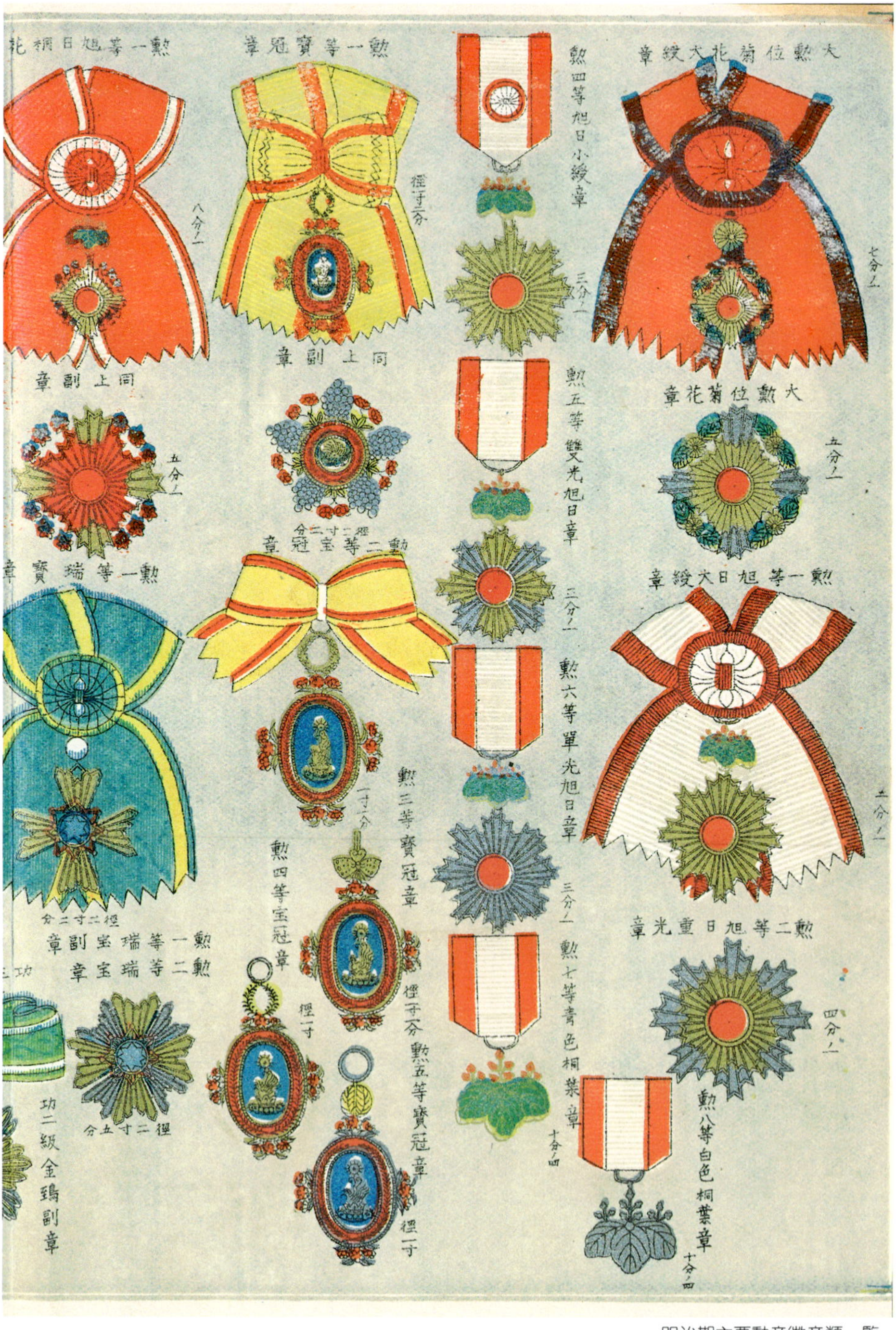

明治期主要勲章徽章類一覧。

功六級金鶏章
功七級金鶏章
同上
長一寸七分
大勲位菊花章頸飾
功二級金鶏章
功一級金鶏副章
径三寸
勲四等瑞宝章
勲五等瑞宝章
勲七等瑞宝章
一寸二分
勲八等瑞宝章
同上
勲六等瑞宝章
一寸三分
功四級金鶏章
径一寸五分
一寸三分
従軍記章
憲法発布記念章
功一級金鶏章
勲三等旭日中綬章
功三級金鶏章
功五級金鶏章
勲三等瑞宝章径二寸五分
赤十字社々員徽章
径一寸五分
一寸八分
径一寸八分

「大日本帝国陸軍　特別大演習記事　陸軍服制図絵」P28からP40まで、明治25年に「東洋堂」より発行された本邦初の本格的グラフ雑誌である「風俗画制報　五十四号」に掲載された「陸軍大演習」に際しての将校・同相当官・下士兵卒の被服の着色画図を収録する。

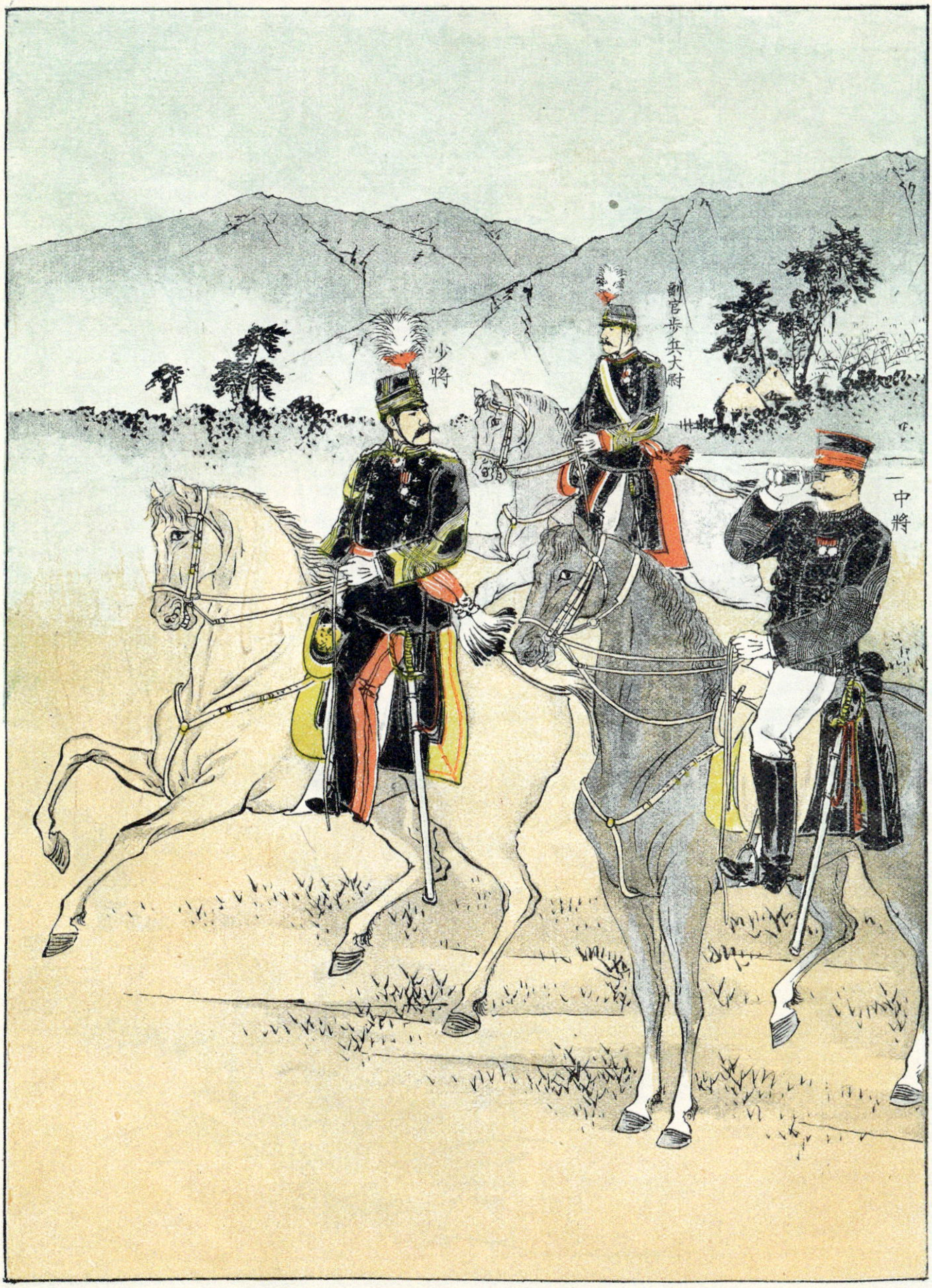
副官歩兵大尉
少将
中将

憲兵曹長
憲兵少佐
憲兵大尉
近衛歩兵一等卒

近衛騎兵喇叭卒
近衛騎兵中佐
仝騎兵中尉
仝一等軍曹
仝
近衛歩兵大尉
仝歩兵曹長

騎兵大尉
騎兵曹長
仝二等卒
近衛砲兵二等卒
同砲兵中尉
仝一等軍曹

砲兵中佐
砲兵下副官

輜重兵曹長
工兵上等卒
仝二等卒
工兵大尉
輜重兵大尉

工兵二等軍曹
屯田歩兵大尉
仝歩兵一等軍曹
仝二等卒
一等軍楽長
一等軍楽手

軍醫監
二等獸醫
一等軍醫
一等看護手
近衛歩兵
一等卒

参謀歩兵大佐
参謀騎兵大尉
仝二等卒
要塞砲兵一等軍曹

二等監督
全
全
幼年生徒
一等書記
一等軍吏

大將
副官工兵少佐
參謀歩兵大佐

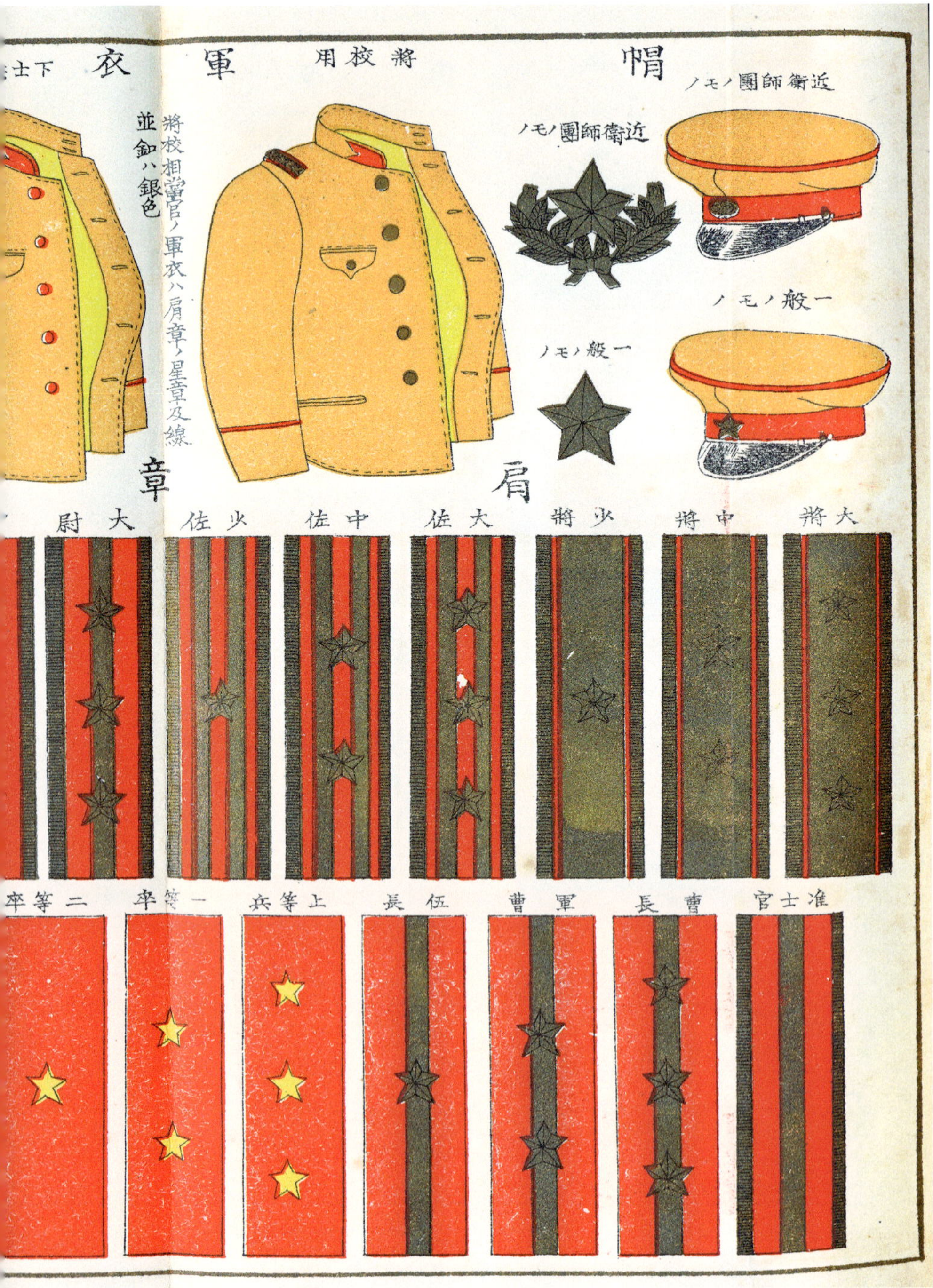

明治三十九年「陸軍軍服服制」。

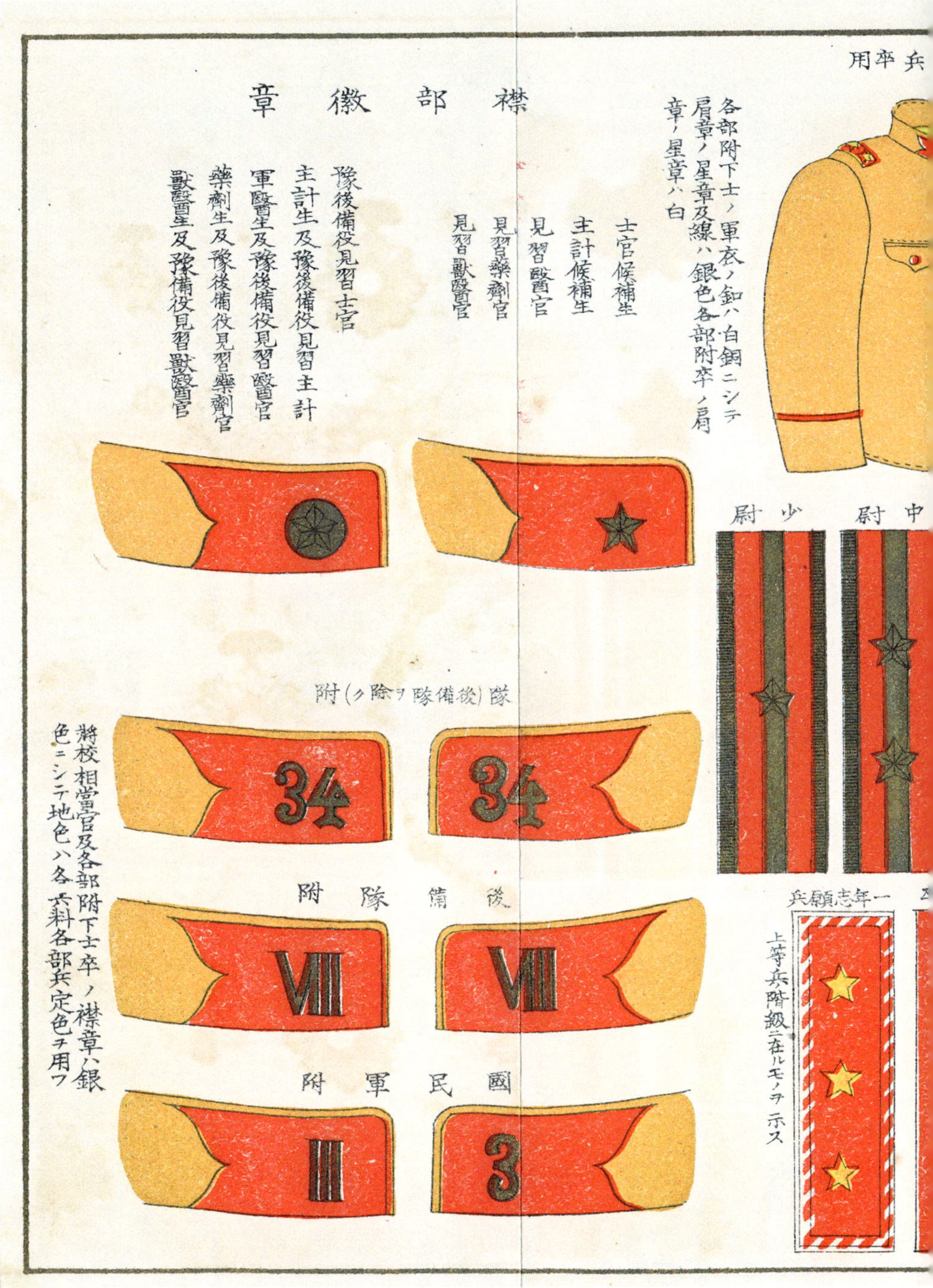
襟部徽章
兵卒用
各部附下士ノ軍衣ノ釦ハ白銅ニシテ肩章ノ星章及線ハ銀色各部附卒ノ肩章ノ星章ハ白
士官候補生
主計候補生
見習醫官
見習藥劑官
見習獸醫官
豫後備役見習士官
主計生及豫後備役見習主計
軍醫生及豫後備役見習醫官
藥劑生及豫後備役見習藥劑官
獸醫生及豫後備役見習獸醫官
少尉
中尉
隊附(後備隊ヲ除ク)
34
34
後備隊附
VII
VII
國民軍附
III
3
將校相當官及各部附下士卒ノ襟章ハ銀色ニシテ地色ハ各兵科各部兵定色ヲ用フ
一年志願兵
上等兵階級ニ在ルモノヲ示ス

明治三十九年「陸軍軍服服制」。

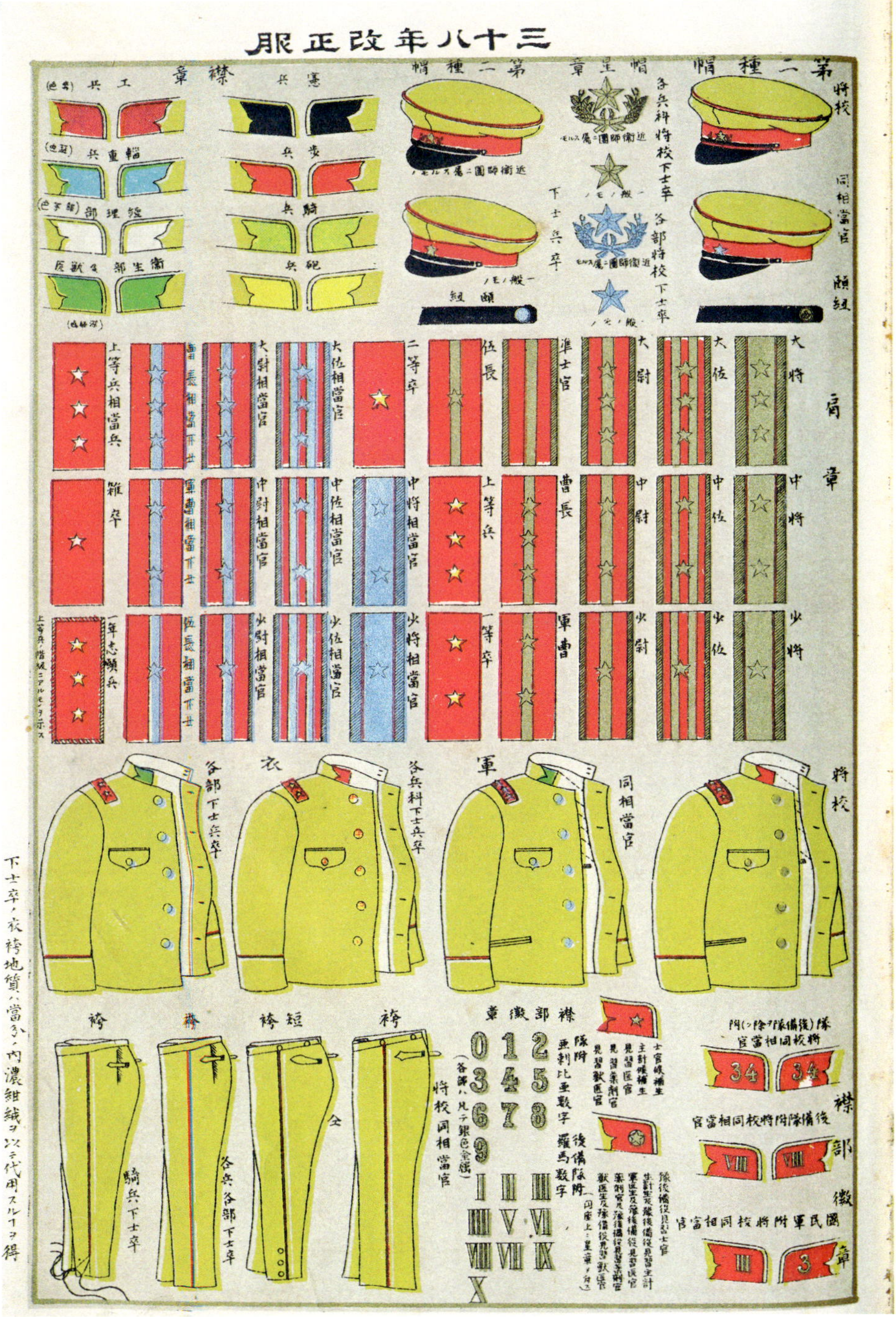
三十八年改正服
第二種帽
帽星章
第二種帽
將校
同相當官
顋紐
各兵科將校下士卒
近衛師團ニ屬スルモノ
一般ノモノ
各部將校下士卒
下士兵卒
顋紐
襟章
工兵
憲兵
輜重兵
步兵
經理部
騎兵
衛生部及獸醫部
砲兵
肩章
大將
中將
少將
大佐
中佐
少佐
大尉
中尉
少尉
準士官
曹長
軍曹
伍長
上等兵
一等卒
二等卒
中將相當官
少將相當官
大佐相當官
中佐相當官
少佐相當官
大尉相當官
中尉相當官
少尉相當官
曹長相當下士
軍曹相當下士
伍長相當下士
上等兵相當兵
雜卒
一年志願兵
軍衣
將校
同相當官
各兵科下士兵卒
各部下士兵卒
袴
短袴
騎兵下士卒
各兵各部下士卒
將校同相當官
襟部徽章
隊附亜剌比亜數字
後備隊附羅馬數字
0 1 2 3 4 5 6 7 8 9
I II III IIII V VI VII VIII IX X
隊附(後備隊ヲ除ク)將校同相當官
後備隊附將校同相當官
國民軍附將校同相當官
下士卒ノ衣袴地質ハ當分ノ内濃紺絨ヲ以テ代用スルコトヲ得

陸軍経理学校が昭和期にまとめた明治初期からの主計被服の沿革。

明治十九年七月改正

一等書記之圖

明治三十三年八月臨時制定

戰時略服(一等軍吏)之圖

明治四十五年二月改正

二等主計正之圖

プロローグ

いままでに日本陸軍の食事や生活スタイルは調べたことがありましたが、将兵の被服について詳しく調べたことはなく、今回は明治建軍期から、国運を賭した二つの大戦である日清戦争と日露戦争を通して末葉までの、明治時代の陸軍将兵の被服について調べてみました。

本書では陸軍の被服に関する各種法令と制式図を年代順に調べるとともに、ビジュアル面では筆者が収集した明治中葉以降の生写真を中心として紹介するスタイルをとりました。

明治期の被服は、建軍当初のシンプルな被服体系より、年代をかさねるごとに兵科の増設や変化する戦場の状況に対応すべく進化をとげて、陸軍の増強に合わせてだんだんと複雑な体系を持つように変化しました。

とくに軍服の色彩は当初は装飾に主眼が置かれていたものの、戦場での戦闘隊形の変化によって最終的にカモフラージュ効果を主眼とした保護色の軍服が出現するなど、明治期約四十年間の時代の流れの中での軍服の変遷は、国力の充実とあわせて、その進歩は眼を見張るものがありました。

なお本書では、政治思想問題や戦争犯罪等に関しては取り上げておらず、その方面に御興味・御感心のある方は市井にある良書の閲覧を御願いいたします。

また、本書では史学と史料分析の見地から、当時の一次資料にある歴史的呼称を尊重しておりますが、他意がないことをここに明記いたします。

写真で見る明治の軍装

目次

第一章　黎明期の陸軍の軍服

第二章　明治十九年の被服改正

第三章　日清戦争と決戦前夜

第四章　日露戦争と二つの戦時服

第五章　日露戦争後の被服

写真で見る　明治の軍装

第一章　黎明期の陸軍の軍服

①黎明期の軍服

第一章では初期の軍服として、明治三年から明治十年までの陸軍の被服体系について述べる。

以下に主要被服の規定である明治三年「陸軍徽章」、明治四年「鎮台兵服制」、明治四年「御親兵徽章の制定」、明治四年「兵部省官員服制」、明治六年改正「陸軍徽章」、明治六・七年「各兵略服の制定」、明治七年「出征行軍文官及軍属譬章制定並図」、明治八年改正「陸軍徽章」、明治八年「屯田兵服制」、明治九年「陸軍服装規定」、明治十年「各兵科下副官徽章」とあわせて、「西南戦争の戦訓」を列記する。

＊黎明期の主要被服規定

年　代	規　定　名　称
明治３年	陸軍徽章
明治４年	鎮台兵服制
明治４年	御親兵徽章の制定
明治４年	兵部省官員服制
明治６年　改正	陸軍徽章
明治６～７年	各兵略服の制定
明治７年	出征行軍文官及軍属譬章制定並図
明治８年　改正	陸軍徽章
明治８年	屯田兵服制
明治９年	陸軍服装規則
明治10年	各兵科下副官徽章

②明治三年　陸軍徽章

明治健軍とともに従来までの各藩ごとに独自に設けられていた「藩兵」の被服体系を国軍として統一するために、

＊陸軍徽章　明治３年（表１）

三　兵　大　分　別		
砲　兵	上衣　　紺色	跨　　赤色 両側章　黒色
	帽　　種類ニ従ヒ形色ヲ異ニス	腹巻　　深黄色
騎　兵	上衣　　紺色	跨　　赤色 両側章　黒色
	帽　　赤色　或種類ニ従ヒ形色ヲ異ニス	腹巻　　赤色
歩　兵	上衣　　紺色	跨　　鼠霜降 両側章　黄色
	帽　　紺色　或兵種ニ従ヒ形色ヲ異ニス	

明治三年十二月二十二日に「太政官布告第九百五十四号」で「陸軍徽章《りくぐんきしょう》」が制定公布された。

この「陸軍徽章」は帝国陸軍初の制式軍服を定めた規定であり、規定面では「将校」と「下士官兵」の被服から構成されていた。なお、法令名称にある「徽章」とは、記章・バッチ類ではなく被服全般を意味するものであった。

「将校」用の被服は、生地は輸入品である「紺絨（『絨』はウール・サージ等の毛織物の意味）」製であり、形態はフランス陸軍を模倣したフロックコートスタイルで、「衣《い》（上着）」の襟と袖章、「袴《こ》（ズボン）」の側面に沿った「側章」と呼ばれるサイドライン部分に「金線繍《きんせんしゅう》」と呼ばれた金線の刺繍が施されており、「軍帽《ぐんぼう》」には階級を示す横線と天井部分に星形の金線繍が施されていた。

「下士官兵」用の被服も「将校」と同一形態で被服記事が「大絨」であることのみが相違であり、「軍帽」「衣」「袴」より構成されていた。

「上等士官」と呼ばれた少尉以上の将校に対して、下士官兵の階級は「下等士官」と「兵卒」に二大別されており、「下等士官」では「曹長」「権曹長《ごんのそうちょう》」「軍曹」、「兵卒」では「伍長」「一等兵卒」「二等兵卒」の合計六ランクであった。

以下に「陸軍徽章」の全文と現存する木版着色図（巻頭カラー頁）を記すとともに、「軍帽」「衣」「袴」について示す（表1）。

一　三兵共輕兵ハ總テ袖口ヲ赤ニス
一　紐釦幷《とも》ニ帽前面章ハ分テ三級トス
　　但三兵輕重ノ區別ナシ
　　上等士官　　釦　　金色櫻花
　　　　　　前面章　金色日章

（表2）

	軍帽		上衣		袴
	周囲金線 大五分 小一分	頂大金星	袖金線 大一寸 小二分	領	両側章 一寸幅
大将	大一条 小四条	六個	大一条 小四条	総金	総金
中将	大一条 小三条	五個	大一条 小三条	総金	総金
少将	大一条 小二条	四個	大一条 小二条	総金	総金
大佐	大一条 小一条	三個	大一条 小一条	二分 一金	三分幅金 二条
中佐	小五条	三個	小五条	二分 一金	三分幅金 二条
少佐	小四条	三個	小四条	二分 一金	三分幅金 二条
大尉	小三条	二個	小三条	三分 一金	三分幅金 一条
中尉	小二条	二個	小二条	三分 一金	三分幅金 一条
少尉	小一条	二個	小一条	三分 一金	三分幅金 一条

＊単位／１寸＝約３cm・１分＝約３mm

下等士官　釦　眞鍮櫻花
　　　　　前面章　眞鍮日章
兵卒　伍長共　釦　眞鍮　隊號ヲ附
　　　　　前面章　塗色日章
一　衣服織質分テ二級トス
少尉以上總テ本絨ヲ用ヒ曹長以下大絨ヲ用ユ
一　正衣ノ形状ハ士官兵卒共同制トス
略衣ハ同シカラス
少尉以上准官ハ總テ領ヲ赤ニス
（表2）

A．軍帽

「軍帽」は兵科別に色分けされた「歩兵」「騎兵」「砲兵」用の三種類があり、帽子前面には「日章《にっしょう》」と呼ばれる旭日をイメージした前章が付けられており、また帽子の側面には階級識別の金線が付けられていた。

軍帽側面の階級に応じた横線は次表のとおりである。

＊明治３年「陸軍徽章」　帽子黄線一覧（下等士官・伍長兵卒）

階級		袖章	
区分	詳細	大三分幅線	小二分幅線
下等士官	曹長	1	2
	権曹長	1	1
	軍曹	1	---------
伍長兵卒	伍長	---------	3
	一等兵卒	---------	2
	二等兵卒	---------	1

B．衣

「衣」は上着のことであり、輸入された「紺太絨」製の生地で作られており、前面に一列に九個の「釦」があり、「緑辺《えんぺん》」と呼ばれた服の端部分には「黄色玉縁」と呼ばれた黄色の紐状の飾りが付けられており、服背面にも「飾縁」が付けられていた。

襟部分は無章で、袖部分には階級を示すラインである「袖章」が山形に付けられていた。

袖章の形式は右表のとおりである。

＊明治３年「陸軍徽章」　袖章一覧（下等士官・伍長兵卒）

階級		袖章	
区分	詳細	大（四分幅）	小（二分幅）
下等士官	曹長	1	2
	権曹長	1	1
	軍曹	1	---------
伍長兵卒	伍長	---------	3
	一等兵卒	---------	2
	二等兵卒	---------	1

C．袴

「袴」は輸入された「紺絨」製の生地で作られており、「歩兵」「騎兵」「砲兵」の兵科を区分するために、「歩兵」では「鼠霜降」色ベースに「黄色」、「騎兵」では「赤色」ベースに「黄色」、「砲兵」では「赤色」ベースに「黒」の幅一寸の「側章」と呼ばれるラインが付けられた。

D．腹巻

また、「砲兵」と「騎兵」は、フランスの植民地軍が用いていた「センチュロン」と呼ばれる飾帯を「腹巻」の名称で胴部分に巻いて着用した。「腹巻」の色は、「砲兵」は「深黄」、「騎兵」は「赤」であった。

E．其の他

「陸軍徽章」が制定されたものの、新生陸軍の被服体系を一度に変更することはままならず、当初は「大阪陸軍所」の訓練兵から被服整備が開始されたものの実際には多くの将兵は明治維新期に用いられていた「詰襟服」を着用していた。

小銃をはじめとする兵器類の統一性もなく、下級将校の多くは輸入品であったサーベルタイプの軍刀ではなく私物の日本刀を腰に差すものが多かった。

また、「歩兵」「砲兵」「騎兵」ともにフランス軍の兵制を模した点から「重歩兵」「重砲兵」「重騎兵」にあたる「重兵」と、「軽歩兵」「軽砲兵」「軽騎兵」にあたる「軽兵」に兵科が細別されており、各「軽兵」用に被服が制定されているものの実際には「軽兵」の編成がなく「軽兵」用被服は用いられなかったようである。

このほかに正装である「軍服」に対して、平時勤務用の「略服」が規定面のみでは制定されていたものの、実際には用いられていない。

③明治四年　鎮台兵服制

明治四年になると後の「師団」の前身となる「鎮台」が本土各地に設置されることとなった。

この「鎮台」の設置を受けて明治四年九月二十九日に「鎮台諸務規定」が定められ、つづいて同年十一月に「兵部省達第百五十四号」で「鎮台兵服制」が公布された。

「鎮台兵服制」は前年制定の「陸軍徽章」を基幹としたもので、以下の三点が改正された。

一つ目は「軍曹」の階級章の改正である。

これは「軍帽」と「衣」の袖章は、ともに大線一本であったが、小線一本の「二等兵卒」と誤認されやすい点から小線四本へと改正された。

二つ目の改正は各兵の「跨」の側章の幅を従来の「一寸幅」から細身の「一分幅」へと変更した。

三つ目の改正は、将校用被服で将官用の被服の「跨」と「衣」の「領」と「袖口」が従来は無地であったものを、「少将」以上は「跨」を「紺色」するとともに、「歩兵」「騎兵」「砲兵」はともに「衣」の「領」と「袖口」を「赤」とした。

④御親兵徽章の制定

既存の臨時編成であるロイアルガードの「御親兵《ごしんぺい》」に代わり、正規軍としての「御親兵」編成を目的とした明治四年二月二十二日の「御親兵」の招集にあわせて、御親兵要員として「鹿児島藩」が「歩兵隊」四隊・「砲兵隊」四隊、「山口藩」が「歩兵隊」三隊、「高知藩」が「歩兵隊」二隊・「砲兵隊」二隊・「騎兵隊」二隊を差し出している。

人員面での整備とあわせて、被服面では明治四年七月二十四日の「兵部省達第五十四号」で御親兵の服制を定めた「御親兵徽章」が制定された。

「御親兵」は明治五年三月九日の「御親兵掛」の廃止を受けて「近衛局」が設けられ、同日の「近衛条例」によって「近衛兵」と改称されるが、被服は後述の明治六年の改正時まで用いられた。

「軍帽」「衣」「跨」の形状は、将校下士官兵共に明治三年制定の「陸軍徽章」に準じたものであり、以下に「御親兵徽章」の全文を示すとともに、「御親兵」の相違している点を「軍帽」「衣」「跨」に分けて説明する。

一　紐釦并ニ帽前面章ハ分テ三級トス

上等士官　　釦　　金色櫻花

前面章　　金色日章

＊御親兵徽章　明治４年

三兵大分別		
砲　兵	上衣　紺色	跨　赤色 両側章　白色
	帽　赤色	上帯　白色
騎　兵	上衣　黄色	跨　赤色 両側章　黄色
	帽　赤色	上帯　白色
歩　兵	上衣　紺色	跨　紺色 両側章　赤色
	帽　赤色	上帯　白色

（表３）

	軍帽		上衣		跨
将校・同相当官	周囲金線 大五分 小一分	頂大金星	袖金線 大一寸 小二分	領	両側章 一寸幅
大　佐	大一条 小一条	三個	大一条 小一条	二分 一金	三分幅金 二条
中　佐	小五条	三個	小五条	二分 一金	三分幅金 二条
少　佐	小四条	三個	小四条	二分 一金	三分幅金 二条
大　尉	小三条	二個	小三条	三分 一金	三分幅金 一条
中　尉	小二条	二個	小二条	三分 一金	三分幅金 一条
少　尉	小一条	二個	小一条	三分 一金	三分幅金 一条
	軍帽		上衣		跨
下士官兵	周囲赤線 大三分 小二分	頂上黒星	袖金線 大四分 小二分	領 無章	両側章 一寸幅
曹　長	大一条 小二条	一個	大一条 小二条		
権曹長	大一条 小一条	一個	大一条 小一条		
軍　曹	小四条	一個	小四条		
伍　長	小三条	一個	小三条		
兵　卒	小二条	一個	小二条		

下等士官　釦　眞鍮櫻花
前面章　眞鍮日章
兵卒　伍長共　釦　眞鍮　隊
號ヲ附
釦ハ当分
無章
前面章　塗色日章

一　衣服織質分テ二級トス
少尉以上總テ本絨ヲ用ヒ曹長以下
綿絨ヲ用ユ

一　正帽衣跨ノ形状及帽上ノ立物ハ三
兵士官兵卒共同制
但帽上ノ立物ハ儀禮ノ節ノミ用之
但帽衣竝肩章等之制ハ規則整正ニ従
ヒ増删潤色アルヘシ（表3）

A. 軍帽

「軍帽」は明治三年制定の「陸軍徽章」の形態に準じたものであり、前面章は将校「金色日章」、下士官「真鍮日章」、兵卒「塗色日章」が用いられた。

また、「御幸」や「儀式」に際しては赤白折半の飾毛製の「前立」を「帽」の前面に差し込んだ。

B. 衣

明治三年制定の「陸軍徽章」の形態に準じているものの、被服の地質は将校が「本絨」で、「下士官兵」が「綿絨」であった。

将校の正衣の襟・袖には「金繍線」による側章が付けられており、袖章は「歩兵」と「砲兵」が「赤」、「騎兵」は「白」で、形状は下士卒ともに山形に付けられた。

「御親兵」の被服の特徴としては、被服の威武を保つために「両脇下」に「滑革」、衣の型崩れ予防のために左前面裏に「上前支革」が付けられた。

また、「歩兵」と「砲兵」は軍衣の上から刀を差すため、古来からの装束に用いられた「上帯《うわおび》」と同じく、「上《じょう》帯《たい》」と呼ばれる白布製の帯状ベルトを巻いており、通称「ズベラ差《ざし》」と呼ばれる刀身刃部を上にするスタイルで日本刀を差した。

将校には規定上は「上帯」の制式はなく、フランス式の「剣帯」を付けて輸入品のサーベルタイプの「洋刀」を左腰に吊るすことになっていたが、実際は下士官兵と同じく「上帯」を付けて私物の日本刀を差すケースが多かった。

C. 跨

跨の地質は将校が「本絨」で、「下士官兵」が「綿絨」であり、将校の側章は「金繍線」が用いられ、下士官以下は無線であった。

「御親兵」の跨の特徴は、衣の威武保持と同じく、跨の「裾裏」に靴を止めるための「靴摺革」と、裾保持のための「裾留革」が付けられていた。

なお、「騎兵」は「長靴」を履いたものの、「乗馬跨」ないし「短跨」と呼ばれる乗馬ズボンの制式はなく、「長跨（ストレートズボン）」を用いた。

⑤兵部省官員服制

明治二年八月十五日の官制改正により、既存の「軍務官」は「兵部省」に改変された。

この「兵部省」の設置とあわせて明治四年十二月になると「兵部省官員服制」が制定され、職員のために「一等」～「十五等」の十五ランクの服制が定められた。

軍人スタッフである「陸軍掛武官」の正衣・正跨は「御親兵」の歩兵と同じく紺色であり、「軍帽」は一般歩兵と同じく紺色であった。略服は正衣・正跨と同一の仕立てを行なうが、帽は略帽ではなく「軍帽」を用いた。

ボタンは「大将」から「少尉」までの将校は「金色桜花」で、「曹長」から「軍曹」までの下士官は「真鍮桜花」、軍帽の前面章は「真鍮日章」が用いられ、「刀」ではなく「剣」を佩用した。

また、隊付から出使の将兵は、原隊の被服を着用した。

この「兵部省」は明治五年四月四日になると廃止され、代わりとして「陸軍省」と「海軍省」が設置された。

⑥明治六年　「陸軍徽章」の改正

「鎮台」の設置につづいて、明治五年十一月二十八日の「徴兵令」の制定と、翌六年一月の法令頒布により徴兵制度が実施され、日本陸軍は徴兵システムによる編成が開始された。

この「鎮台」の設置につづいて、徴兵された「鎮台兵」の被服はフランス式からドイツ式のスタイルをとることとなり、明治六年十月二十四日に「太政官布告第三百二十八号」で下士官兵の被服の詳細を改めた「陸軍徽章」の改正が行なわれた。

なお、この時期の被服は将校と下士官兵ともに正装のみであり、後の省略された「略服」（詳細は後述）は法制面では制定されているものの実際の整備は行なわれておらず、正装は各パーツごとに「正帽」「正服」「正跨」と呼ばれた。

以下に「陸軍徽章」の全文をあげるとともに、下士官兵用の「正帽」「正服」「正跨」について述べる。

＊陸軍徽章

一　正帽　参謀科會計課・鎮臺ハ紺絨近衛ハ緋絨

一　正帽　頂上ノ星章少尉以上ハ金線會計部ハ銀線ヲ用ユ
大將ハ六個中將ハ五個少將ハ四個佐官ハ三個尉官ハ二個ヲ付ス
但會計部頂上ノ星數監督長ハ少將江相當シ以下之ニ準ズ

一　正帽ノ日章少尉以上ハ金色軍曹以下ハ眞鍮伍長卒ハ銅

一　正帽頂上ノ立物從前之通

一　隊外將校ノ正帽ハ從前之通

一　正衣跨少尉以上及ビ軍醫會計部ハ黒或ハ紺絨近衛ノ下士官兵卒ハ紺綿絨鎮臺ノ下士官兵卒ハ紺大絨

一　隊付軍醫馬醫火鐵木縫蹄鐵工喇叭卒ハ該隊ノ制服ヲ用ヒ左ノ臂ニ章ヲ附ス

一　隊外軍醫馬醫ハ参謀科ノ服制ヲ用ユ

一　軍醫ハ隊付隊外ヲ不論帽前面ノ日章去リ代ユル臂章ト同シキ章ヲ附ス

一　兵學寮及ビ教導團生徒ノ服制ハ從

前之通

一　軍衣、少尉以上幷會計・軍醫・馬醫少尉相當以上ノ者ハ黒或ハ紺絨

（表4）

			砲　兵	工　兵	歩　兵	騎　兵	輜重兵	楽　隊
佐尉官	正帽	近　衛	緋　絨	緋　絨	緋　絨	緋　絨	緋　絨	緋　絨
		鎮　台	紺　絨	紺　絨	紺　絨	紺　絨	紺　絨	紺　絨
	正衣	襟	黄　絨	白　絨	緋　絨	萌黄絨	紫　絨	紺青絨
		袖口	黄　絨	白　絨	緋　絨	萌黄絨	紫　絨	紺青絨
		喰出し	黄　絨	白　絨	緋　絨	萌黄絨	紫　絨	紺青絨
	正跨側章		黄　絨	白　絨	緋　絨	萌黄絨	紫　絨	紺青絨
下士官兵卒	帽	近　衛	赤塗革	赤塗革	赤塗革	赤塗革	赤塗革	赤塗革
		鎮　台	黒塗革	黒塗革	黒塗革	黒塗革	黒塗革	黒塗革
	正衣	襟	黄　絨	白　絨	緋　絨	萌黄絨	紫　絨	紺青絨
		飾線	黄毛絨	白毛絨	緋毛絨	萌黄毛絨	紫毛絨	紺青毛絨
	正跨側章		黄　絨	白　絨	緋　絨	萌黄絨	紫　絨	紺青絨

一　軍帽ハ當分正帽ヲ兼用ス

一　略帽・略衣跨ハ追テ相定ベシ

一　此服制ハ明治七年一月一日ヨリ相用ユベシ

一　将官・参謀科・會計部ハ正衣・領・袖口・喰出シ等正衣同色タルベシ其他砲工歩騎輜樂、佐官以下ハ兵種ニ依リ分別スル事左表（表4）ノ通

A．正帽

「正帽」は革製で各兵科ごとの区別と階級表示はなく、「近衛兵」は「赤塗革」、「鎮台兵」は「黒塗革」が用いられた。

「前章」は「軍曹」以上が真鍮製であり、「伍長」以下は銅色であった。

B．正服

「正服」はデザイン面では従来の「単行式釦（シングルボタンスタイル）」から「複行式釦（ダブルボタンスタイル）」へ変更され、襟部分と跨の側章に兵科を示す定色を記すとともに、金線繡で襟部分に「将官」「佐官」「尉官」を示す階級群を明記し、袖に金線繡で階級線を記すようになった。

使用区分的にみると、「近衛兵」用と「鎮台兵」用の二パターンがあり、服の地質は「近衛兵」は「紺綿絨」、「鎮台兵」は「紺大絨」であり、「襟」には兵科定色、胸部には兵科定色の毛織紐で作られた五分幅の剣状の「胸章」を左右前面に付け、被服背面には「飾縁」と呼ばれる縁飾りを付けた。

「録辺」は「胸章」と同一の毛織紐製の物をすべての「録辺」に付けられた。

また、兵科が従来の歩兵・砲兵・騎兵から、歩兵・砲兵・騎兵・工兵・輜重兵の五兵科と楽隊に改編されたのを受けて、新たに「歩兵」は「緋」、「砲

＊各兵科別定色一覧

区　分		色
兵科	歩　兵	緋
	砲　兵	黄
	騎　兵	萌黄
	工　兵	白
	輜重兵	紫
楽　隊		紺青

兵」は「黄」、「騎兵」は「萌黄」、「工兵」は「白」、「輜重兵」は「紫」、「軍楽隊」の前身である「楽隊」は「紺青」という兵科を色で示すための「兵科定色」が定められた。

新たに定められた「兵科定色」は、P.64下表のとおりである。

階級を示す袖章は「正衣」の両袖に付けられ、一分幅の「金線」と五分幅の「定色毛織紐」により階級が明記されるようになった。

下士官兵の袖章は、上表のとおりである。

＊明治６年　正衣袖章一覧（下士官・伍長兵卒）

階級		袖章	
		金線（１分幅）	定色毛織紐（５分幅）
下士官	下副官曹長	1	3
	曹　長	1	2
	軍　曹	1	1
兵　卒	伍　長	---------	3
	一等兵卒	---------	2
	二等兵卒	---------	1

C.正跨

「正跨」は、「近衛兵」は「紺綿絨」、「鎮台兵」は「紺大絨」であり、兵科の識別のために「跨」のサイドには五分幅で各兵科ごとの定色を記した絨製の「側章」が付けられた。

ドイツスタイルに変更された下士官兵に対して、士官の被服は依然としてフランススタイルを踏襲していた。「正帽」の形式は階級表示をふくめて旧式と同一であった。

⑦各兵略服の制定

明治三年の「陸軍徽章」と明治四年の「鎮台兵服制」で定められた将兵の被服体系は正装である「正服」「正跨」「正帽」より構成される「正服」が規定されたのみで、平時の兵営勤務や教練等で用いる被服の規定がなく、「略服」と呼ばれる「正服」を略した被服の必要性が生じたために、明治六年十月十七日に「略帽」、明治七年六月二十四日に「略衣」「略跨」からなる「略服」が制定された。

以下に下士官兵用の「略帽」と「略服」の「略衣」「略跨」について述べる。

A.略帽

「略帽」は明治六年十月十七日の「太政官布告第四百五十八号」の「略帽制式」で定められた。

「略帽」は制定当初はプロシアスタイルの庇《ひさし》の無いタイプであったが、翌七年には黒革製の庇が追加された。地質は「紺大絨」であり、識別のために帽子側面の鉢巻部分が「近衛兵」は「緋絨」、「鎮台兵」は「黄絨」であった。「帽章」は円形の台座に星章を配したデザインであり、下士官は真鍮製で兵卒は赤銅製であった。

B.略衣

「略服」は「略衣」と「略跨」より構

成されており、明治七年六月二十四日の「太政官布告第二百三十二号」の「略服制式」で定められた。

「略衣」は近衛兵用（下士官・兵卒ともに共通）と鎮台兵下士官用と鎮台兵兵卒用の三種類があり、地質は近衛兵用では「紺大絨」、鎮台兵下士官用は「紺大絨」、鎮台兵兵卒用は「紺小倉」であり、上衣全面は釦ではなくホック止めであった。

「襟章」は各兵科の定色が付けられ、下士官には識別のために「縁辺」に五部幅の黒毛織縁を付けた。

　階級表示は袖線の表示で行なわれた。袖章の材質は「近衛兵」は緋絨、「鎮台兵」は「黄木綿」製であり、「略服」の階級に応じた袖線は上表のとおりである。

＊明治７年　略服袖章一覧（下士官・伍長兵卒）

階級		袖章 大線（４分幅）	袖章 小線（２分幅）
下士官	曹長	1	2
	軍曹	1	1
兵卒	伍長	---------	3
	一等兵卒	---------	2
	二等兵卒	---------	1

C．略跨

「略跨」は、「略衣」同様に近衛兵用（下士官・兵卒ともに共通）と鎮台兵下士官用と鎮台兵兵卒用の三種類があり、地質は近衛兵用では「紺大絨」、鎮台兵下士官用は「紺大絨」、鎮台兵兵卒用は「紺小倉」であった。

　また、この側面の側章は、近衛兵は幅三分の「緋絨」、「鎮台兵」は幅三分の「黄色絨」のラインが入れられていた。

D．略服の起源

「略服」の起源は、明治三年の「陸軍徽章」の時期より制度上では存在していた。

　また、明治六年三月二十七日制定の陸軍の各種給与を規定した「陸軍給与表」内に、「下等士官」の略服は「衣は紺大絨、跨は小倉織」、「伍長兵卒」の略服は「小倉織」および「雲斎《うんさい》木綿織」と規定されていた。

　このほかに夏季に用いる夏服である「夏衣《かい》」については『……夏服ハ白トシ帽衣跨トモ徽章ヲ附セズ……』と規定されていた。なお、「雲斎」とは「デニム」の和名である。

⑧出征行軍文官及軍属臂章制定並図

　日本陸軍は「鎮台」をはじめとする戦闘部隊の充実とあわせて、戦時に際する後方兵站の充実にも対処しており、戦時に際して戦闘部隊に従軍する「文官」と「軍属」が被服につける識別用の「臂《ひじ》（肘）章」が明治七年九月二十四日に「出征行軍文官及軍属臂章制定並図」として制定された。

　これら「文官」と「軍属」は、「文官」「仕出官」「等外」と「雇工」「従僕」「馬丁」と「役夫」に分類されていた。

以下に「出征行軍文官及軍属臂章制定並図」の全文を示すとともに、「文官」「仕出官」「等外」「雇工」「従僕」「馬丁」「役夫」を説明する。

＊出征行軍文官及軍屬臂章制定竝圖
明治七年

一　凡出征行軍ノ節附屬スル文官及出仕官等外竝ニ從僕馬丁共帽及ヒ着服ノ定制アルコト無シト雖モ左ノ制ノ如ク各臂章ヲ附スヘシ
但陸軍定制ノ徽章ニ紛ハ敷章アル帽及ヒ服ヲ用ユルヲ禁ス

一　同前ノ時ニ當リ雇工役夫ハ左ノ如キ被服ヲ給ス
但帽ハ定メナシト雖モ官給タルヘシ

一　給仕用使官馬丁等ハ定制ノ服アルヲ以テ茲ニ除ク

臂章制

一　文官及ヒ出仕官共奏任以上ハ金線判任ハ銀線等外ハ黄絲ヲ以テ左ノ圖ノ如キ星章ヲ上衣左臂上ニ附ス

一　會計部雇工及ヒ兵器方雇工ハ左臂上ニ赤絲或ハ赤色織物ヲ以テ左ノ圖ノ如キ山道形ヲ附シ其下ニ職工定制ノ臂章ヲ附ス

一　將校竝諸官負ノ從僕馬丁ハ左臂上ニ雇工ト同シキ山道形ノミヲ附ス

一　役夫ハ總テ左臂上ニ縦五寸横三寸幅ノ白木綿ヲ逢着シ墨ニテ山道形ヲ書シ其下ニ會計ノ役夫ハ會ノ字兵器方ノ役夫ハ兵ノ字輜重ノ役夫ハ輜ノ字舎營方ノ役夫ハ舎ノ字ヲ書シ病院役夫ハ病院ノ二字ヲ書ス

A．文官・仕出官・等外

「文官」と、軍属待遇の御用使用人である「仕出官」と、後の「雇員」に相当する「等外（別名「等外官」とも呼称）」は、上衣の左肘上に星型の「臂章」を付けた。

星章は、「文官」「仕出官」の「奏任官」は金色の「文官臂章」と「仕出官臂章」、「文官」「仕出官」の「判任官」は銀色の「文官臂章」と「仕出官臂章」、「等外」は黄糸の「等外臂章」であった。

B．雇工

「雇工」は軍が民間から雇用した「雇用工員」のことであり、「会計部」が雇用した「会計部雇工」と、兵器整備に従事する「兵器方」が雇用した「兵器方雇工」があった。

いずれも識別のために上衣の左肘下に赤糸ないし赤織物製の「山道形」の「雇工臂章」を付けて、その下に明治六年制定の「職工臂章」を付けた。

C．従僕・馬丁

「従僕」と「馬丁」は将校・相当官が自費で雇用した使用人であり、身の回りの世話をする「従僕」と、乗馬の世話を行なう「馬丁」がある。

「従僕」と「馬丁」は識別のために、「雇工」と同じく左肘下に赤糸ないし赤織物製の「山道形」の「従僕臂章」や「馬丁臂章」付ける。

D．役夫

「役夫」は軍の各後方部隊が民間より戦時に際して雇用した使役人であり、通称「軍用役夫」を略して「軍夫」と呼ばれた。

「役夫」の被服は官給の「上衣」があり、識別のために上衣左臂下に縦五寸×横三寸の白木綿製の布に墨で「山道形」を記した「役夫臂章」を付ける。

また、所属セクションを明確にするために「役夫臂章」の下部に、「会計部」雇用の「会計役夫」は「會」の字、「兵器方」雇用の「兵器方役夫」には「兵」の字、「輜重兵」雇用の「輜重役夫」は「輜」の字、露営等の衣食住に従事する「営舎方」雇用の「営舎方役夫」は「舎」の字、「病院」が雇用した「病院役夫」は「病院」の字を記載した。

なお、後述の明治八年の被服改正により「役夫」にも「帽」が官給されるようになる。

⑨明治八年「陸軍服制」

明治八年十一月二十四日に「太政官布告第百七十四号」で「陸軍徽章」の大規模改正が行なわれ、「陸軍服制」が制定された。

この大改正では、明治建軍以来の混乱した被服体系を解消する目的で、主要被服とあわせて装備類と付属品までが事細かく定められた。

＊主要被服区分　明治８年

名称	区分	詳細
正服	正装	正帽　正衣　正袴　飾帯 正剣　手套　下襟　飾緒
軍服	平時・戦時両用の常用服	軍帽　軍衣　軍袴　軍刀 手套　下襟

＊将校用正帽の階級別縦章・横章・頂上章

階級		将官			佐官			尉官		
		大将	中将	少将	大佐	中佐	少佐	大尉	中尉	少尉
縦章 小金線（幅１分）		3	3	3	2	2	2	1	1	1
横章	大金線 （幅５分）	1	1	1	1					
	小金線 （幅１分）	5	4	3	2	6	5	4	3	2
頂上章 （金星章）		6	5	4	3	3	3	2	2	2
備考		「会計部」は頂上の星章は銀色、その他は兵科将校と同一 「軍医部」と「馬医部」は頂上の環状線と上下縫際の線と縦章が銀色、その他は兵科将校と同一								

まず、被服を整備面と使用面から、正装である「正服」と、平時・戦時両用の常用服である「軍服」と「略服（明治六年制定のものを小改正）」に区分された。

「正服」は、「正帽」「正衣」「正跨」「飾帯」「正剣」「手套《てとう》（手袋）」「下襟（襟カラー）」「飾緒」であり、「軍服」は、「軍帽」「軍衣」「軍跨」「軍刀」「手套」「下襟」である。

以下に「正帽」「正衣」「正跨」「刀剣」「飾帯」「軍帽」「軍衣」「軍跨」について説明する。

なお、この時期の「正服」と「軍服」の明確な着用区分はなく、実際には将兵の各個判断に任されており、後述する翌明治九年の「陸軍服装規定」により着装区分が明文化された。

A．正帽

「正帽」は、将校用と下士官兵用がある。

将校用の「正帽」の地質は「鎮台兵」が「紺絨」、「近衛兵」が「緋絨」であり、帽子前面に前面章として直径一寸五分の金色日章をつけて、黒革製の「顎紐」と「眼庇」が付いている。「前立」は白熊毛製である。

将校用正帽の階級別の「縦章」「横章」「頂上章」は、右下表のとおりである。

下士官兵用の正帽は、「鎮台兵」は帽子の頂上・中央・縁辺・眼庇・顎紐が黒革であり、「近衛兵」のみは中央が赤革で、「前立」は白熊毛である。

前面章は直径が一寸五分の日章であり、下士官は真鍮で兵卒は銅色（「日」の部分のみは銀色）であった。

B．正衣

将校用正衣の地質は黒絨ないし紺絨であり、袖部分に階級を示す袖章があり、将官では大将は七条、中将は六条、少将は五条の「蛇腹組金線」を左右より交叉させて中央で円形に結びつけた三層の章が縫い付けられており、佐官尉官では大佐六条、中佐五条、少佐四条、大尉三条、中尉二条、少尉一条の「蛇腹組金線」を左右より交叉させて中央で円形に結びつけた一層の単章が、袖部分の肩の縫際した三寸より袖口までの範囲に付けられている。

襟部分と袖口部分は、将官、参謀部、会計部、軍医部、馬医部は被服本体と共布を用い、他の兵科は砲兵「黄」、工兵「白」、歩兵「緋」、騎兵「萌黄」、輜重兵「紫」、軍学部「藍」の定色絨であった。

下士官兵用の「正衣」の地質は、「鎮台兵」は「紺大絨」、「近衛兵」は「紺錦絨」であり、形式は明治六年制定と同一であるが、前面左右胸部の

＊下士官兵袖章一覧　明治８年

階　級	袖　線	
	金　線（幅１分）	定色毛織（幅５分）
下副官	1	3
曹　長	1	2
軍　曹	1	1
伍　長		3
一等卒		2
二等卒		1

「物入（ポケット）」を省略したスタイルである。

階級識別の袖章は袖部分に幅一分の「金線」と幅五分の兵科職を配した「定色毛織」により示されていた。下士官兵の袖章はP.69表のとおりである。

正衣の胸部を飾る「胸章」は、幅五分の「定色毛織」二個をあわせて幅一寸の剣状の飾りを胸部の左右に付けられており、袖口を除く被服の縁には幅五分の「定色毛織」で「縁辺」が付けられている。

襟部分と袖口部分は、会計部・軍医部・馬医部は被服本体と共布を用い、その他の兵科は砲兵「黄」、工兵「白」、歩兵「緋」、騎兵「萌黄」、輜重兵「紫」、軍楽部「藍」の定色絨であった。

C．正跨

将校用の「正跨」の地質は「正衣」と同一であり、将官は「白色」、参謀部佐尉官は「紅色絨」三条（中央は幅一分・左右は幅一寸）の側章がついている。

その他の兵科の佐官尉官は各兵科の定色絨による幅一寸の側章一条が付いており、「軍医部」と「馬医部」のみは側章の幅が一分であり、「伝令使」は「白絨」の大線二条と小線一条である。

また「将官」に限り、「白絨」ないし「白革」製の「乗馬跨（乗馬ズボン）」がある。

下士官兵用の「正跨」も地質は「正衣」と同一であり、側面に幅五分の定色絨による一条の側章が付いている。

D．刀剣

軍人は「正服」ないし「軍服」を着用する際は、かならず「刀剣」を帯びることになっており、刀剣には「正装」着用時に佩用する「正剣」と、「軍服」着用時に佩用する「軍刀」がある。

「正剣」はフランスの「エペ」と同一スタイルの直刀であり、「軍刀」はフランスの「サーベル」と同一スタイルで、刀身は片刃で湾曲していた。

また、刀剣には装飾を兼ねて脱落防止のために右手首に絡める「刀緒」と呼ばれる各種の紐が付随しているほか、「刀剣」を帯びるための兵科や階級に応じた各種の「刀帯」があった。

「大将」「中将」「少将」の将官は、「正服」「軍服」と「徒歩」「乗馬」の区分に関係なく、つねに「正剣」を佩用し、「軍服」のときに限り「軍刀」の佩用が可能であった。

「参謀科」の佐官と尉官は、正服では徒歩・乗馬いずれの場合も「正剣」を帯び、「軍服」着用時は乗馬の場合では「軍刀」、徒歩の場合は「正剣」を帯びた。

例外として観兵式や分列式で正服に乗馬で、指揮官職の将官に随行する場合は軍刀を帯びる。

「隊付佐官」「隊付尉官」「伝令使」は「軍刀」を佩用し、「正剣」を帯びることはない。

隊付ではない「隊外佐官」と「隊外尉官」は、「正服」では「正剣」、「軍

＊飾帯の色別と線数一覧

階級 色	将官			佐官 （参謀科の尉官）	適用
	大将	中将	少将		
紫	6条	6条			<>は会計課 ｛｝は軍医部・馬医部 少将相当官は白線五条 佐官相当官は白線三条
緋	5条		6条	4条	
白		5条	5条	3条	
黄		<6条>	<4条>		
萌黄		｛6条｝	｛4条｝		

服」では「軍刀」を佩用するが、例外として「正服」で徒歩の尉官は「正剣」を用い、その他はすべて「軍刀」である。

「会計部（後の「主計」）」「軍医部」「馬医部（後の「獣医部」）」の将校相当官は、「正服」や「軍服」の区分に関係なく、つねに「正剣」を帯びて、「軍刀」を用いることはない。

E．飾帯

「正服」着用時の将校が腰部分に巻きつける装飾用のベルト状の帯であり、地質は絹糸織で長さ八尺×幅四寸で、両脇に長さ七分三寸の房が付けられている。

階級による「飾帯」の色別と線数は、上表のとおりである。

飾帯の房は「将官」は羅状の金線、「将官相当官」は羅状の銀線、「各兵科の将校」は緋絹糸、「会計部」は金絹糸、「軍医部」と「馬医部」は萌黄絹糸であり、「尉官」で「飾帯」を帯びるのは「参謀科」のみであり「房」は佐官用よりも小ぶりのものが付いていた。

また、「伝令使」は識別のために「白綿丸打紐」製の「伝令使懸章」を右肩から左腰部分に掛けた。

F．軍帽

将校用「軍帽」の地質は「紺絨」であり、将官は幅一寸一分の「鉢巻」と呼ばれた白絨線一条、佐官は参謀部「白」、身の柄「赤」、兵科「黄」、会計部「藍色」、軍医部と馬医部「萌黄色」の横線三条（上は幅四分、中央は幅一分）、尉官は参謀部「白」、身の柄「赤」、兵科「黄」、会計部「藍色」、軍医部と馬医部「萌黄色」の幅五分の「鉢巻」二条を、帽子側面に付ける。

前章は星章であり、兵科は金色・相当官は銀色であり、眼庇は黒革製である。

制定当初は、「軍帽」の正規な使用規定はなく、平素から「正帽」を着用しても問題はなく、通常勤務や訓練等では「略帽」である「軍帽」の使用が認められていた。

下士官兵用の明治七年制定と同一のスタイルで「軍帽」の地質は「大紺

絨」であり、帽子側面の「鉢巻」と縫際の細線は「鎮台兵」は「黄色」、「近衛兵」は「緋絨」であった。

　前章は星章で下士官は真鍮製、兵卒は銅製であり、「目庇」は黒革製であった。

G．軍衣

　服丈は髖骨《かんこつ》下から三寸の位置であり、袖丈は手の甲が隠れる長さで、襟は毛革（羊毛製「アストラカン」が多用された）ないし毛織の装飾が施されており、襟の造りは個人の嗜好により「縦襟」ないし「折襟」を選ぶことができた。「縁辺」は幅一寸から一寸五分の毛皮ないし幅一寸の毛織で縁取りを行ない、脇左右には三寸のサイドベンツを取り付けた。

　胸章は黒色絹糸製の肋骨型飾紐を左右に計十本を付け、服前面はボタンの代わりにホック止めであった。

　袖章は「正衣」と同一であり、金線の代わりに黒色絹糸を用いた。

H．軍跨

　将校・下士官兵用ともに形式は「正跨」と同一であり、とくに厳格な規定はない。

　ただし礼装用の「正跨」は平時勤務に常用するものではないため、将官は細金線一条・将官相当官は細銀線一条の側章を付け、佐官尉官は兵科定色の細絨線一条の側章を付け、佐官尉官相当官は無線である。

I．外套・雨覆

　将校用外套は地質を黒ないし紺色の「絨」として裏地は「フランネル」か「毛儒子《しゅす》」が用いられ、多くの場合の裏地は欧州を模倣して赤色が多用された。

　袖には階級を示すラインが付けられた。

　ボタンは左右六個ずつを並列に並べたものであり、丈の長さは靴の踵の上際より八寸の位置とした。

　「雨覆」はマントスタイルのレインコートであり、地質を黒ないし紺色の「絨」として裏地は「フランネル」か「毛儒子」が用いられた。丈の長さは、指先よりも少し長くかかるていどとされた。

　夏季に用いる将校用「夏外套」は、黒ないし紺色の薄い毛織もしくは絨を用いて、裏面に防水のためゴムを塗布する。丈の長さは靴の踵の上際より八寸の位置とした。

　下士官兵用の「外套」は「徒歩用」と「乗馬用」の二種類があり、地質は「鎮台兵」では「霜降大絨」、「近衛兵」では「紺大絨」が用いられた。

　釦は下士官では真鍮、兵卒では銅製であり、「徒歩用」はシングルタイプボタンで縦一列に五個のボタンを配して、「乗馬用」はダブルタイプボタンで複列に五個のボタンを配した。

　下士官兵用の「雨覆」は「乗馬用」と「徒歩用」の二種類があり、「乗馬用」は黒色天竺木綿製で防水のためゴムが引かれており、「徒歩用」は外套と同型で「鎮台兵」では「霜降大絨」、「近衛兵」では「紺大絨」で、ともに防水のためゴム引きであった。

J．靴と脚絆

将校用軍靴は「長靴《ちょうか》」とサイドゴアブーツタイプの「短靴《たんか》」があり、ともに「拍車」を装着することが可能で、将官用拍車は金色であった。「将校用脚絆」は黒絨製ないし革製で踝から膝下までを覆うスパッツタイプであり、「こはぜ」で固定するタイプであった。

下士官兵用では官給品の革製「短靴」「工兵靴《こうへいか》」「長靴」の三種類の軍靴が存在していた。

「単靴」は黒革製で締紐の付いた靴底に鋲を打った短靴であり、「工兵靴」は黒革製の編み上げ靴スタイルで靴内へ土砂侵入を防ぐため靴の甲部分に覆革が付いており、「長靴」は乗馬部隊用の茶革のブーツで「拍車」が付けられるようになっていた。

制定当初はフランス軍用の軍靴木型を用いたため日本人の足に合わず、逐次に日本人スタイルに対応できるように変更が行なわれたものの当時の将兵の足には合わず、多くの将兵が教練・行軍の折は履き慣れない軍靴を遠慮して、履き慣れていた草鞋《わらじ》・足袋《たび》・草履《ぞうり》を用いた。

また、「短靴」や「工兵靴」とペアになる装備で、脛防護を兼ねた「脚絆」が制定された。

「脚絆」は麻布製で脛半ばまでを覆うハーフスパッツタイプであり、脚絆の固定には白角製ボタンと締革が用いられるとともに、ズレ防止を目的として靴底部分を通す「靴留革」が付いていた。

K．背嚢と背負袋

「背嚢」は明治五年前後に制定されたもので、将校用と下士官兵用があり、下士官兵用は歩兵用・砲兵用・工兵用の三種類に細分された。

将校用は革ないし布製の本体に、防水のため「テール油」を塗布したものであり、下士官兵用はズック製の本体の外側を防水のため毛皮で覆われていた。

「歩兵用背嚢」は内部に木製の「中框」と呼ばれる木枠があり、木枠は破損防止のため四周の接合部を布で撒いて漆で補強されていた。

「砲兵用背嚢」は下士官兵用背嚢の中で一番大きく、負革は白革製で、背嚢内部に水容器を収める小引出が付けられていた。

「背負袋」は背嚢を用いずに機動性を優先とする場合を考慮して採用されたものと推測され、明治八年の時点では「浅黄木綿」製の長さ約四寸×幅約六寸の筒状のものであり、後に大型化された。

L．夏服

将校と同相当官の酷暑時に着用する「夏服」は正衣と同型であり、地質は「リンネル」か「白小倉織」で、襟と縁辺は白色であり、袖章は幅一分の白糸製平打紐を用い、胸章は直径一分五厘の白糸製丸打紐が使われた。

「夏跨」は「リンネル」か「白小倉

織」を地質に用いて、「正跨」と同一の形態であるが、側章はない。

「正帽」「略帽」ともに、帽子本体と後頭部を覆う白布製の「正帽日覆」や「略帽日覆」がある。

下士官兵卒用の「夏服」は「略衣」「略跨」と同型であり、地質は「リンネル」か「白小倉織」であった。下士官兵卒の帽子は「略帽」が用いられ、帽子本体を覆う白布製の「略帽日覆」がある。

なお、下士官兵卒用の「夏服」袖章は明治十四年八月に「各庁達第七十八号」で廃止された。

M．襦袢と跨下

将兵は「正服」と「軍服」のいずれを着用する場合においても、これら被服の下に「襦袢《じゅばん》」と「跨下《こした》」の下着を着用した。

陸軍では「シャツ」を「襦袢」、「ズボン下」を「跨下」と呼んでおり、生地は冬季は「ネル」で夏季は「天竺木綿」が用いられ、これらの下着類は民間での和装との併用の普及もあり、明治七年の時点で和歌山県の「紀州ネル製造会社」が国産の「襦袢」や「跨下」の生地を製造して軍需・民需の両方に供給を開始していた。

また、「跨下」の下に付ける下着としては「褌」が用いられたが、「褌」はすべてが私物であった。

⑩屯田兵服制徽章　明治八年

明治四年八月に北海道に同地開拓のための「開拓使庁」の開設につづいて、「黒田清隆開拓次官」が奏請していた開拓兼警護任務の「屯田兵」が設置されることとなり、明治八年一月十二日に東北三県から元士族千五百名の公募を行なった。

この公募とあわせて、同年五月十八日に「屯田兵」の被服「屯田兵服制徽章」が定められた。

「屯田兵」の被服は明治八年制定の「陸軍服制」に準じたものであり、「屯田兵」の識別のために「衣」の左臂部分（肩の縫目より四寸下）に「北斗七星」をモチーフとした「星章」を付けた。

「星章」は直径が直径一寸五分であり、「佐官」は金線、「尉官」は銀線、「曹長」以下の下士官兵は「赤絨」製であった。

明治十九年の被服改正で、「星章」は廃止となる。

⑪陸軍服装規則　明治九年

明治八年の「陸軍服制」の制定につづいて、いままで将兵の各個判断に委ねられていた「正服」と「軍服」等の各種被服の着装区分を明確にする目的で、明治九年十二月十三日に「陸達乙大二百十六号」で「陸軍服装規則」が制定された。

この「陸軍服装規則」により、軍人の服装は「正装」「軍装」「略装」に三大別されるようになった。

以下に「陸軍服装規則」の全文を掲載するとともに、「正装」「軍装」「略装」を明記する。

*陸軍服装規則　明治九年

凡例

一　凡軍人ノ服装ヲ分テ三トス曰正装曰軍装曰略装是ナリ

一　凡准士官以上及相當官ノ正装ハ新年歳暮ノ参賀陸軍始紀元節天長節新年宴會招魂祭竝ニ敬禮式第十二條ヨリ第十八條迄ニ示タル敬禮式之節等惣ヲ儀式祭典ニ會シ之ヲ用ユルモノトス

但自家ノ賀儀葬祭等ニモ又之ヲ用ユ

一　凡下士卒ノ正装ハ一月一日陸軍始紀元節天長節招魂祭竝敬禮式第十二條ヨリ第十八條迄ニ示タル敬禮ノ節之ヲ用ユ其他ノ儀式祭典等ニ會シテ着用ヲ要スルトキハ臨機其所管長官リ之ヲ命スヘシ

但隊外下士ハ前項但書ニ準スヘシ

一　凡准士官以上及相當官ノ軍装ハ戰時出征ノ際之ヲ用ユルハ勿論尚平時ニ在テモ衞戍服務隊中週番其他重立チタル勤務竝行軍野營演習等ニ必ズ用ユルモノトス

但通常ノ勤務ニ於テモ亦之ヲ用ユルヲ得ヘシ

一　凡下士卒ノ軍装ハ戰時出征ノ際ニ非サレハ之ヲ用ユルコトナシ然レトモ特別ノ命令アルトキハ此ノ限リニアラス

一　凡准士官以上及相當官ノ略装ハ正装軍装ヲ用ユル定例ノ外一般ノ公務ニ用ユルノ服装トス

一　凡下士卒ノ略装ハ戰時出征ノ際及正装ヲ用ユル定例ノ外惣テ一般ニ用ユルノ服装トス

一　文官從軍スルトキハ普通ノ帽衣跨ヲ用ヒ陸軍定制ノ臂章ヲ附セシム

但雇工從僕及馬丁ハ軍役夫ノ服ヲ着シ各其臂章ヲ附ス可シ

一　凡懸章ハ週番將校及衞戍巡察將校之ヲ用ユル者トス

一　將官ト雖モ参謀長ニ任スル者ハ参謀科ノ飾緒ヲ着ス但参謀官ニ任スル佐尉官ハ参謀科ニ非スト雖モ参謀科ニ準シ飾緒ヲ着シ正劍ヲ帶ヒルモ妨ナシ

第一章　将校及相當官服装

其一　正装

第一條　正装トハ正帽正衣正跨飾帶白手套下襟飾緒ヲ装シ正劍ヲ帶ビ短靴ヲ穿ツヲ云ウ

但シ將官ハ短跨長靴ヲ穿ツモ妨ケナシ

第二條　將官軍隊ヲ率ユルトキハ正装ニ軍刀ヲ帶フルモ妨ケナシ

第三條　飾帶ハ佐官以上（隊付及ヒ傳令使ヲ除ク）會計軍醫馬醫部ノ佐官相當官以上参謀科尉官之ヲ用ヒ飾緒ハ参謀科及傳令使而已之ヲ用ユ

第四條　参謀科將校觀兵等ニ當リ其職ヲ奉スルトキハ正装ト雖トモ軍刀ヲ帶フヘシ

第五條　傳令使及隊附ノ佐尉官ハ装ト雖トモ軍刀ヲ帶フヘシ

第六條　前立ハ正装ニテ隊伍ニ列シタルトキ之ヲ用ユ隊外タリトモ觀兵式等ニ當リ其場ニ列スル者ハ亦之ヲ用ユヘシ

第七條　正装ニ軍刀ヲ帶フル者ハ正劍緒ヲ用ユヘシ

其二　軍装

第八條　軍装トハ軍帽軍衣軍跨白手套下襟ヲ装シ（参謀官及傳令使ハ飾緒ヲ用ユルコト正装ニ仝シ）軍刀ヲ帯フルヲ云

但乗馬ニハ短跨隊附徒歩ノ士官ハ戰時出征ハ勿論尚平時ニ在テモ衞兵ノ勤務竝行軍野營演習等ニハ背嚢ヲ負ヒ外套ヲ背嚢上ニ附着シ脚絆ヲ着ス可シ

第九條　將官ハ正劍ヲ帯フルヲ法トスト雖モ各自ノ便宜ニヨリ軍刀ヲ帯フルモ妨ケナシ

第十條　参謀科將校幕僚ノ任ニ在リ軍隊ヲ率ユル將官ニ隨從シ或ハ軍隊ニ附屬スルトキハ軍刀ヲ帯ヒ其餘ハ正劍ヲ帯フヘシ

第十一條　會計軍醫馬醫部ノ將校相當官ハ軍装ト雖モ正劍ヲ帯フヘシ

第十二條　軍装ニ正劍ヲ帯フル者ハ軍刀緒ヲ用ユヘシ

其三　略装

第十三條　凡略装ハ軍装ニ同シト雖モ略帽長靴或ハ短靴ヲ用ユル等各自ノ便宜ニ任ス且脚絆ヲ着サルモ妨ナシ

第十四條　参謀科及傳令使略装ニ在ラハ飾緒ヲ用イスト雖モ其ノ職務ノ事由ニヨリ之ヲ用ユルコトアルヘシ

第十五條　参謀科將校略装ニ在テハ軍刀ヲ帯フルモ妨ナシ

第十六條　夏服ハ炎暑ノ際之ヲ用ユル者ニシテ略装ニ異ナルコトナシ

但平時ノ勤務ニ在テハ軍装ニ代用スルヲ得ヘク且季候ニヨリ夏跨ヲ着スルヲ得ヘシ

第二章　下士卒及相當官服装

其一　正装

第十七條　正装トハ正帽正衣正跨ヲ着シ前立ヲ装シ各科所用ノ兵器ヲ携帯シ乗馬ノ者ハ長靴ヲ穿チ徒歩ノ者ハ脚絆ヲ着スルヲ云

但飾隊儀仗ノ整列等ニ在テ隊附徒歩ノ下士卒ハ下副官及ヒ曹長ノ外皆背嚢ヲ負ヒ毛布ヲ蹄鐵状ニ附シ其上ニ外套ヲ附着シ嚢中ニ規定ノ器具ヲ収メ脚絆ヲ跨下ニ着ス工兵及ヒ鍬兵ノ下士卒ハ背嚢ニ毛布ヲ附セス各其ノ工具ヲ附ス隊外下士ハ兵科ニ關セス總テ軍刀ヲ帯フルヲ異ナリトス

其二　軍装

第十八條　軍装ハ正装ニ同ク唯前立ヲ装セサルヲ異ナリトス

但徒歩ノ下士卒ハ脚絆ヲ跨上ニ着シ豫備靴ヲ背嚢ノ兩脇ニ附シ食器ヲ嚢ノ外部中央ニ附着シ飲器ヲ携帯ス

其三　略装

第十九條　略装トハ略帽略衣略跨ヲ着スルヲ云而シテ其勤務ニヨリ兵器ヲ携帯シ物具ヲ装治スル等正装軍装ニ異ナルコトナシ

第二十條　夏服ハ炎暑ノ際之ヲ用ユル者ニシテ略装ニ異ナルコトナシ

第三章　將校下士卒及相當官外套

其一　將校及相當官

第二十一條　外套ハ雨覆頭巾ヲ併セ稱スル者ニシテ正装軍装略装共ニ雨雪ノトキ之ヲ用イ防寒ノ爲メ之ヲ用ユルヲ得ヘシ

但雨覆而已ヲ用ヒ或ハ之ヲ附着セサル者ヲ用ユルモ妨ナシ

第二十二條　夏外套ハ夏服ニ用ユル者ト雖モ尚正装軍装ニ在テモ炎暑ノ際ハ之ヲ用ユルヲ得ヘシ

其二　下士卒及相當官

第二十三條　下士卒ノ外套ハ第二十一條ノ本條ニ同ジ然レモ防寒ノ爲雨覆ヲ用ユルヲ免サス

A．正装

「正装」は新年歳暮の参賀、陸軍始、紀元節、天長節、新年宴会、招魂祭等の儀式祭典に用いられる服装である。

将校と同相当官は「正帽」「正衣」「正跨」「飾帯」「白手套」「下襟」「飾緒」を着用して、「正剣」を帯びて「短靴」を履く。

下士官兵は、「前立《ぜんりつ》」を付けた「正帽」「正衣」「正跨」を着用して、各兵科所要の兵器を携帯するとともに、乗馬本分者は「長靴」、徒歩の者は「短靴」に「脚絆」を装着する。

なお、将校、准士官、隊付外下士官に限り、自家の賀儀葬祭にも着用が可能であった。

B．軍装

将校では戦時のほかに、平時の週番等の諸勤務や演習・行軍時等にはかならず着用し、通常勤務にも用いられた服装であり、「略帽」「軍衣」「軍跨」「白手套」「下襟」を着用して、「軍刀」を帯びる。

また、「参謀官」と「伝令使」は正装同様に「飾緒」を着用した。

下士官兵は、「正帽」に「前立」を装着しない以外は「正装」と同様である。

C．略装

「略装」は、「正装」や「軍装」以外の平時に一般に用いられる服装である。

将校准士官では「軍装」と同一を建前として、「略帽」「長靴ないし短靴」等の着用は各自の便宜に応じて判断した。

下士官兵では、「略帽」「略衣」「略跨」を着用する。

⑫明治十年　「各兵科下副官徽章」

「西南戦争」中の明治十年に各兵科の「曹長」が一階級昇進して、「下副《かふく》官《かん》」という新たな階級が定められた。

この規定は「各兵科下副官徽章」と呼称され、明治十年三月二十四日の「陸軍省達乙第九十号」により制定された。

「下副官」の服制は「少尉」に準ずるものであり、相違点は以下に示すように「正帽」が異なるのみであった。

「正帽」の地質は「近衛兵」は「緋絨」製であり、「近衛歩兵」のみ帽子上部は「緋絨」、帽子下部は「紺絨」である。

「鎮台兵」は帽子上部の「緋絨」下部は「各兵科定色」であり、「近衛兵」「鎮台兵」ともに帽子本体の上部と下部の縫合部に「縦横章」と呼ばれた金線一条を縫い付けた。

また、「帽章」は金色の日章で、帽子頂上部には一個の金線星章を付けて、「顎紐」は三分幅の黒革であった。

なお、「下副官」は後に制度改正に

より、明治二十七年に「特務曹長」となる。

⑬西南戦争の戦例

西南戦争での被服にまつわる各種戦例を以下に「臨時被服呉絽服の制定」「軍刀」「飯盒・水筒」「背嚢と靴」に分けて述べてみる。

A．臨時被服「呉絽服」の制定

明治十年二月五日に勃発したわが国最後の内戦である「西南戦争」では、一万二千名の兵力を擁する「西郷軍」に対して、「熊本城」には三千五百名の「熊本鎮台」の将兵が籠城するとともに、全国の鎮台より「第一旅団」「第二旅団」「第三旅団」を出動させ、「別働旅団」五個を編成した。

三月になると初の予備役召集により「第二後備軍」の招集を行なうとともに、五月には警察官一万二千名で「新線旅団」を編成した。

この未曾有の兵力動員では、明治八年制定の軍服だけでは動員部隊に対する被服供給が間に合わず、「呉絽服《ごろふく》」と呼ばれる臨時制定の被服を制定して被服不足に対応した。

もともと「呉絽服」は江戸時代にオランダより輸入された羊毛・駱駝毛・山羊毛等で荒目に織られた「梳毛織《そもう》物」の総称であり、当時は羽織・合羽・帯地等に用いられていたほか、各藩の藩兵では兵卒用の被服としても多用されていた。

「西南戦争」時の「呉絽服」はその色彩が薄紺色であったことから、動員部隊は通称「鼠隊」と呼ばれた。

また、戦時動員の混乱と被服不足より陸軍の出動部隊の被服も部隊単位で多種多様であり、「正服」ではなく「略服」に「略帽」ないし「正帽」を着装するパターンが多かった。

このほかに「陸軍」より「西郷軍」に身を投じた者は、陸軍の軍服をそのまま着用したものも多かった。

B．軍刀

西南戦争で陸軍が用いた将校軍刀の多くは、西洋のサーベルタイプで刀身に洋鉄を用いた明治八年制定軍刀であり、敵を切っても損害をあたえることができないケースが多々あり、多くの将校が私物の日本刀を携帯した。

この戦訓から後述の明治十九年制定軍刀では刀身に日本刀を仕込むようになる。

C．飯盒・水筒

「飯盒」は将校用としては、後の飯盒と異なり炊飯が不可能で、弁当箱としての利用に特化された鉄製漆塗り物があり、下士官兵は柳で編んだ「飯骨柳《はんこつりゅう》」と呼ばれる弁当容器を用いた。

「水筒」はブリキ製の水筒の存在が伝えられているものの、総員に配備されたものではなく、実際は竹筒・水桶等を利用している。

D．背嚢と靴

陸軍は建軍以来フランスを範とした「背嚢」を採用していたが、「西南戦争」では戦場での機動性を優先して軽装な「背負袋」を多用している。

また、足回りは国産の製靴技術が未熟であったことと日本人自身が靴文化に慣れていなかったために、多くの将兵が足袋・草鞋を多用している。

実際に参謀である「山縣有朋」も戦場では「長靴」を脱して、「山足袋」を用いていた。

明治４年制定の御親兵用の軍帽、衣、跨を着用した歩兵一等卒。袖には「一等卒」の階級を示す２分幅の「袖線－小」が山形に２本付けられている。

明治４年制定の御親兵用の軍帽、衣、跨を着用した砲兵軍曹。下士官以下の被服は「綿絨」製であり、腰には私物の日本刀を差すための布製の「上帯」を巻いている。

明治４年制定の御親兵用の軍帽・衣・跨を着用した陸軍中尉。被服の基本は将校下士官兵ともに明治三年制定の「陸軍徽章」がベースとなっている。将校は「軍帽」に御幸・儀式に用いるため「前立」を付けている。被服は「本絨」製であり、袖には「中尉」を示す２分幅の「袖金線－小」が山形に２本付けられている。

明治４年に撮影された御親兵の大隊長の集合写真であり階級は少佐である。被服は明治３年制定の「陸軍徽章」に準じており、全員が私物の輸入サーベルを所持している。

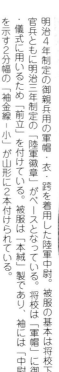

明治7年制定の兵用略服の着用状況。写真館で撮影された写真であり、写真右は「紺大絨」製の略衣と略跨を着用した「軍曹」で袖に階級表示の袖線である「黄木綿」製4部幅の「大線」1条と2分幅の「小線」1条が入っている。写真左は「一等卒」で「紺小倉」製の兵用の略衣·略跨を着用しており、袖章として2分幅の「小線」1条が入っている。また略跨側面に幅三分の「黄色絨」製の側章と呼ばれるラインが見える。（写真提供／姫宮きりん）

文官出仕官并等外

雇工従僕馬丁

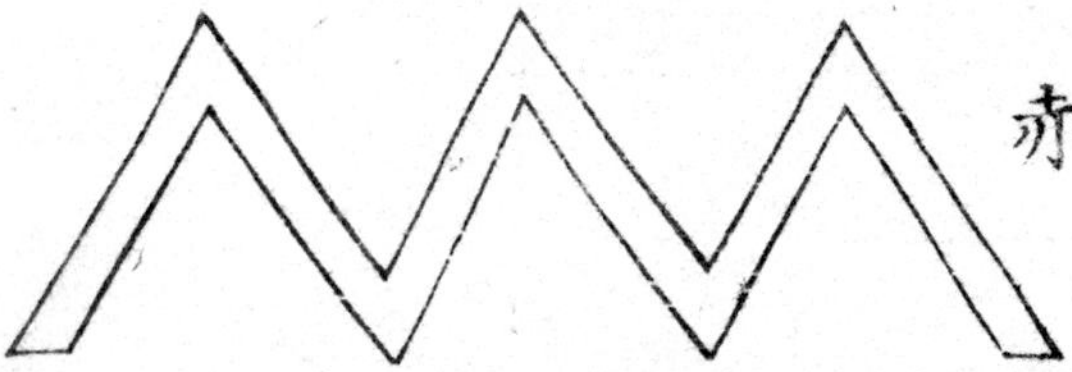

軍役夫

出征行軍文官及軍属臂章。

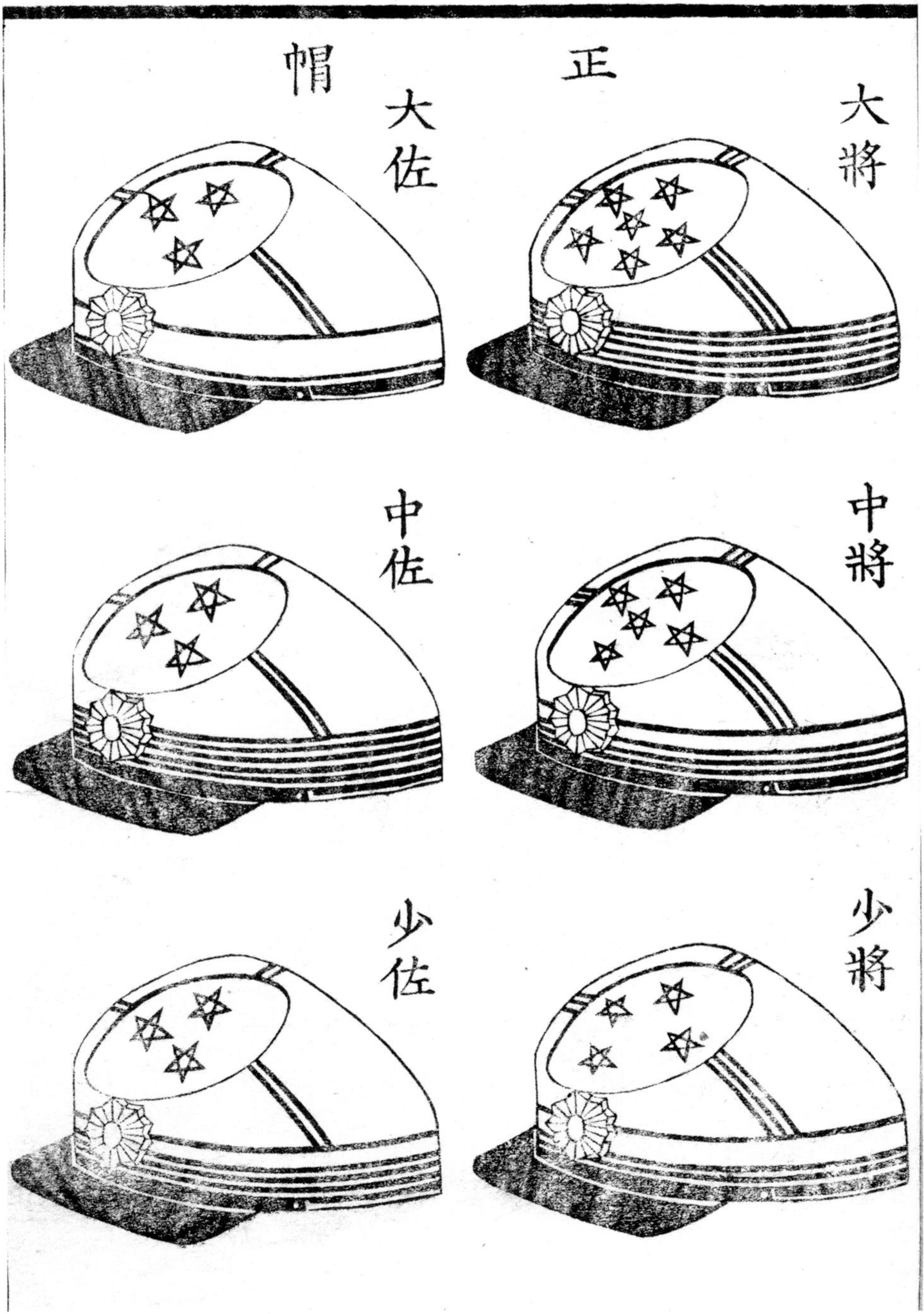

明治８年制定の「陸軍服制」（P. 123まで）。

大尉

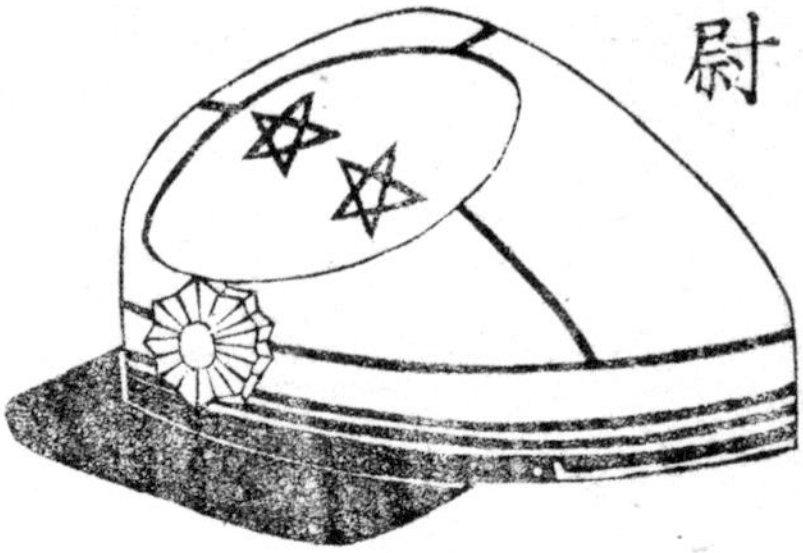

中尉

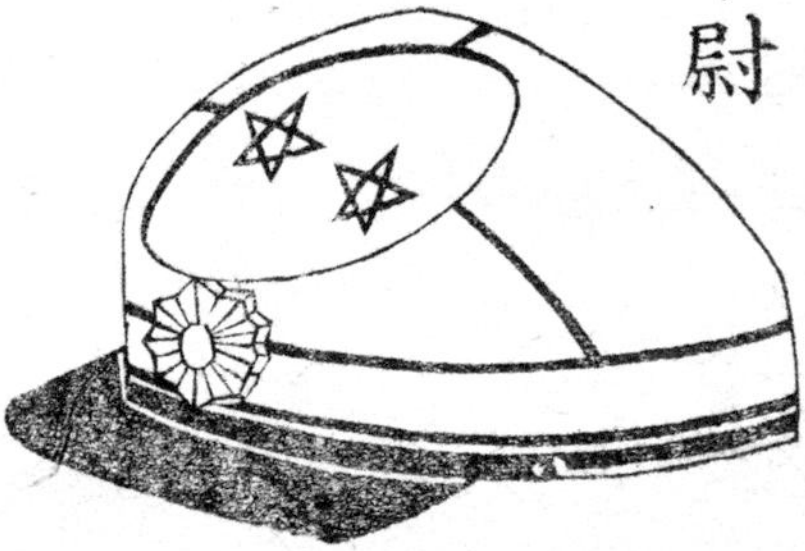

少尉

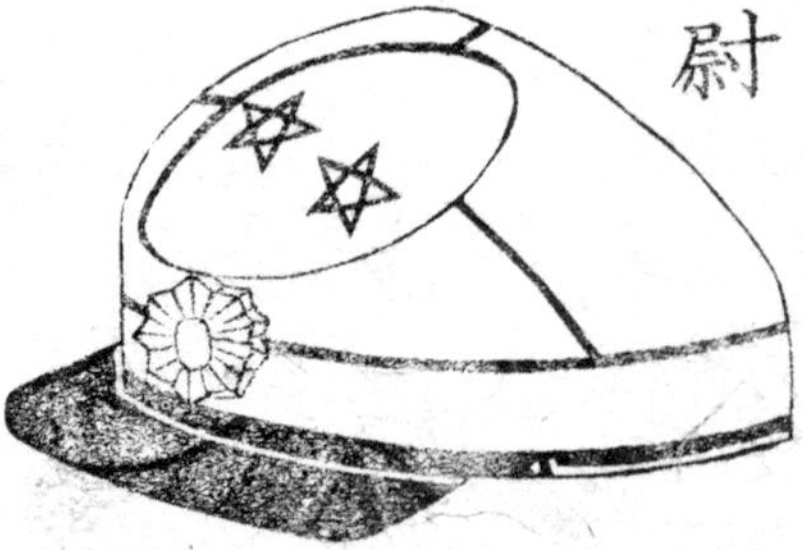

準士官

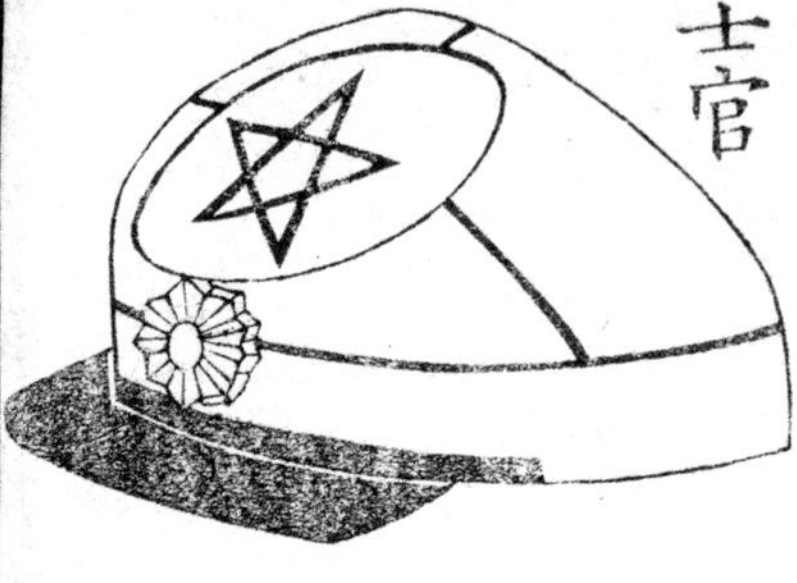

下士卒

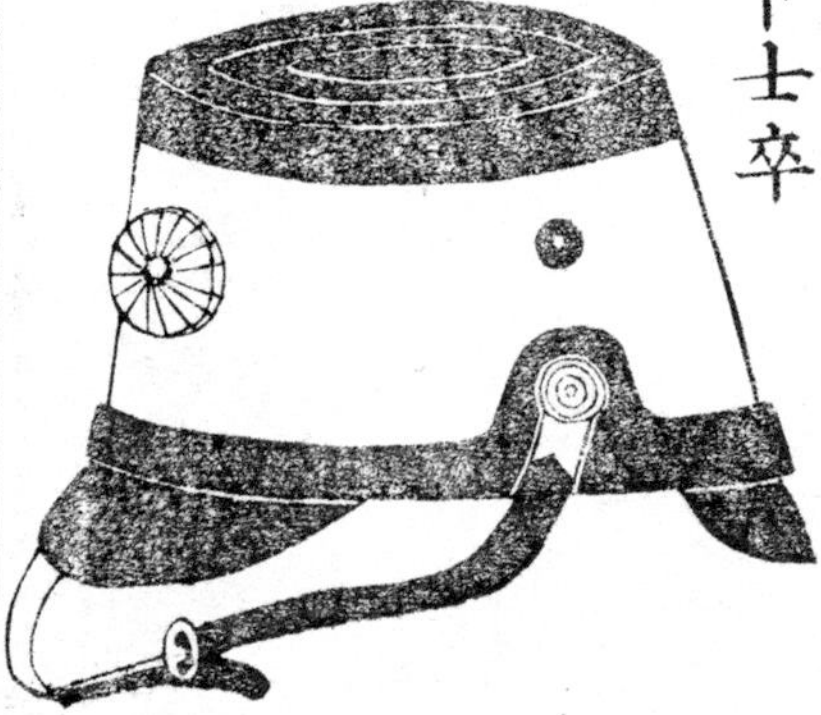

將校正衣

下士卒正衣

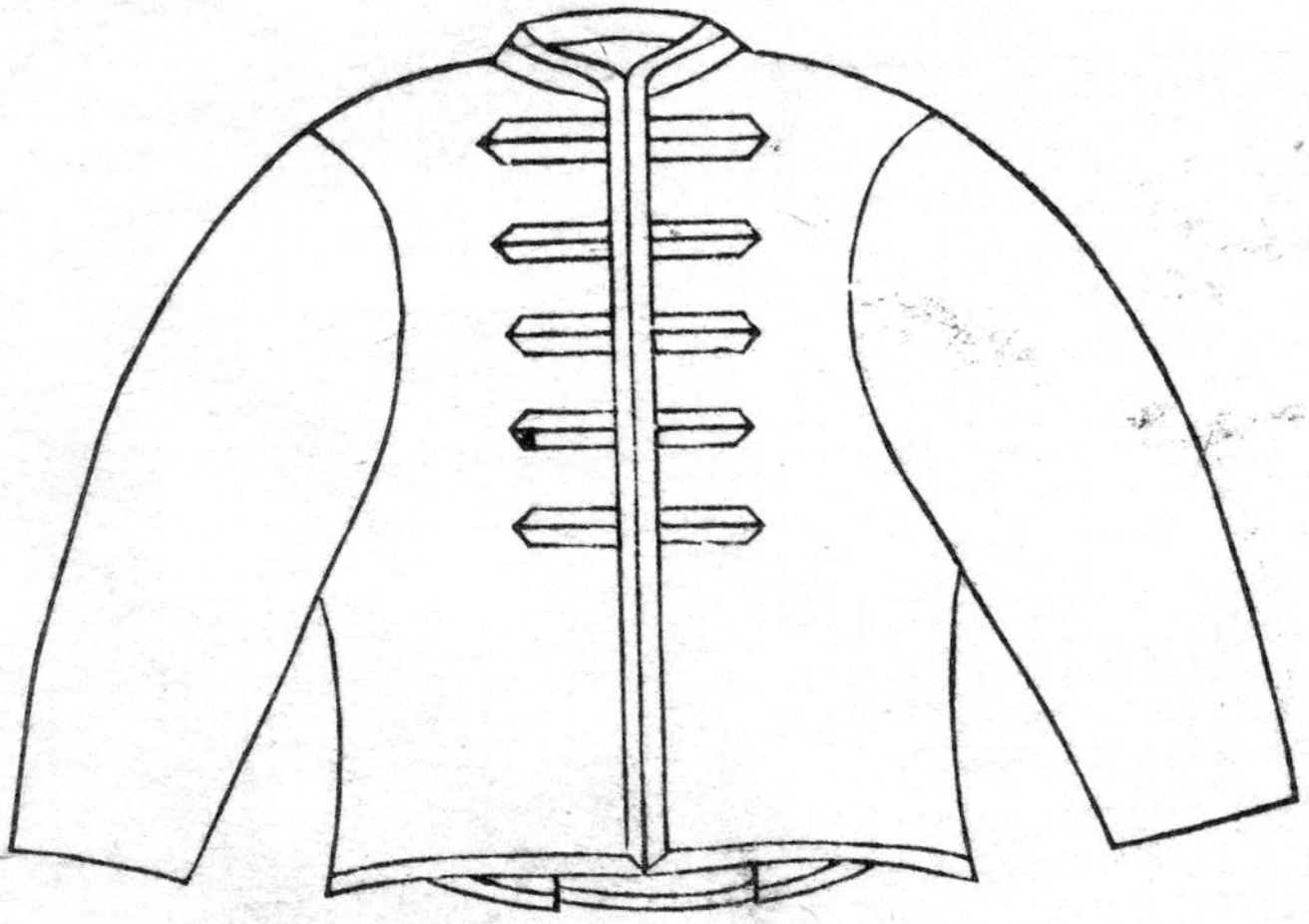

正衣襟

將官

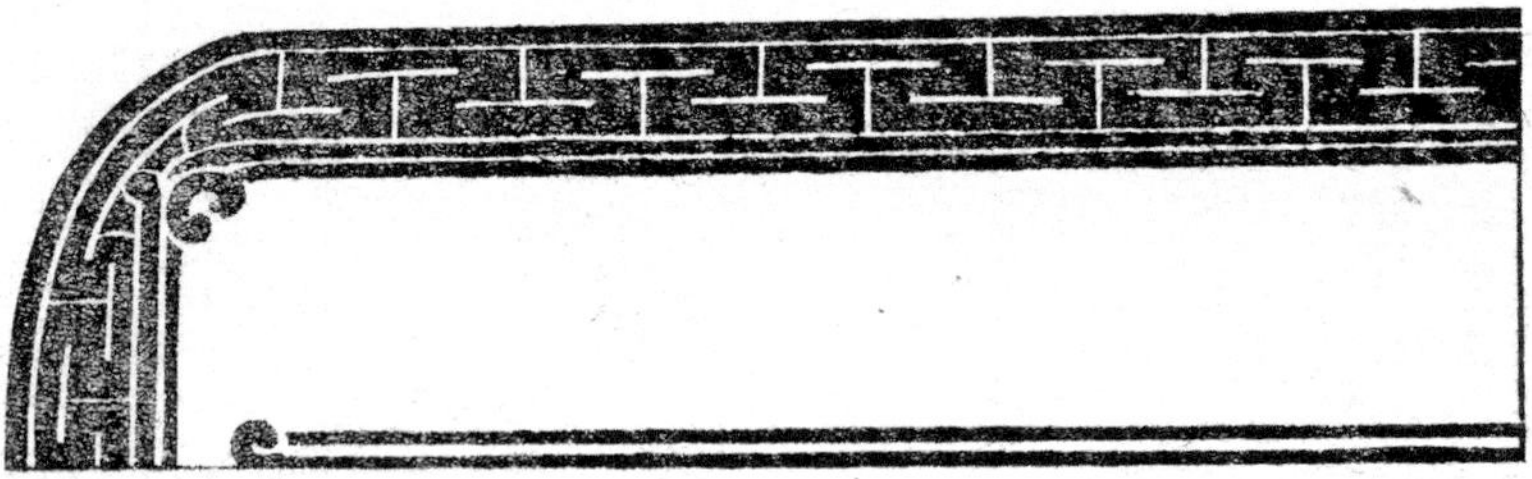

佐官

尉官

準士官

正軍衣袖章

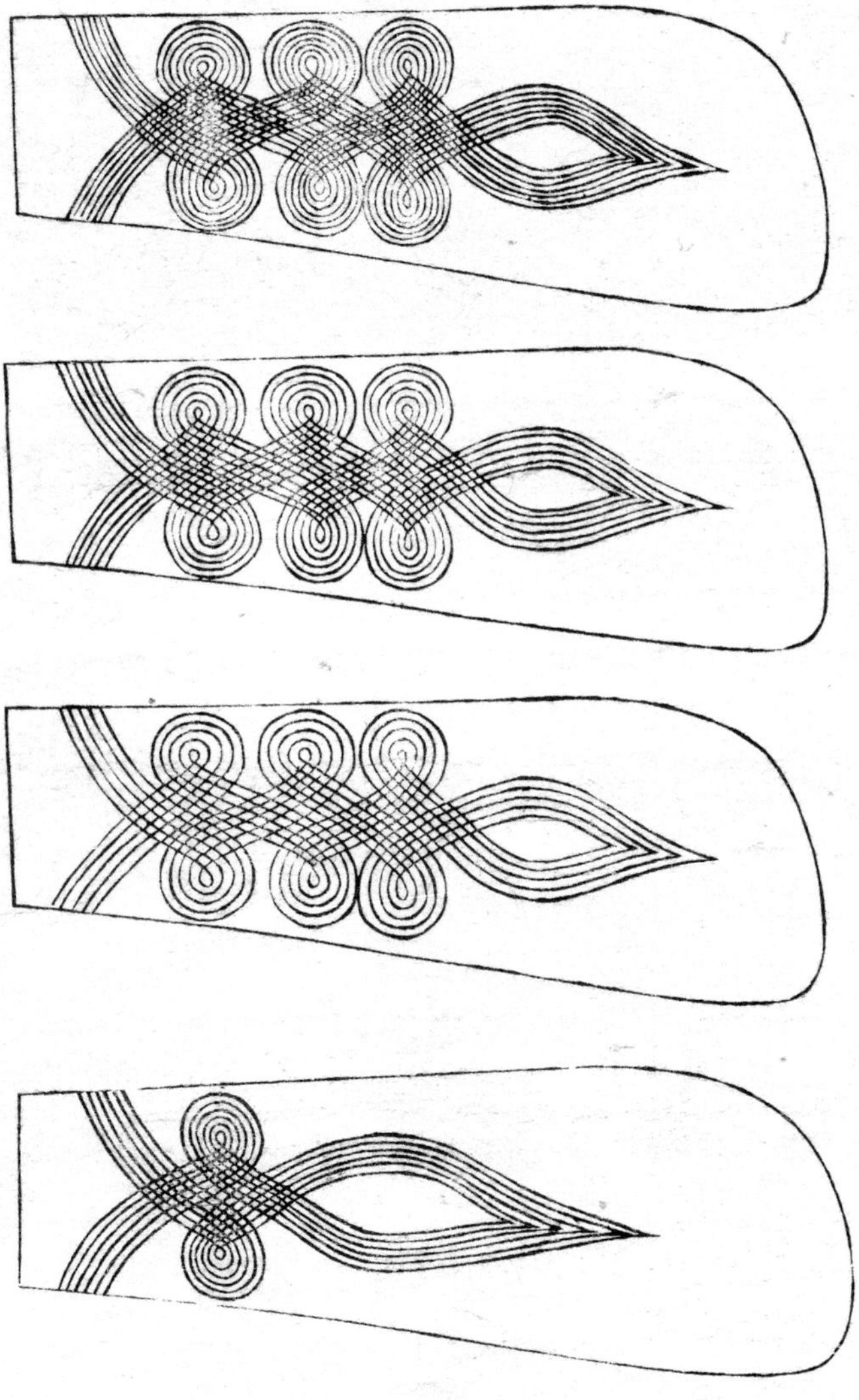

大将

中将

少将

大佐

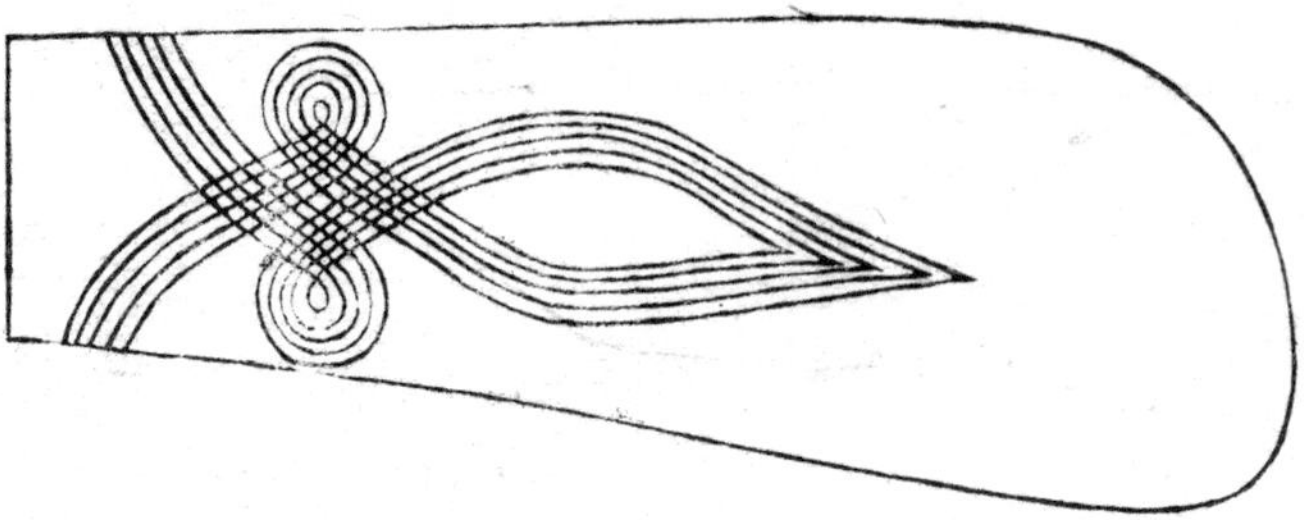

中佐

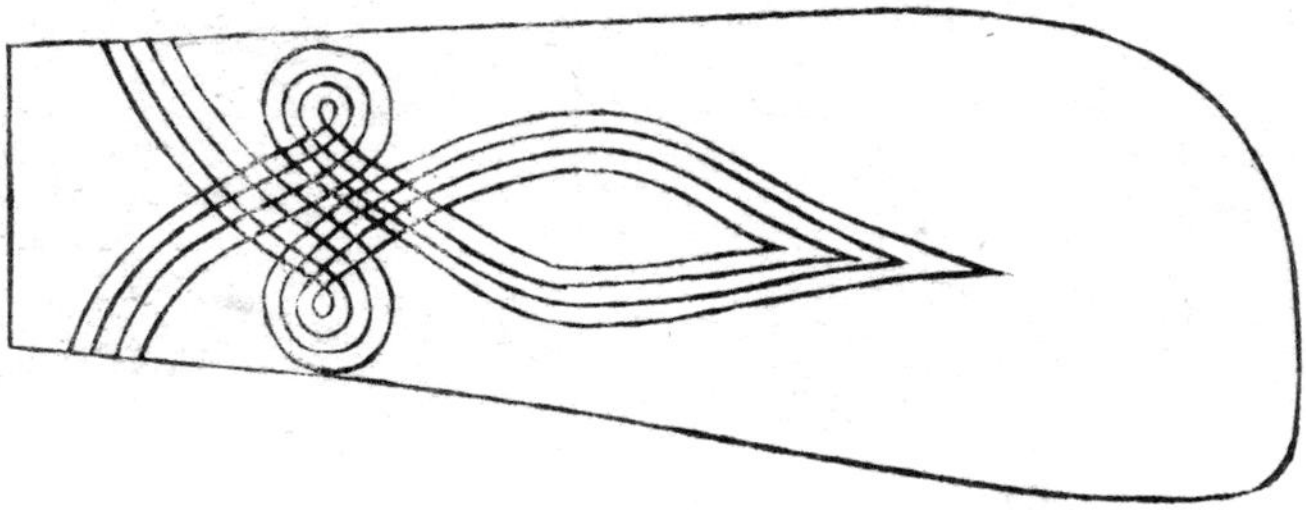

少佐

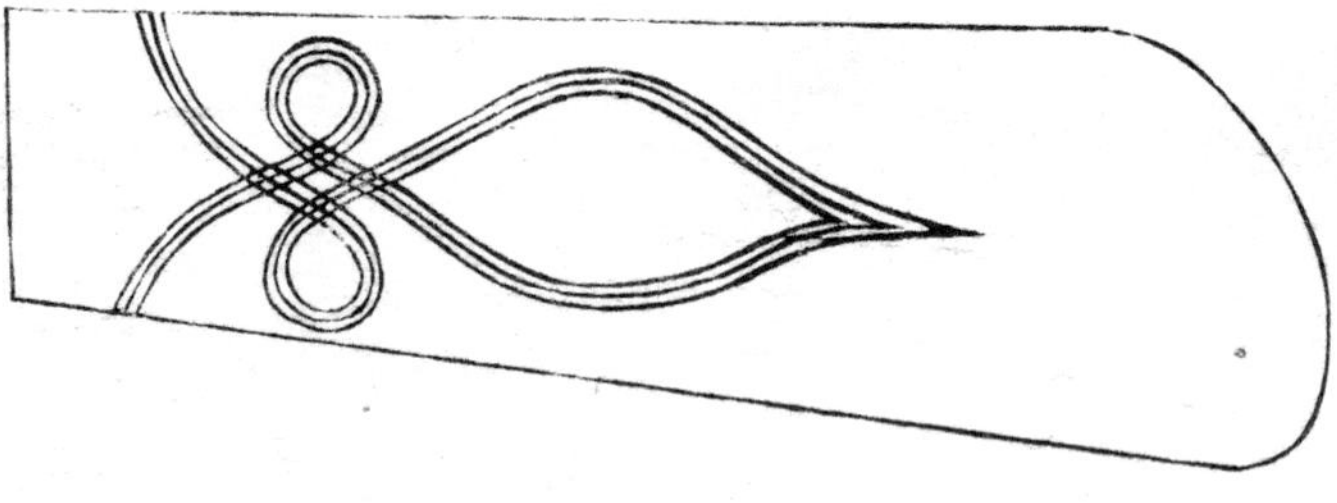

大尉

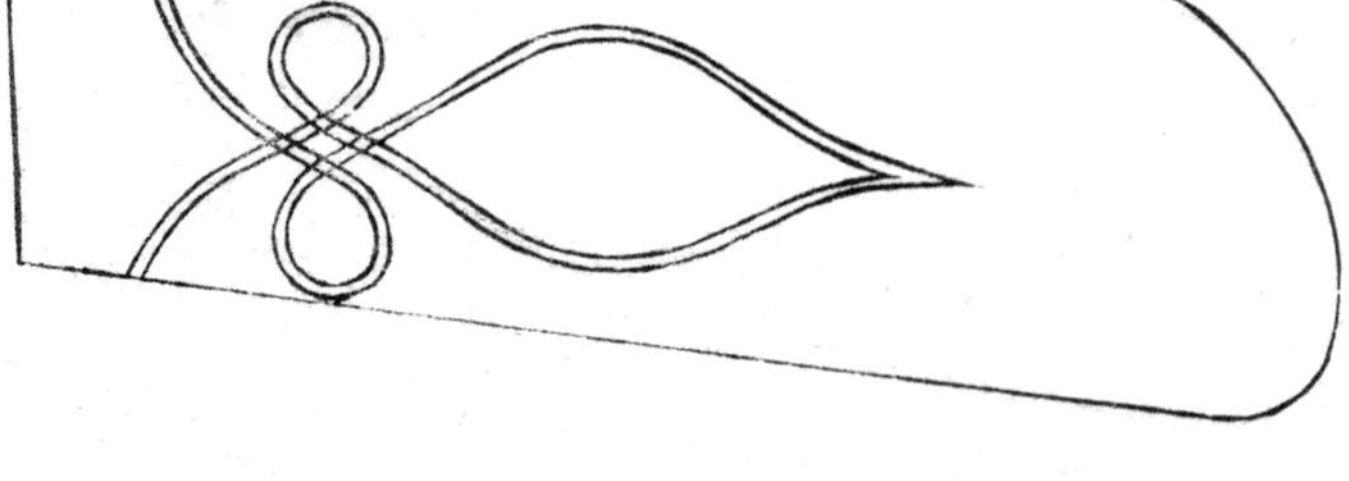

中尉

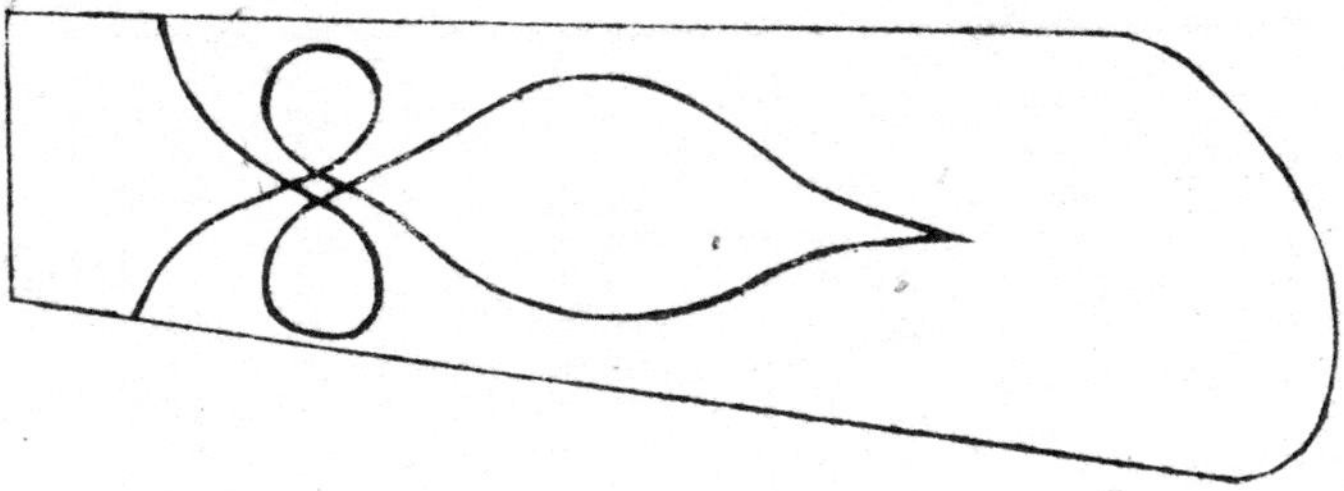

少尉

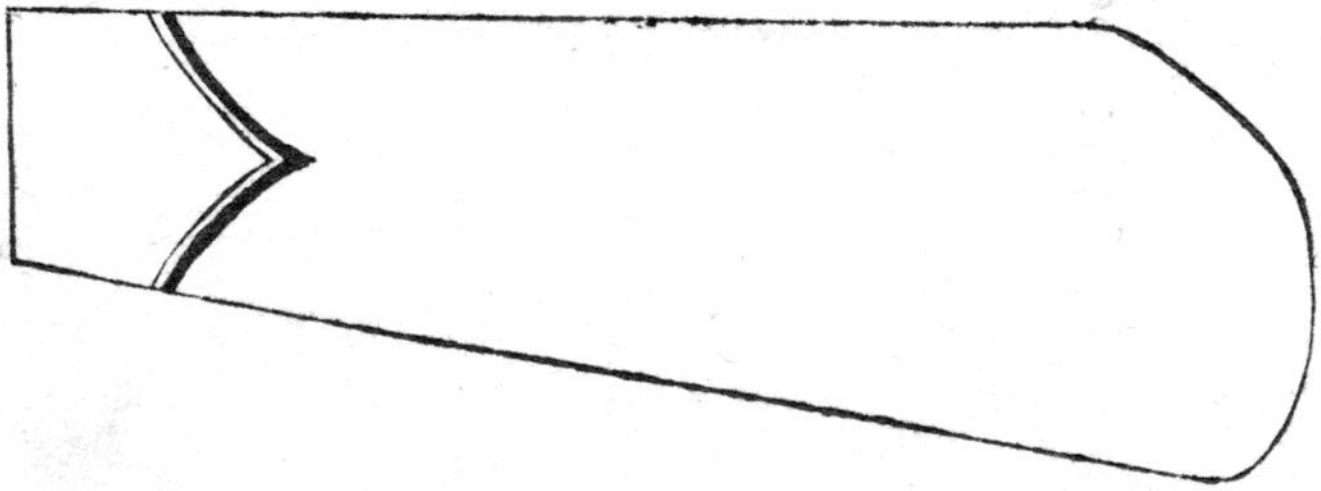

準士官

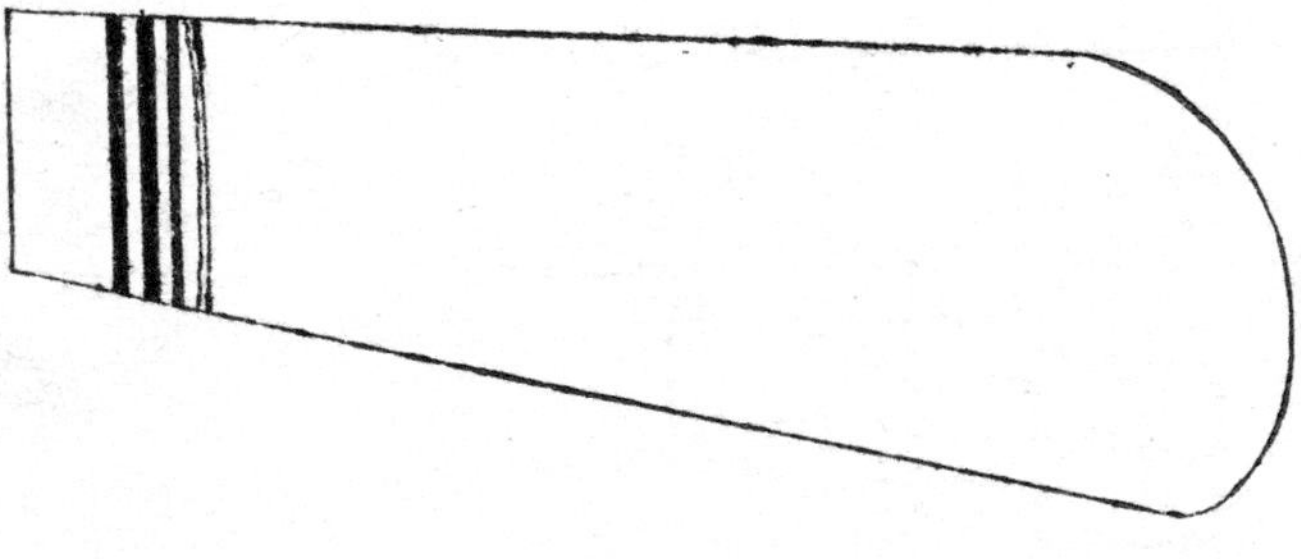

曹長

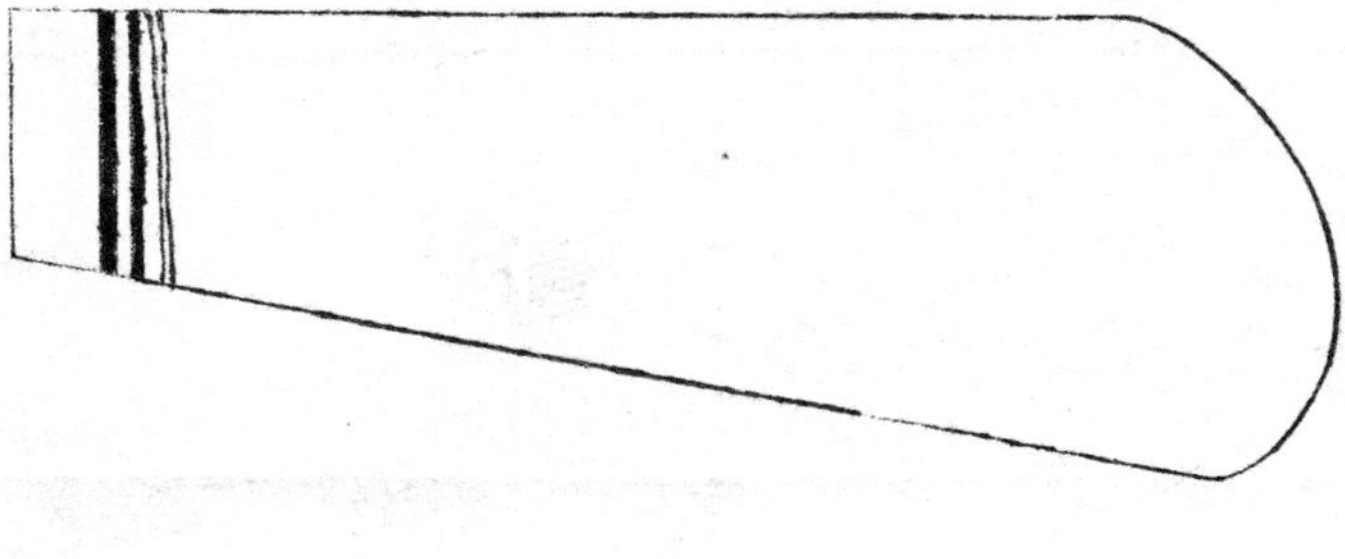

軍曹

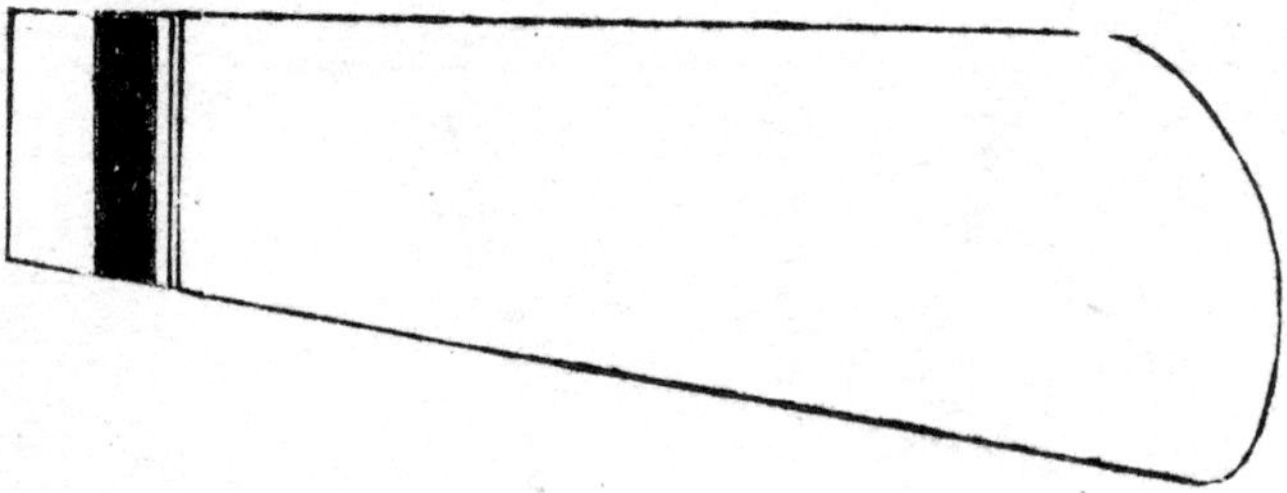

伍長

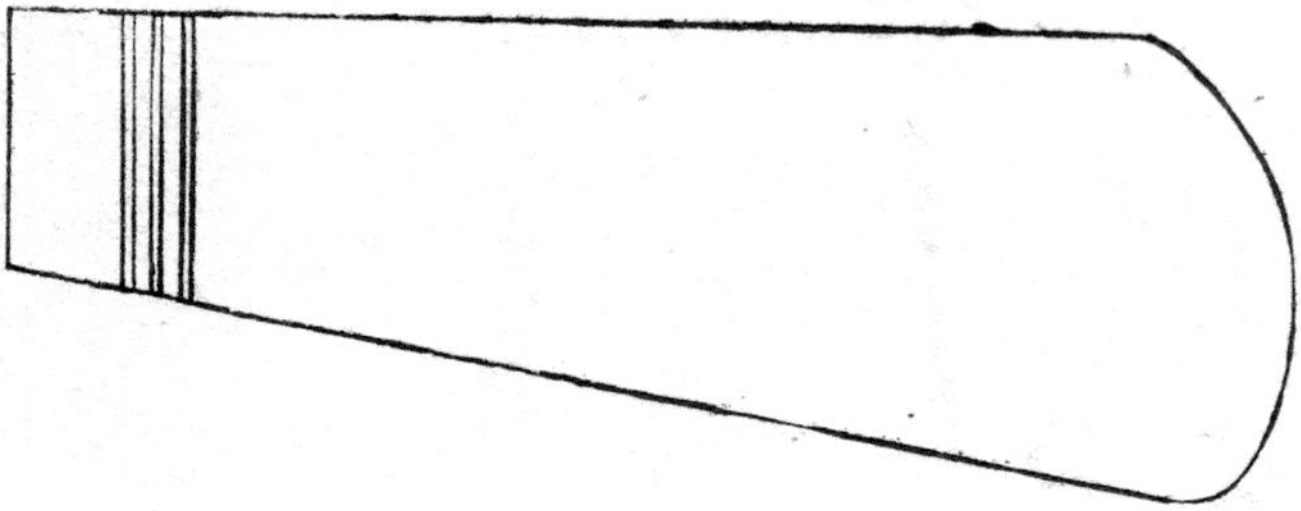

上等卒

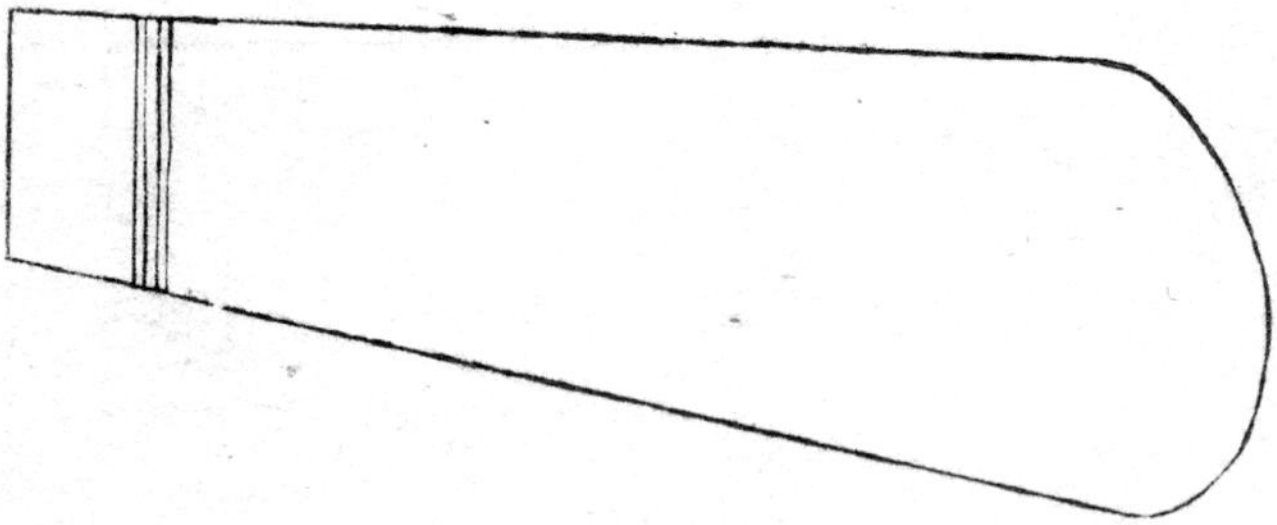

一等卒

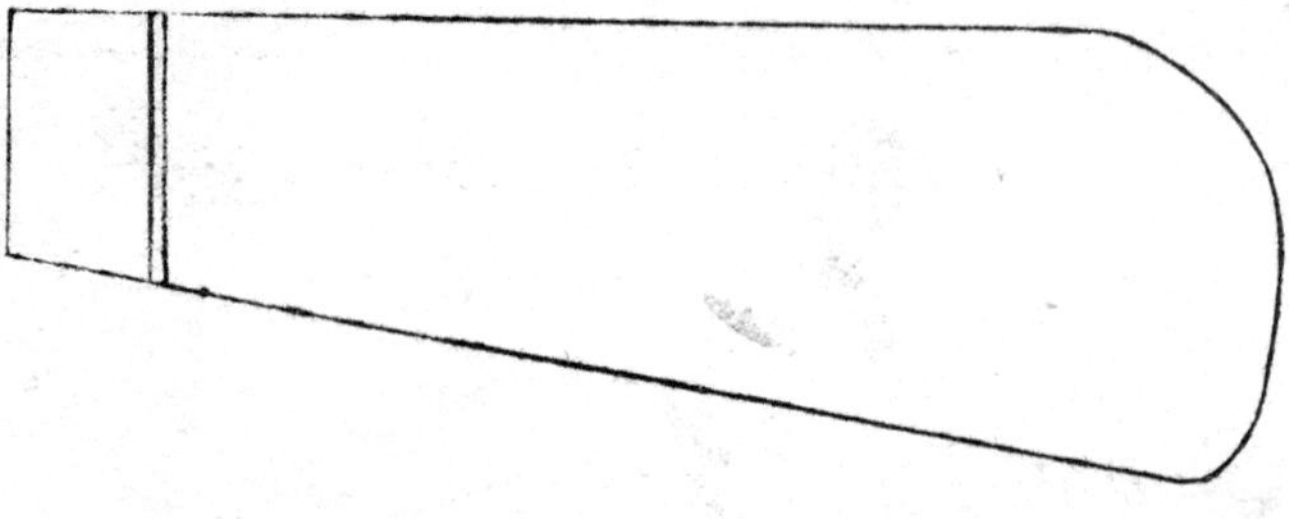

二等卒

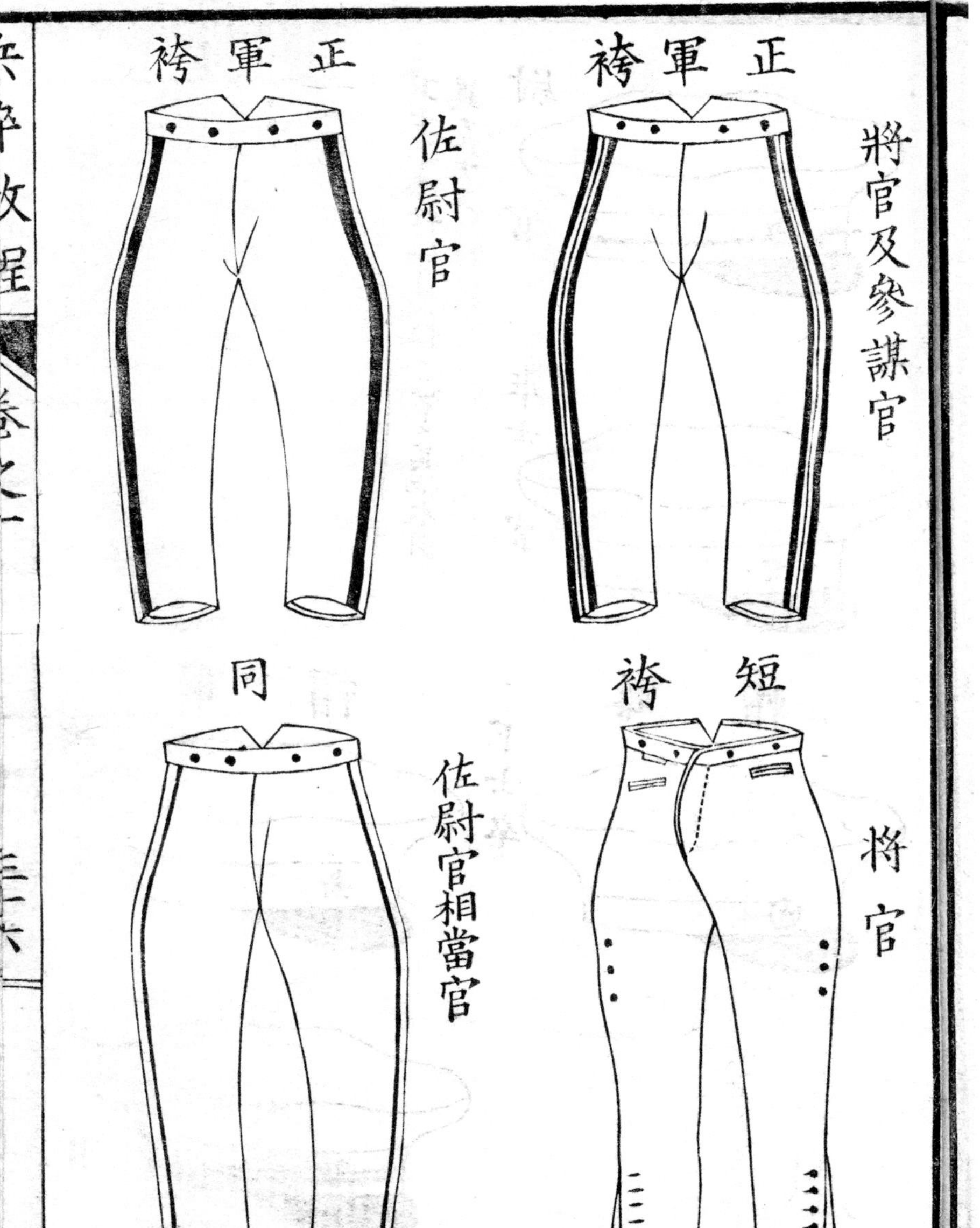
正軍袴
將官及參謀官
正軍袴
佐尉官
短袴
將官
同
佐尉官相當官

正袴

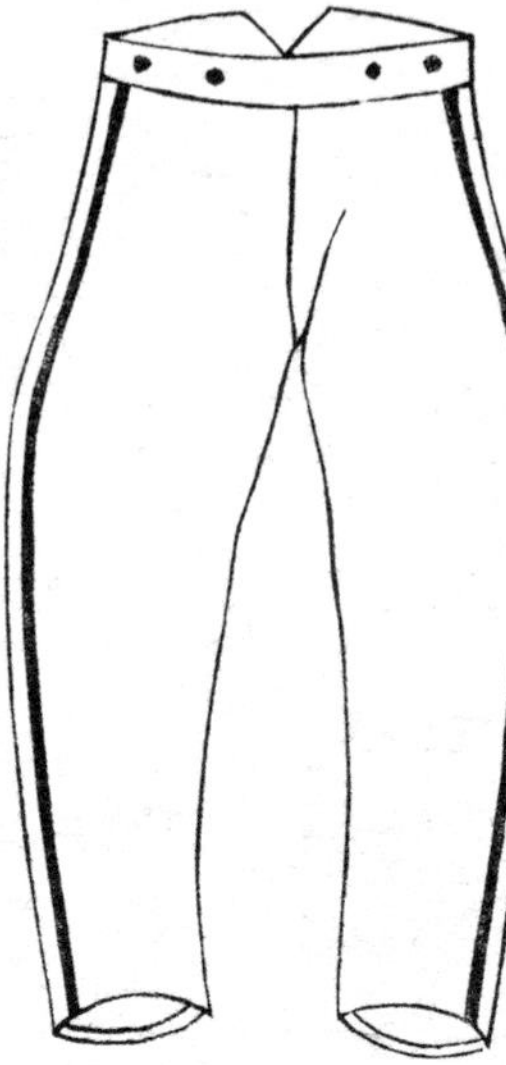

準士官及下士卒

下士卒略袴側章ハ幅三歩トス其他本図ニ異ナルナシ

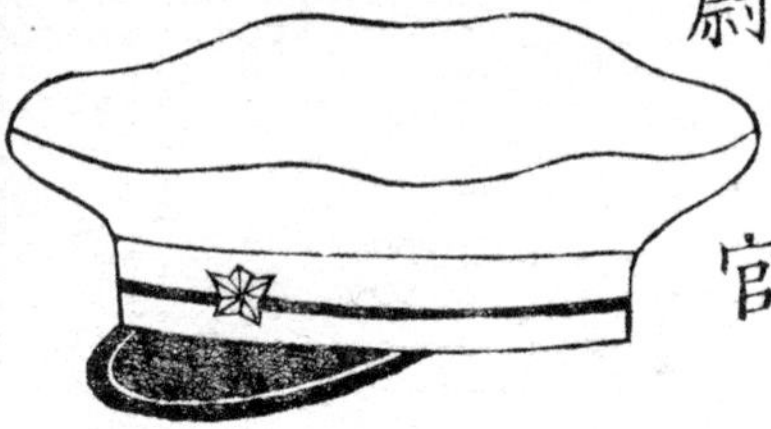

尉官

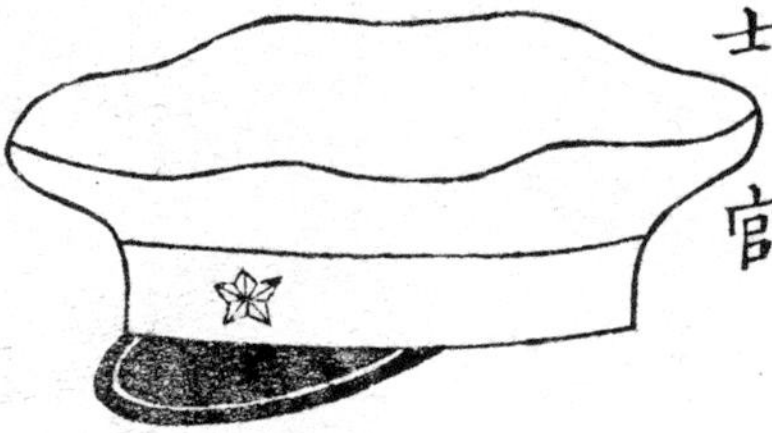

準士官

軍帽

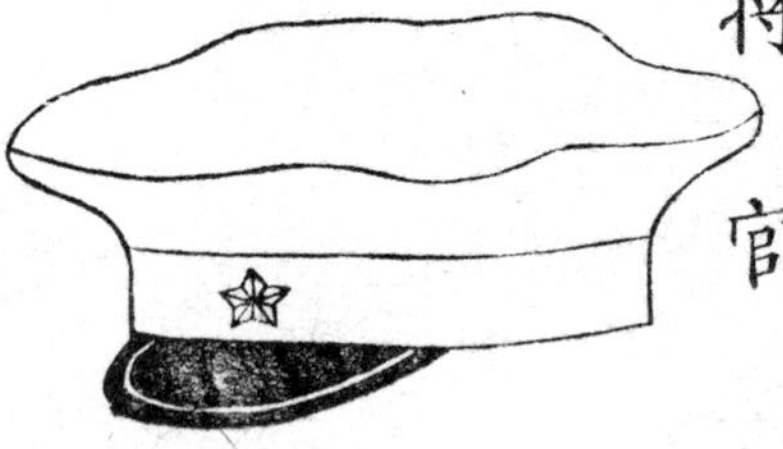

将官

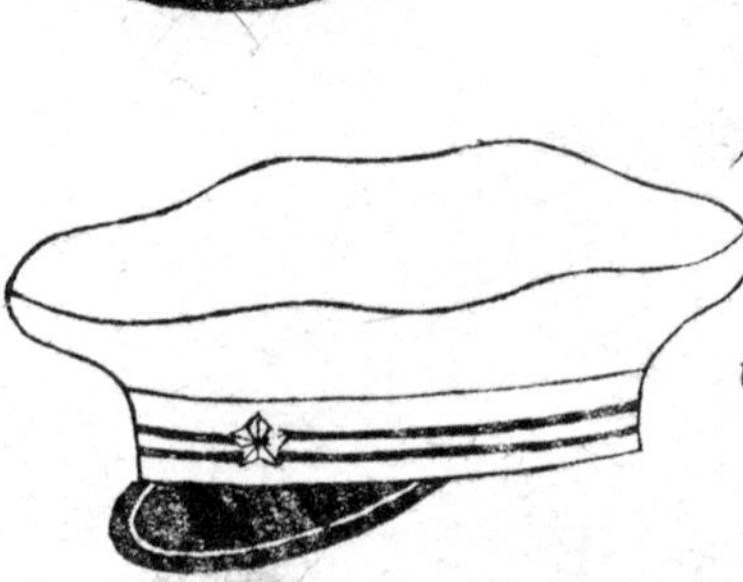

佐官

略帽

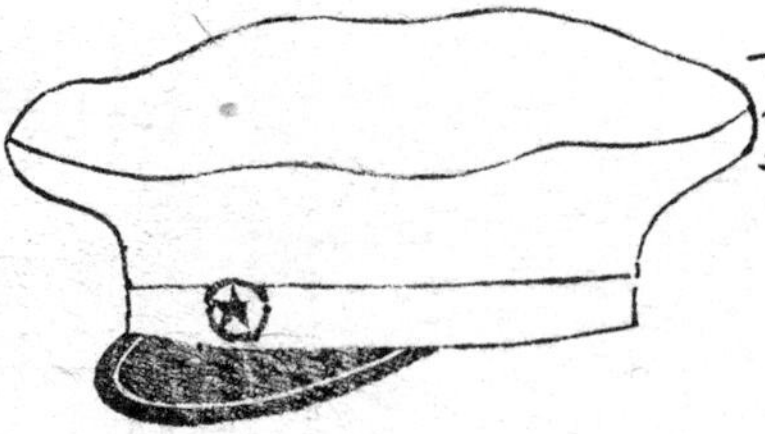

下士卒

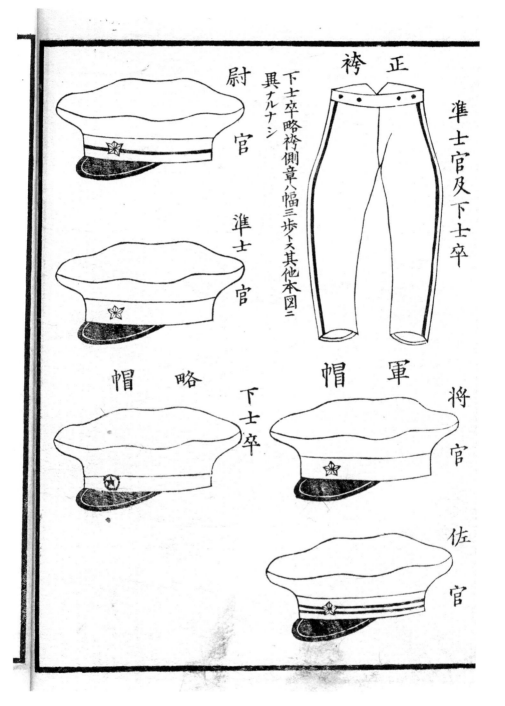

將校軍衣

外套袖章

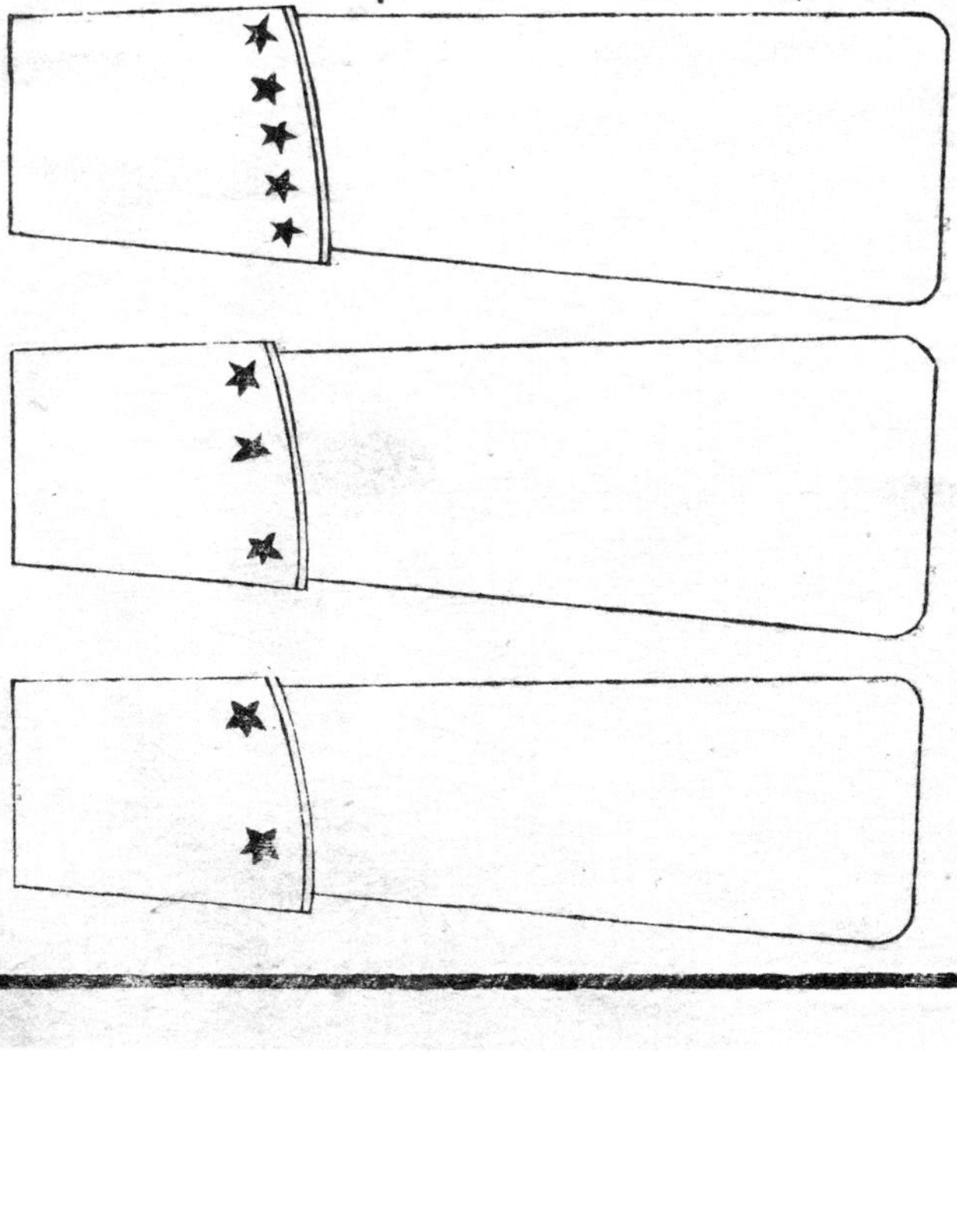

大將

中將

少將

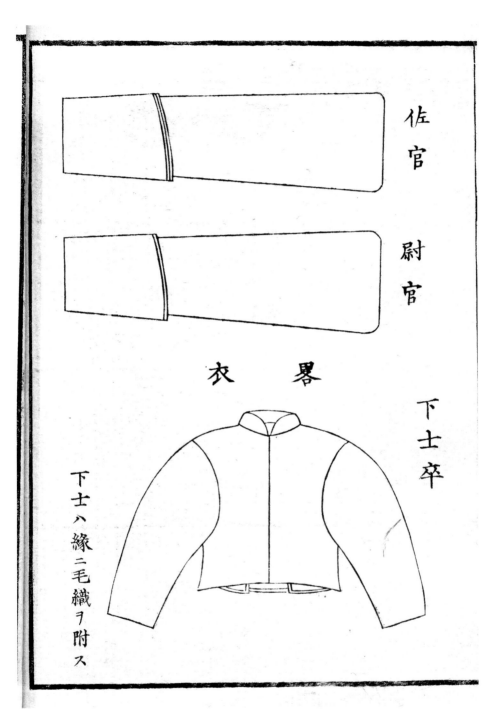

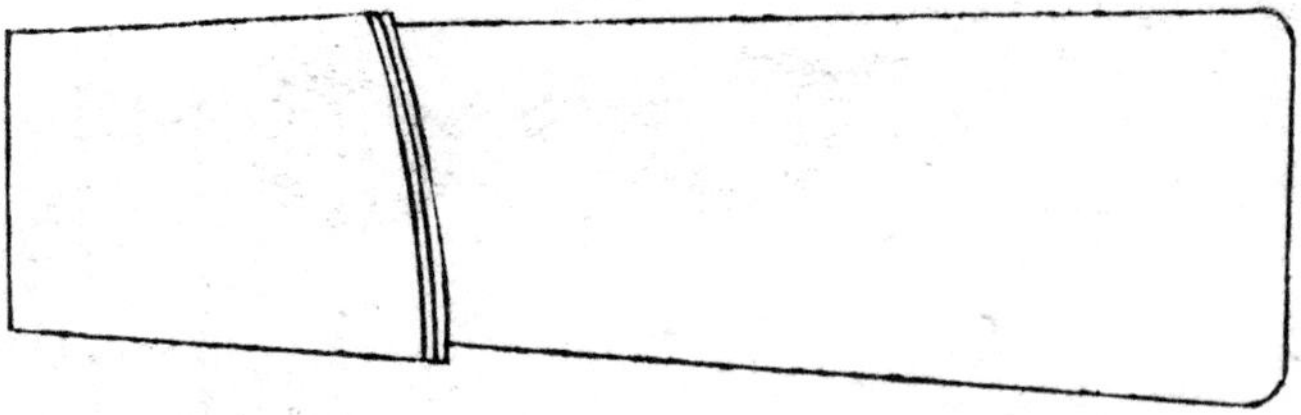

佐官

尉官

暑衣

下士卒

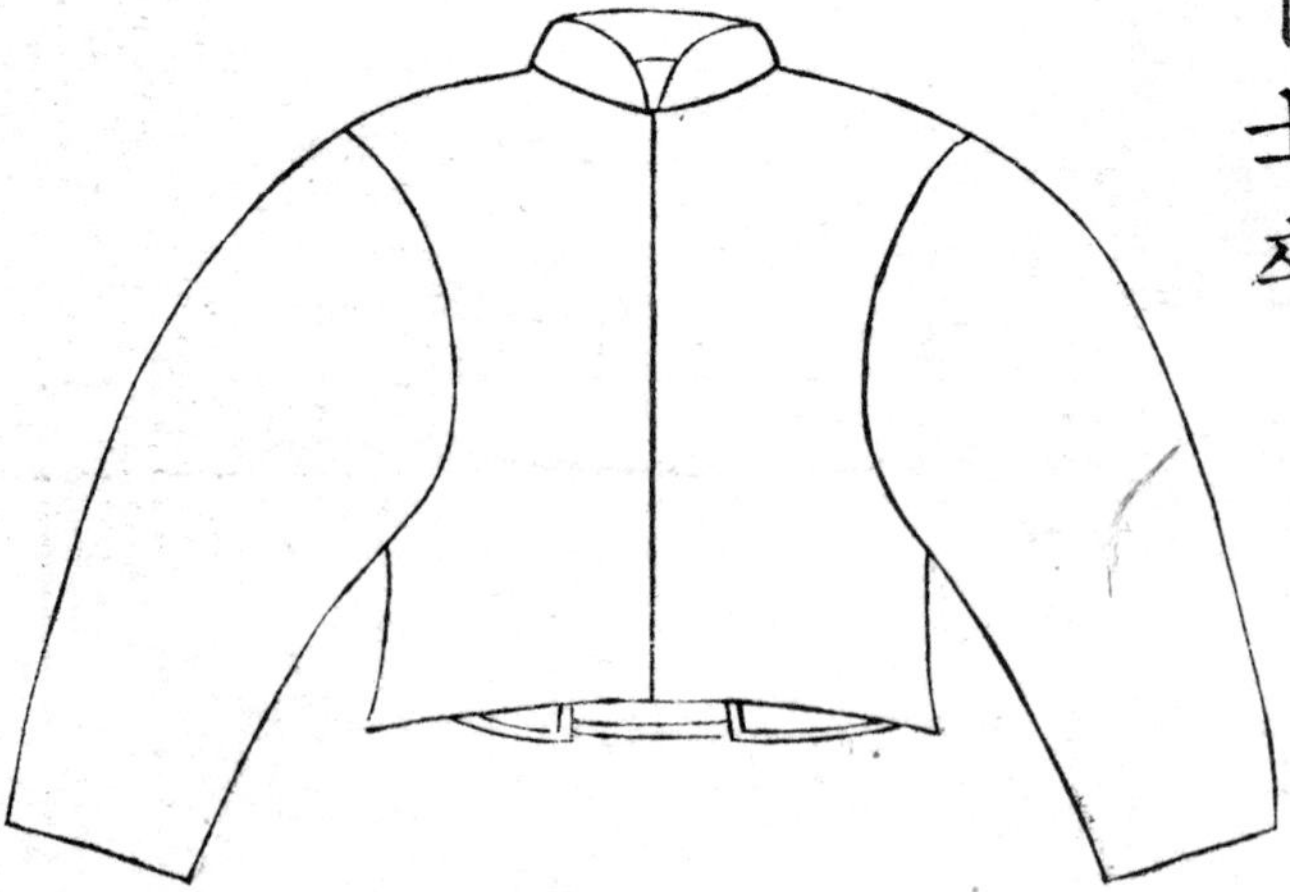

下士ハ縁ニ毛織ヲ附ス

暑衣袖章

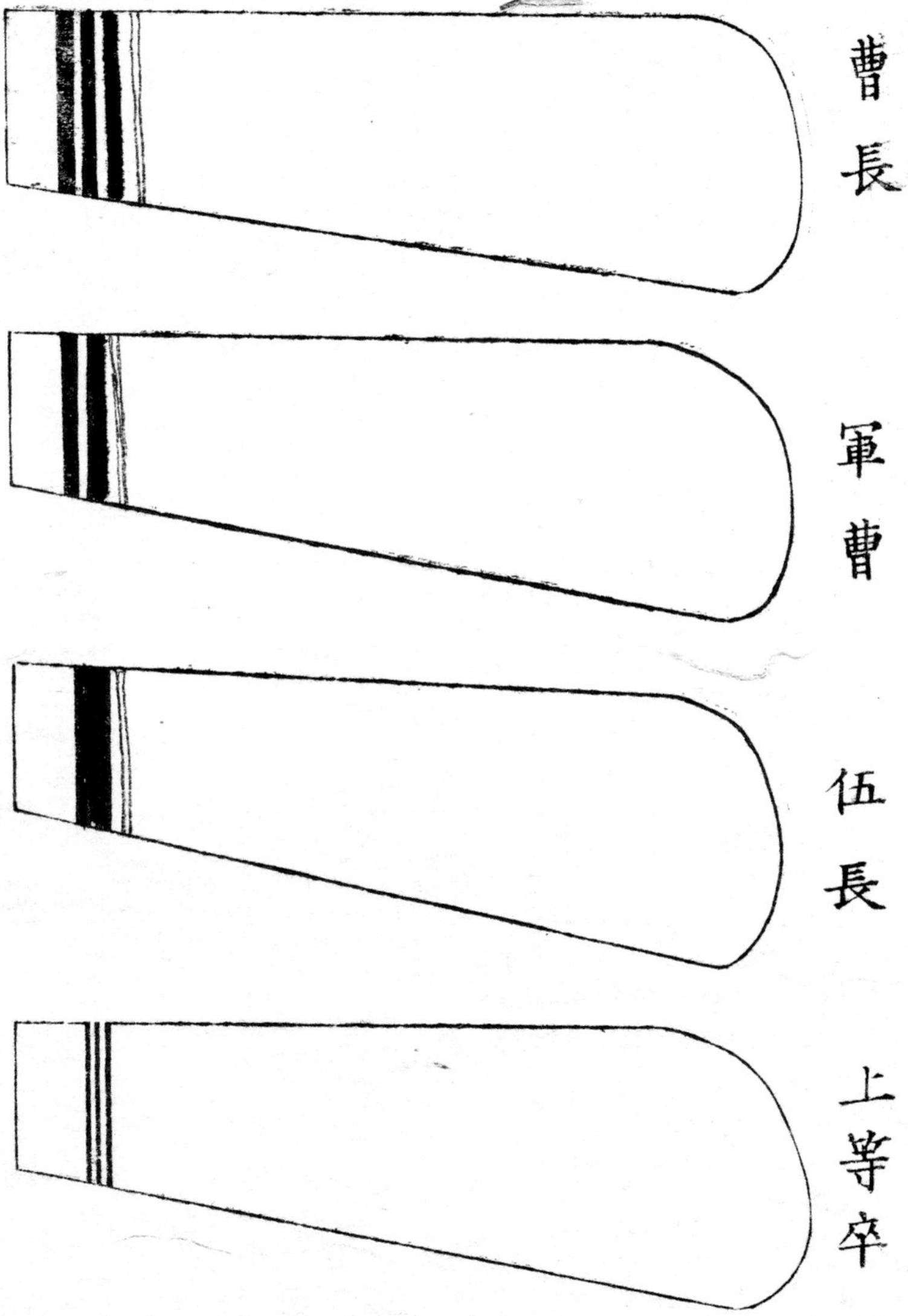

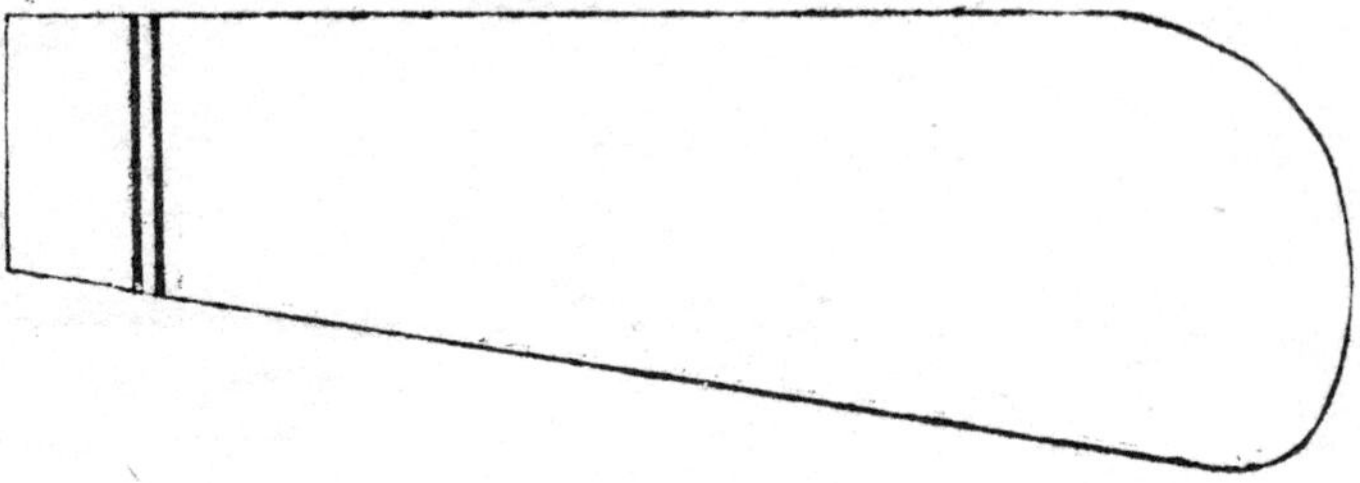

一等卒

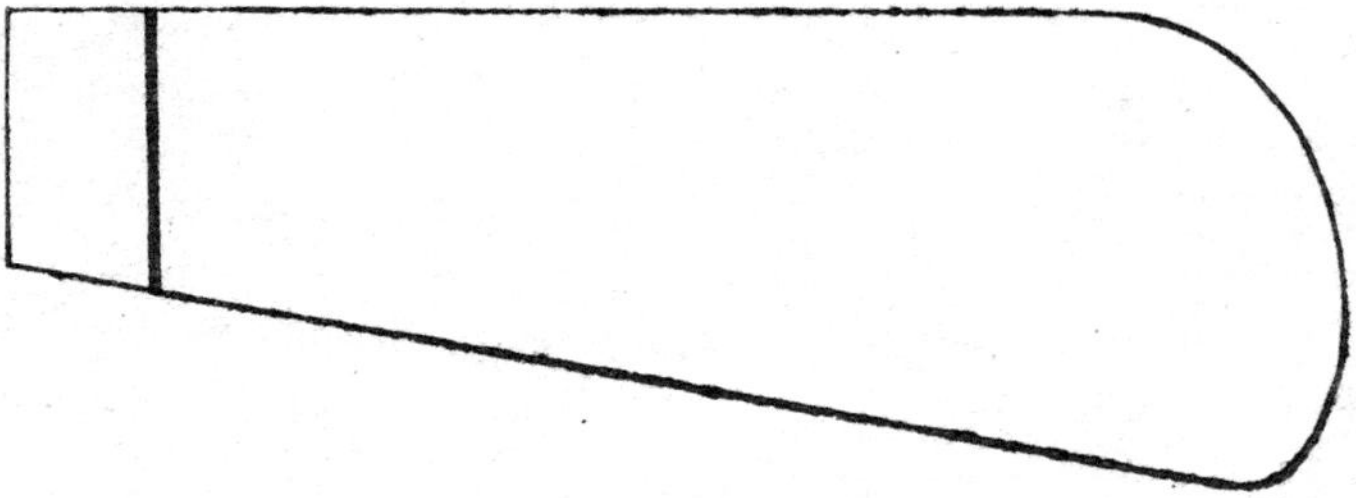

二等卒

臂章

軍醫藥劑部白絨餘八緋

軍醫部		鍬兵		蹄鐵工	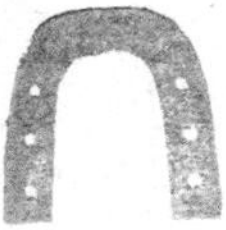
藥劑部		火工	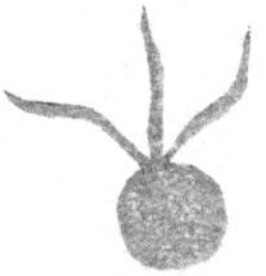	監獄	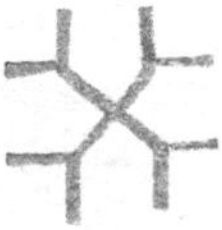
馬醫部		縫工		教導團	
軍用電信隊		靴工		鑄工	
會計部	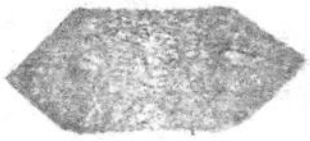	鐵木工		鞍工	
喇叭手		銃工			

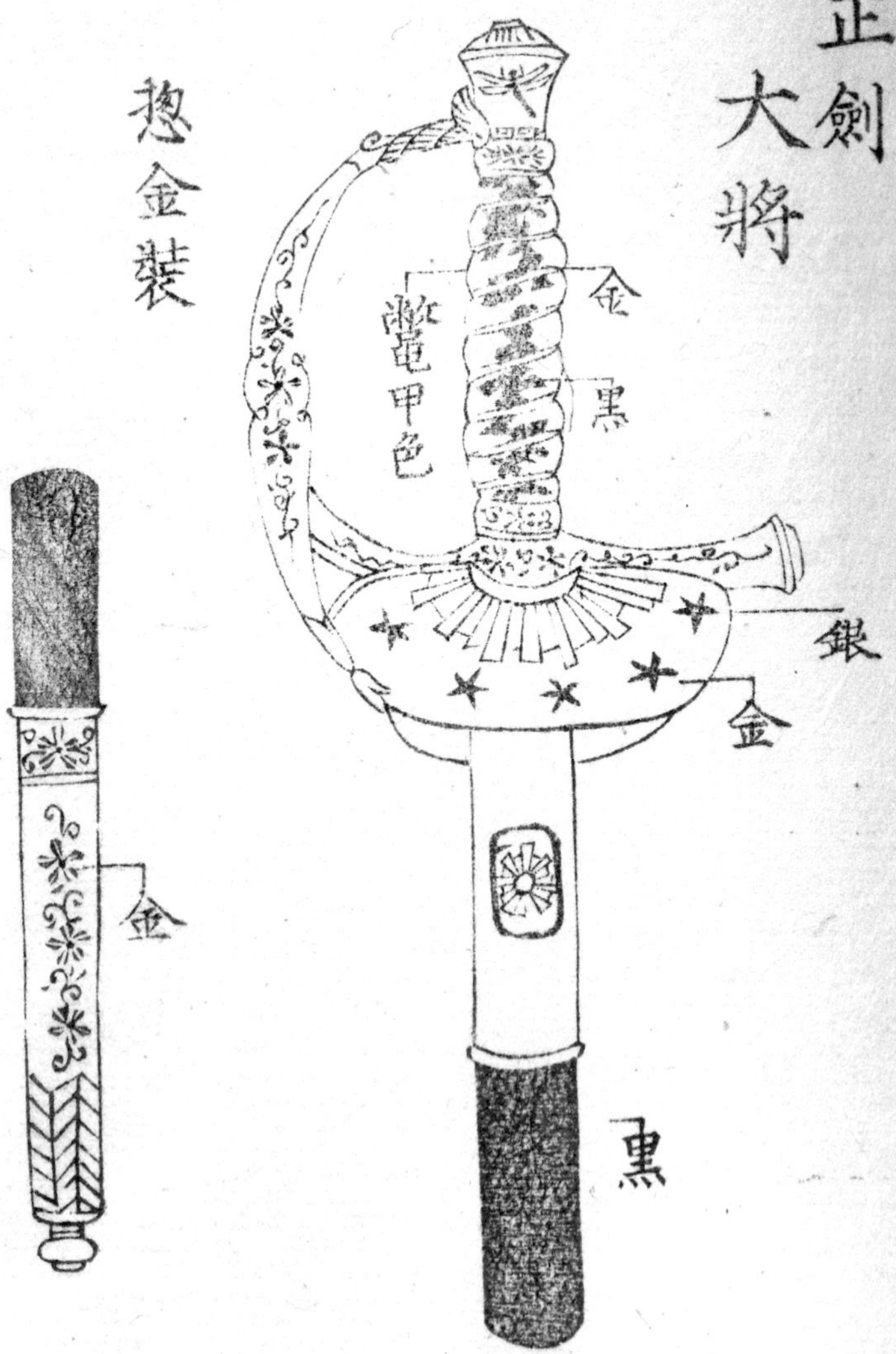

九六

明治８年制定、将官正剣。

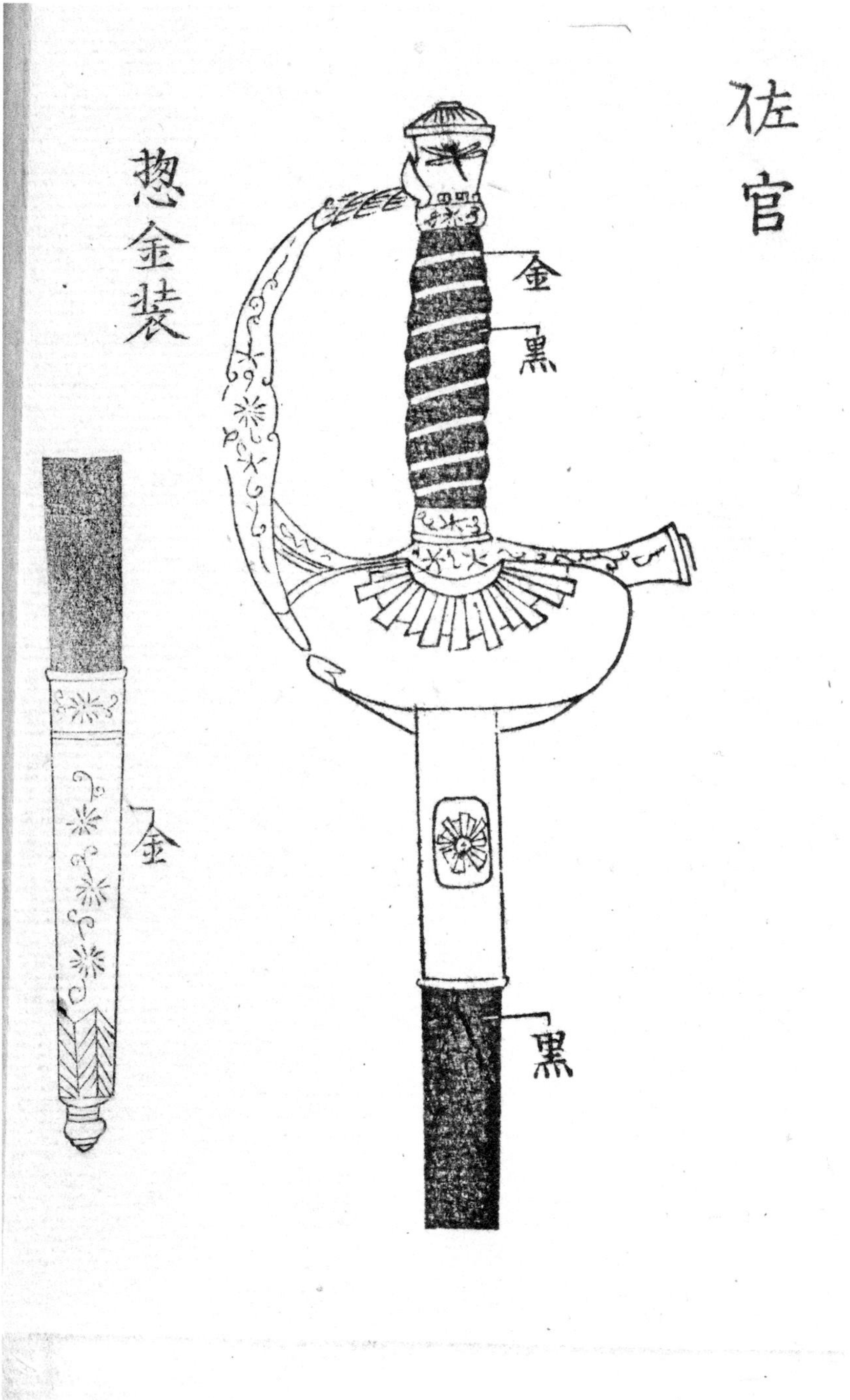

明治８年制定、佐官正剣。

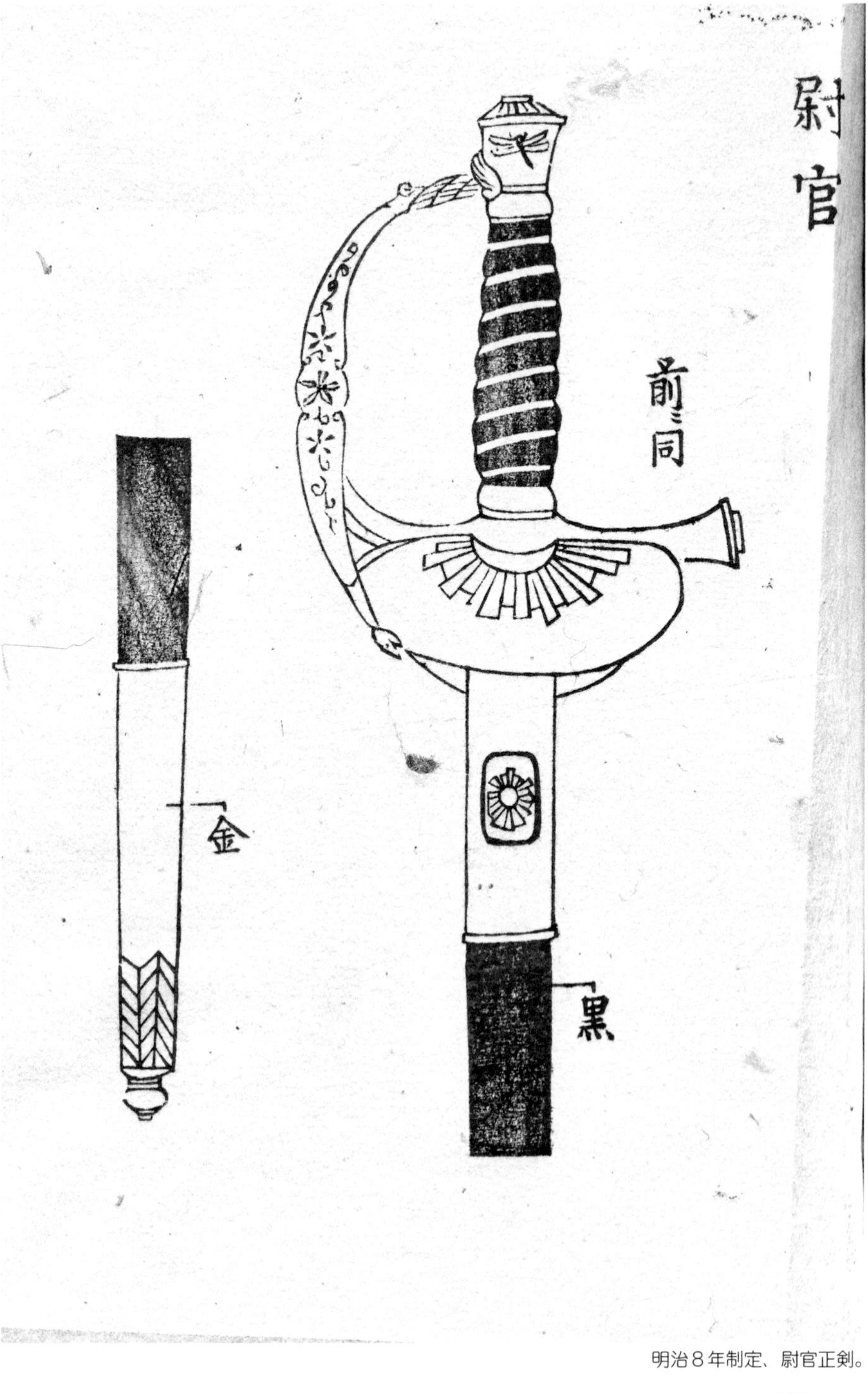

明治８年制定、尉官正剣。

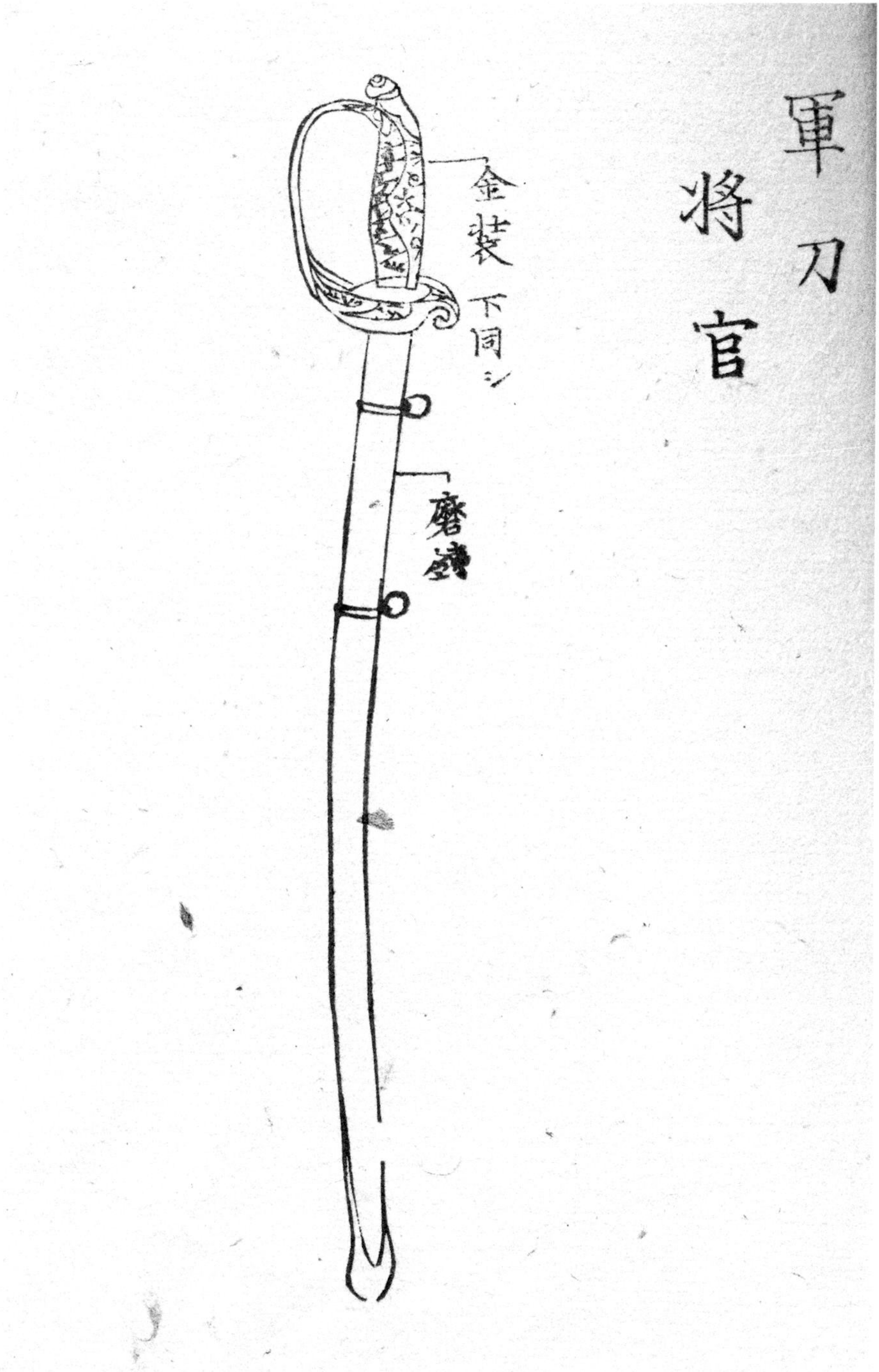

明治８年制定、将官軍刀。

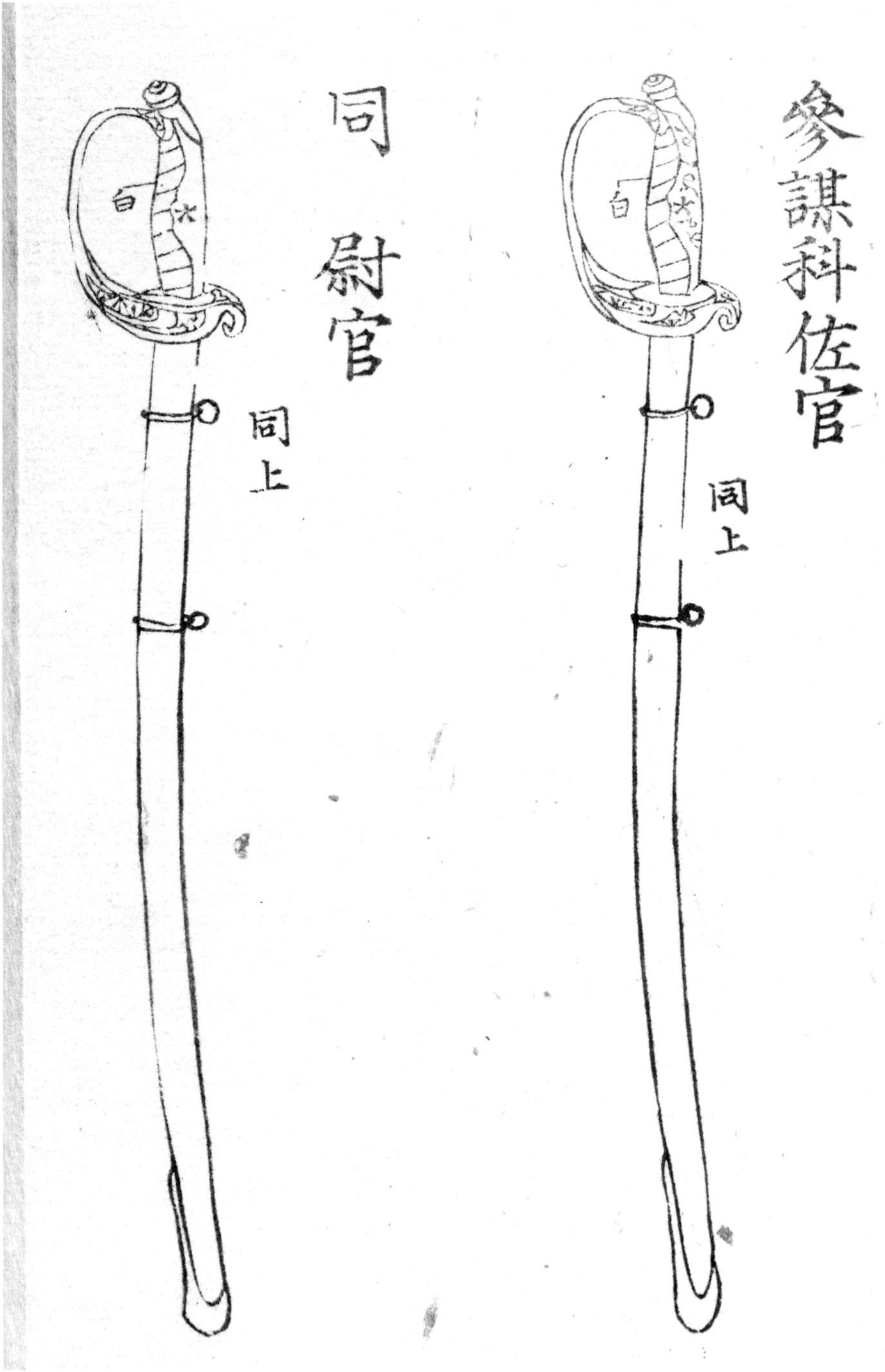

明治８年制定、参謀科軍刀。右が佐官、左が尉官。

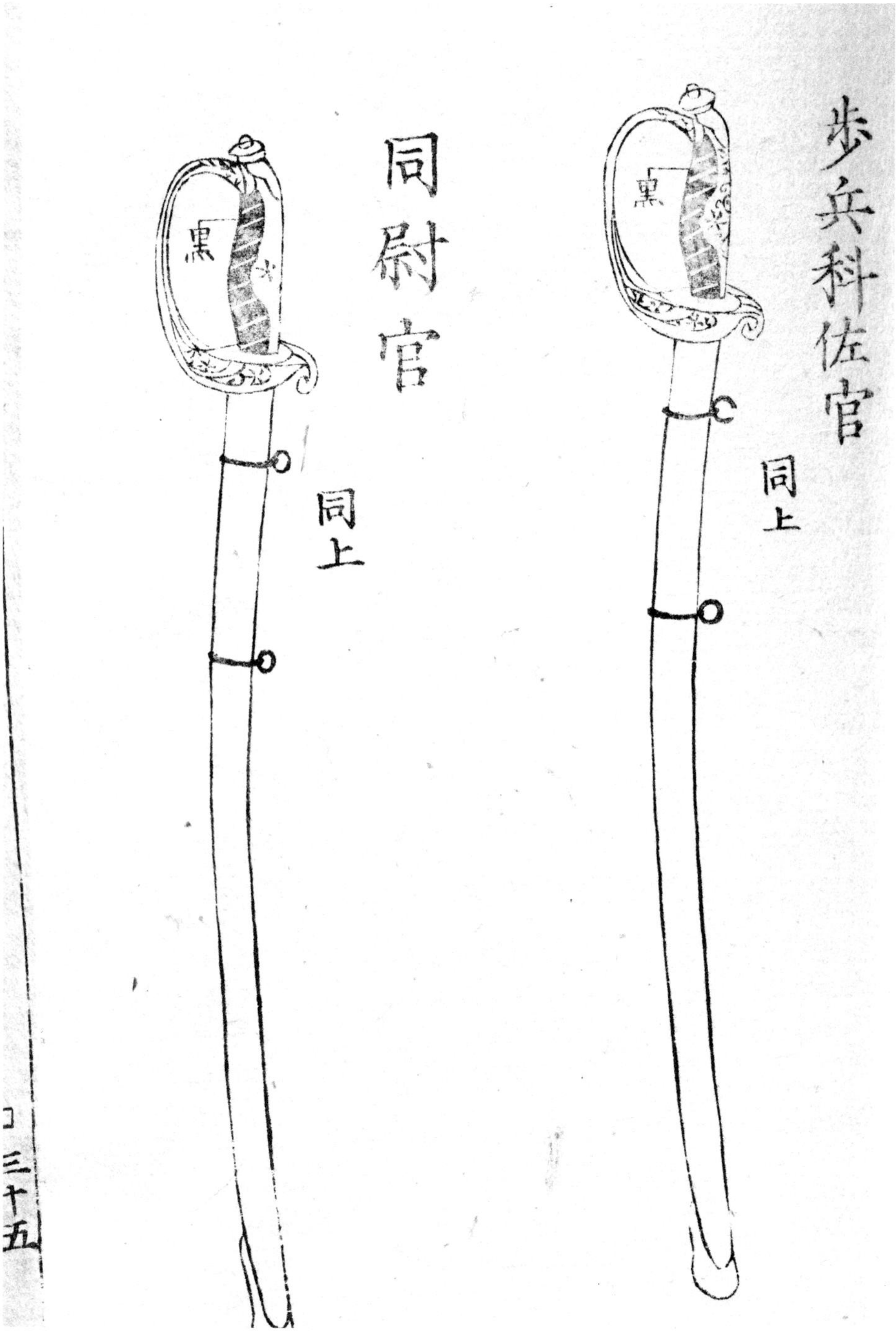

明治８年制定、歩兵科軍刀。右が佐官、左が尉官。

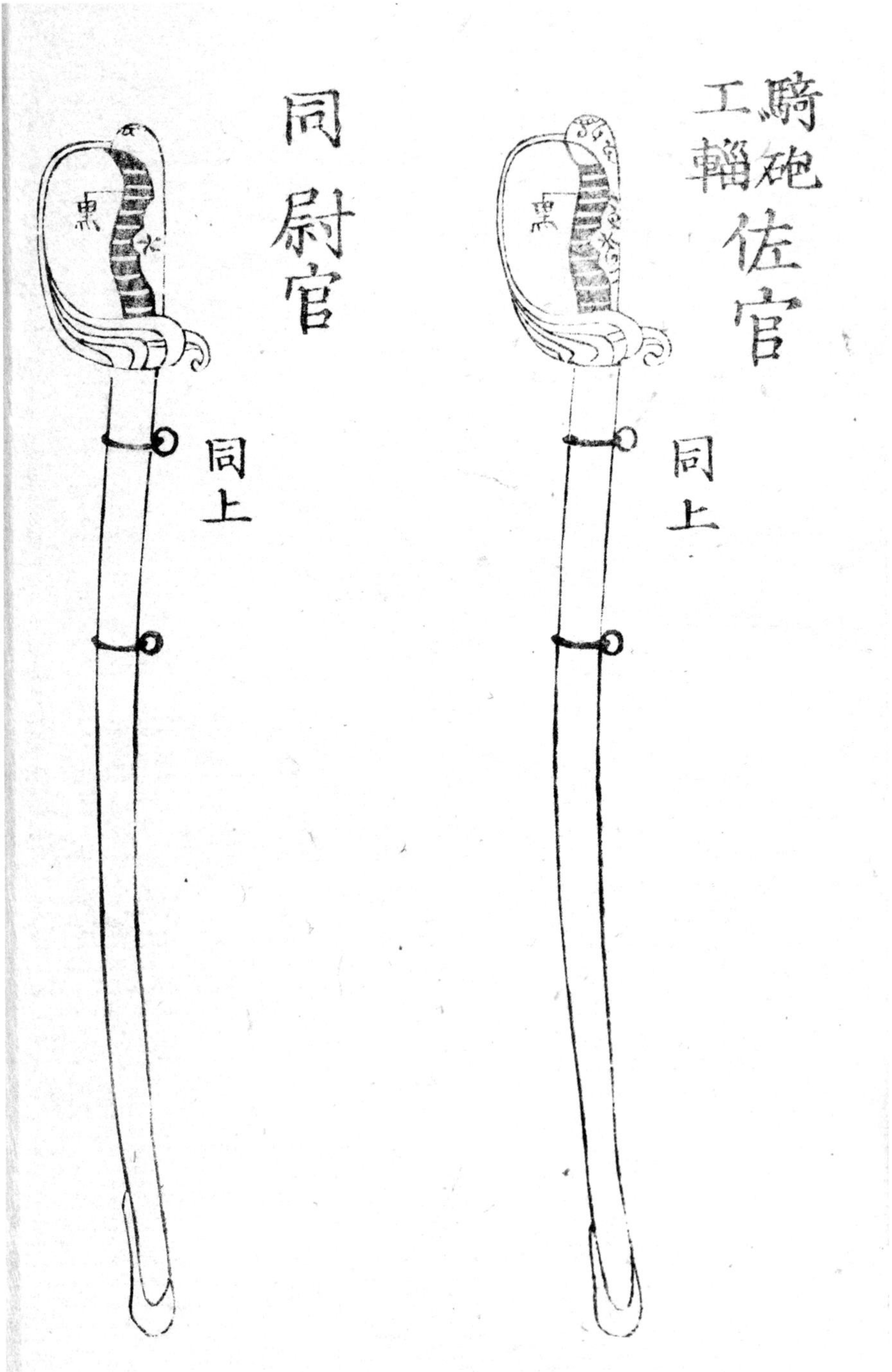

明治８年制定、騎・砲・工・輜兵科軍刀。右が佐官、左が尉官。

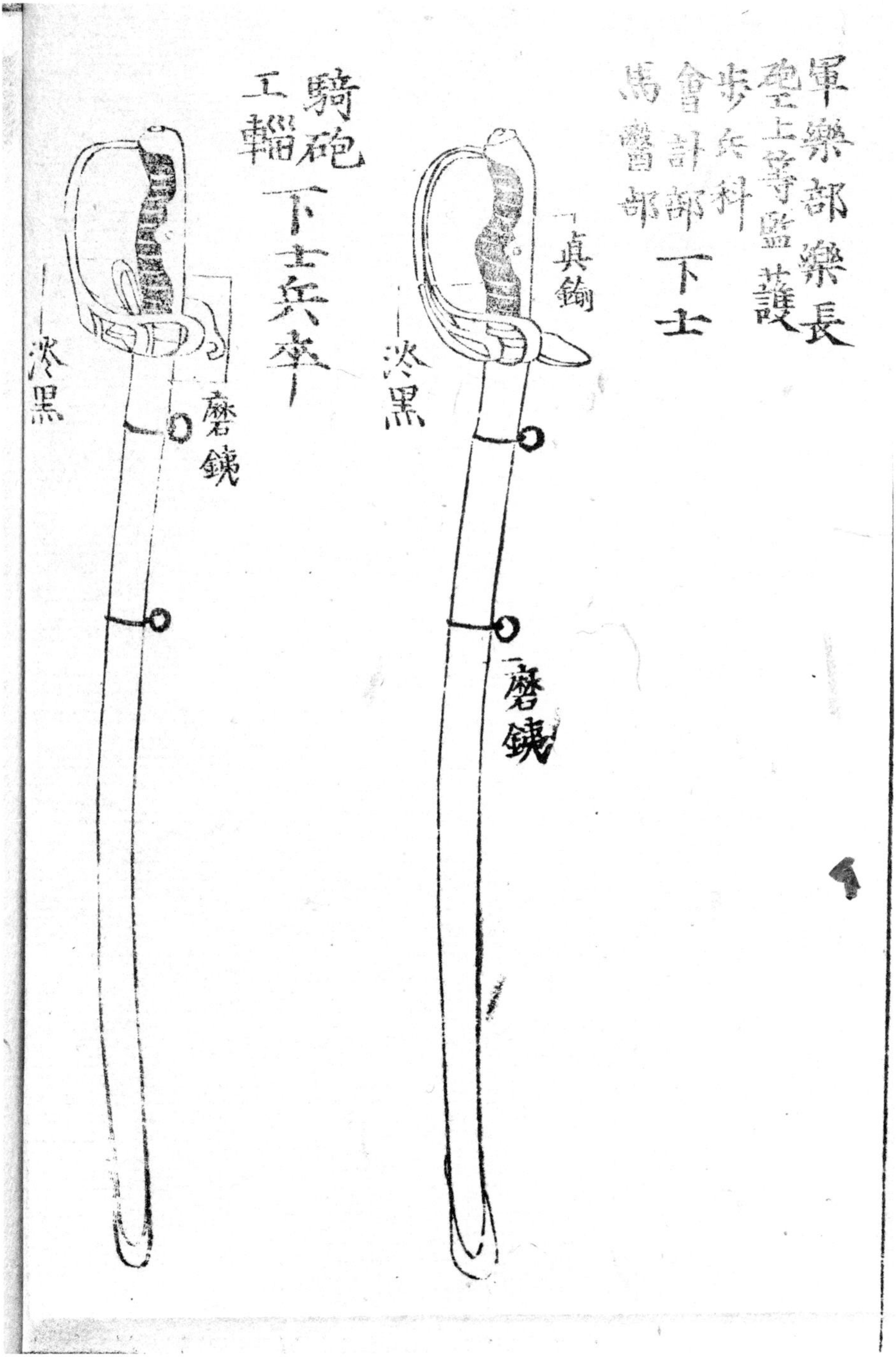

右が歩兵科・会計部・馬医部下士軍刀、左が騎・砲・工・輜兵科下士兵卒軍刀。

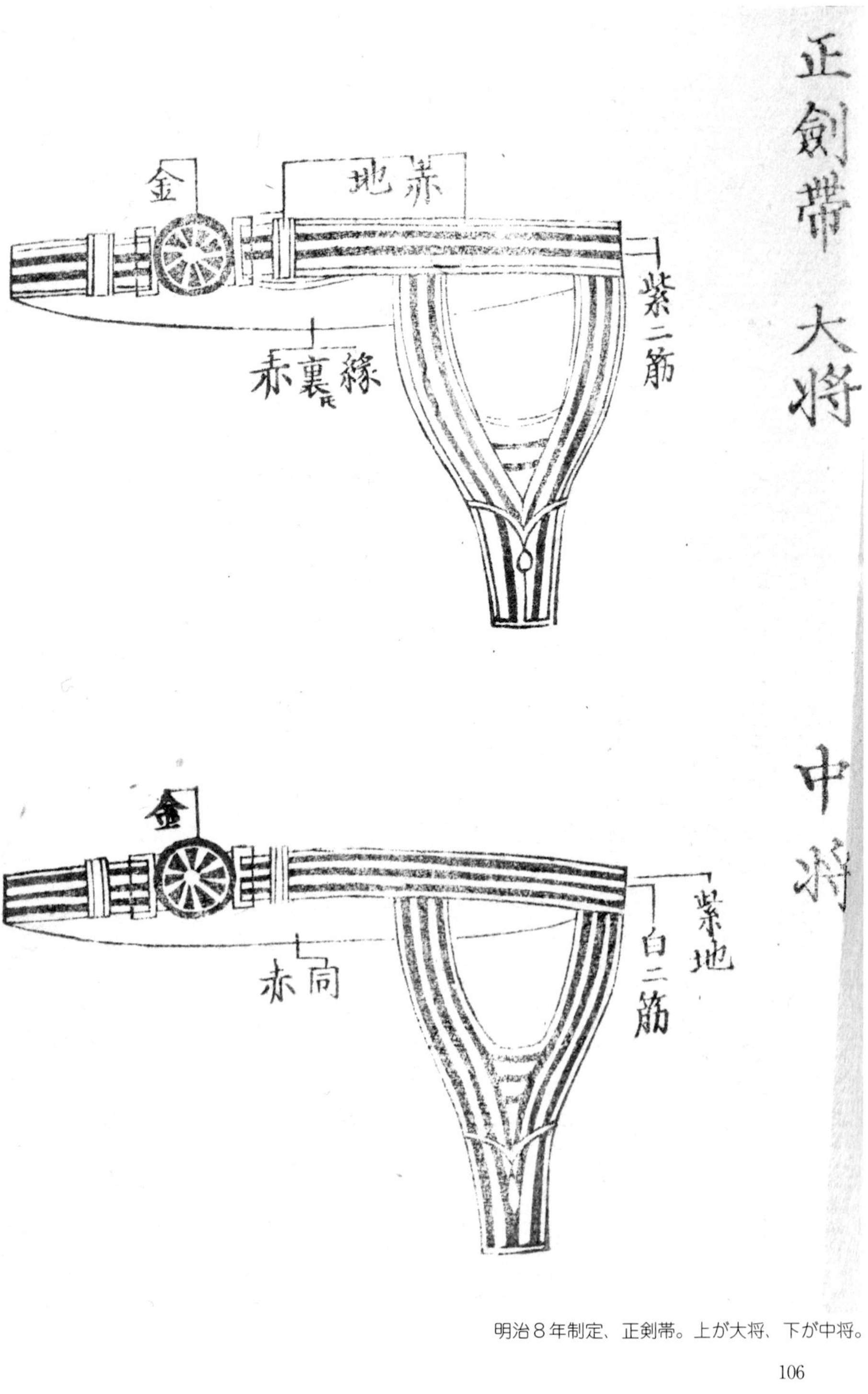

明治８年制定、正剣帯。上が大将、下が中将。

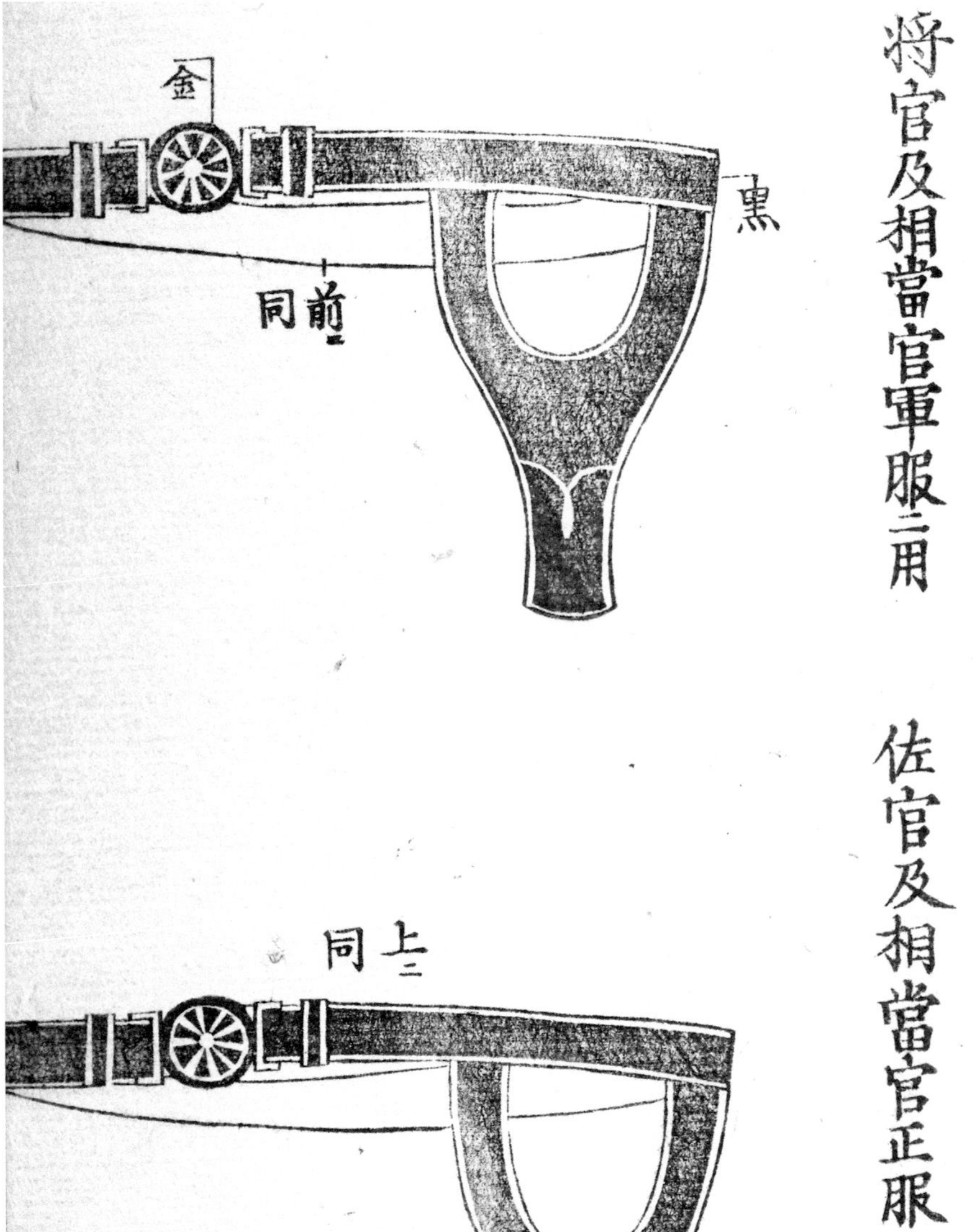

上が明治８年制定、将官・同相当官軍服用正剣帯。下が明治８年制定、佐官・同相当官正服用正剣帯。

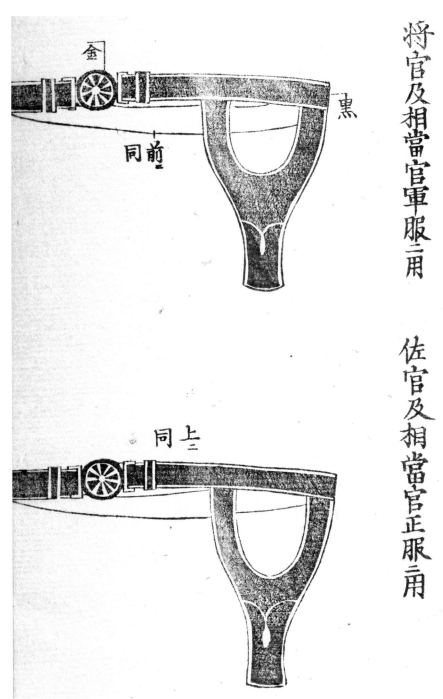

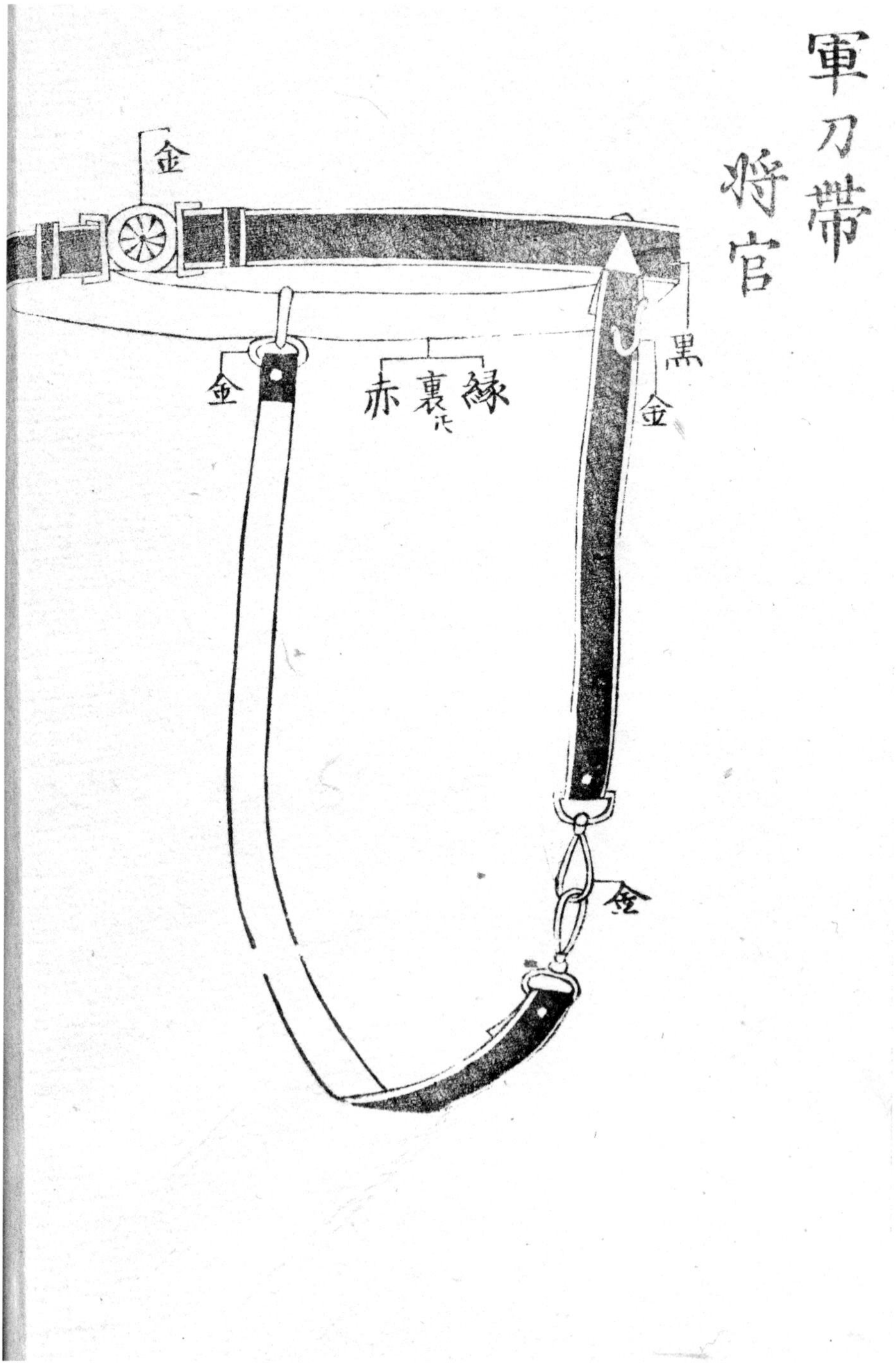

明治８年制定、軍刀帯。将官用。

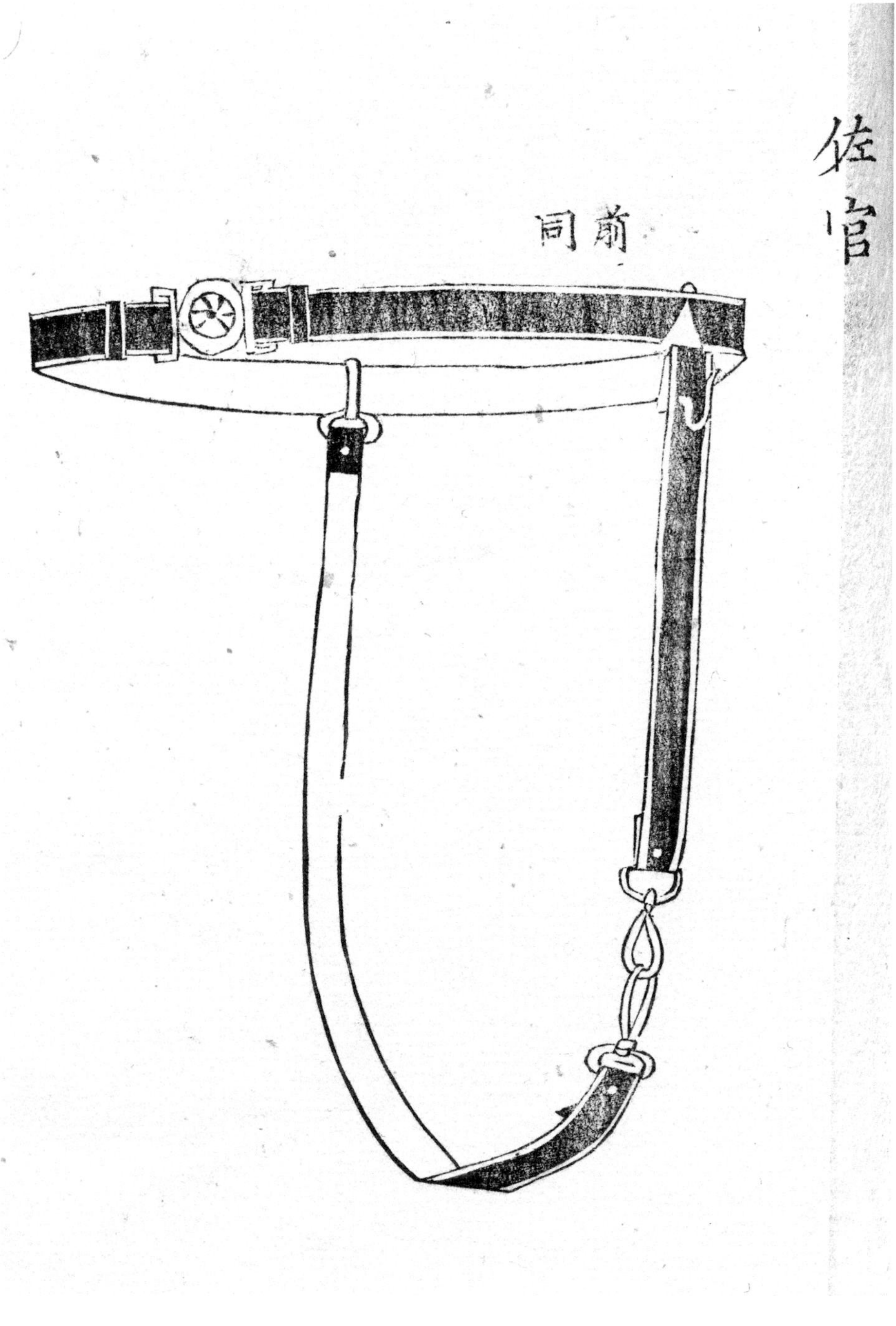

明治８年制定、軍刀帯。佐官用。

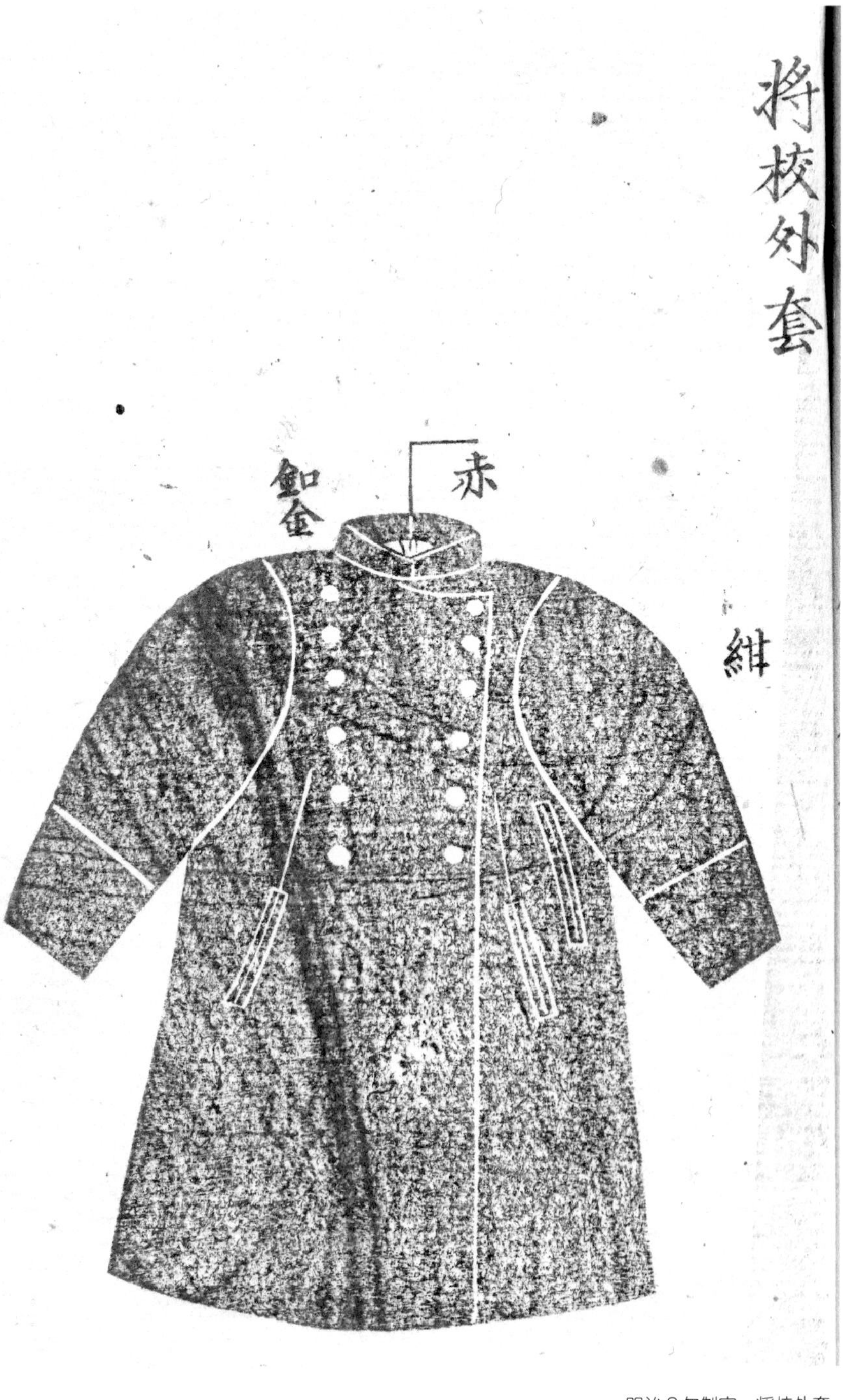

明治８年制定、将校外套。

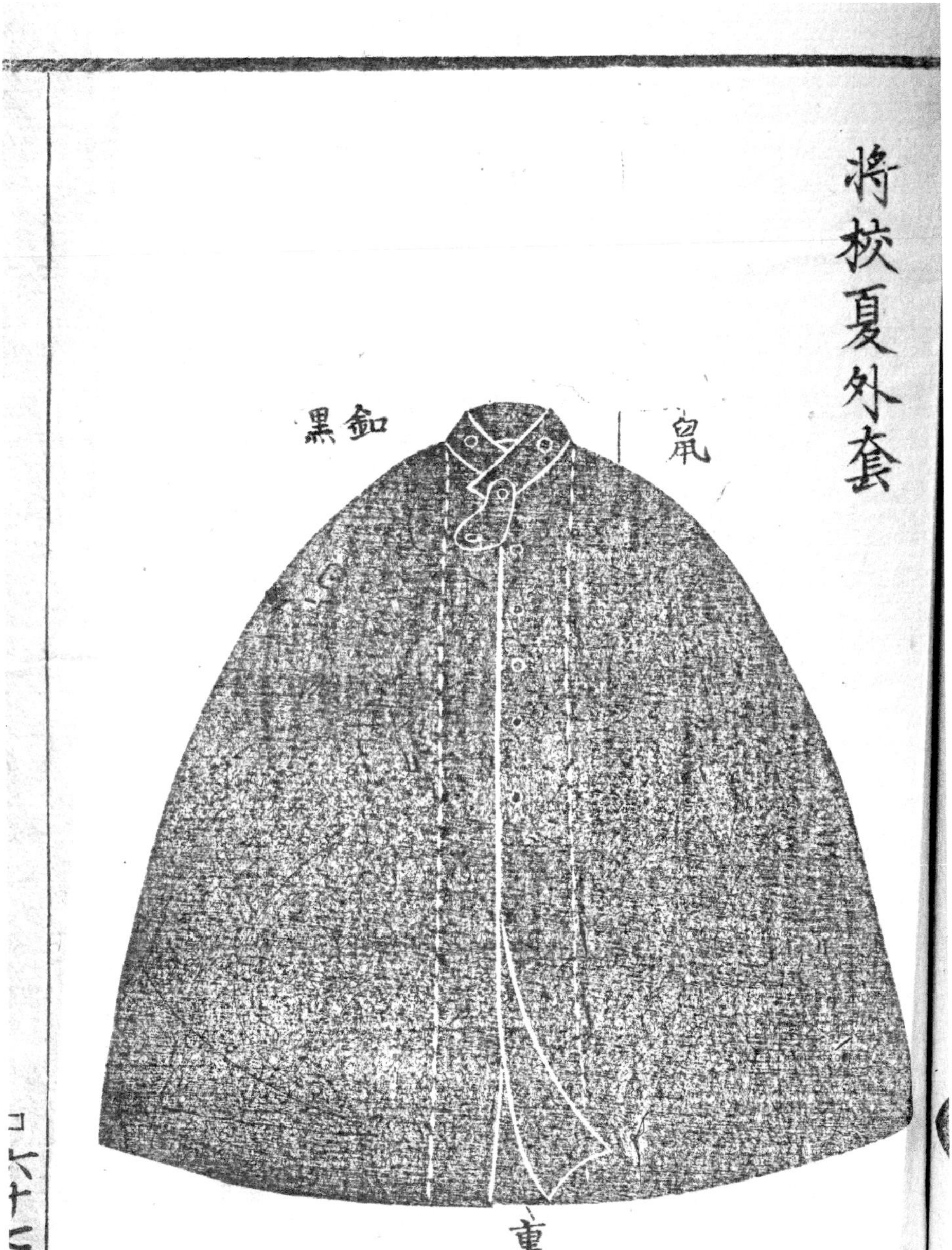

明治８年制定、将校夏外套。

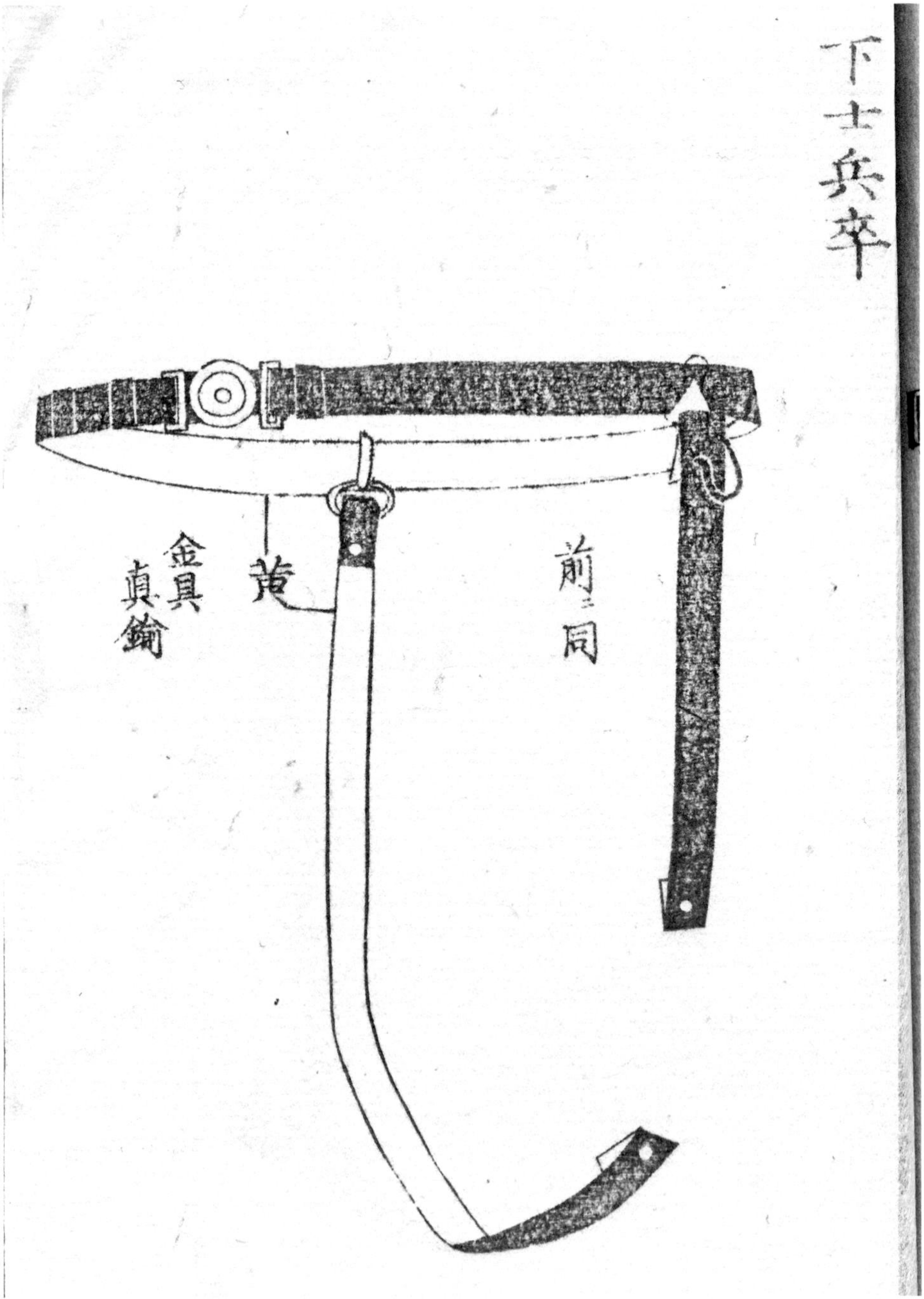

明治８年制定、下士卒用刀帯。

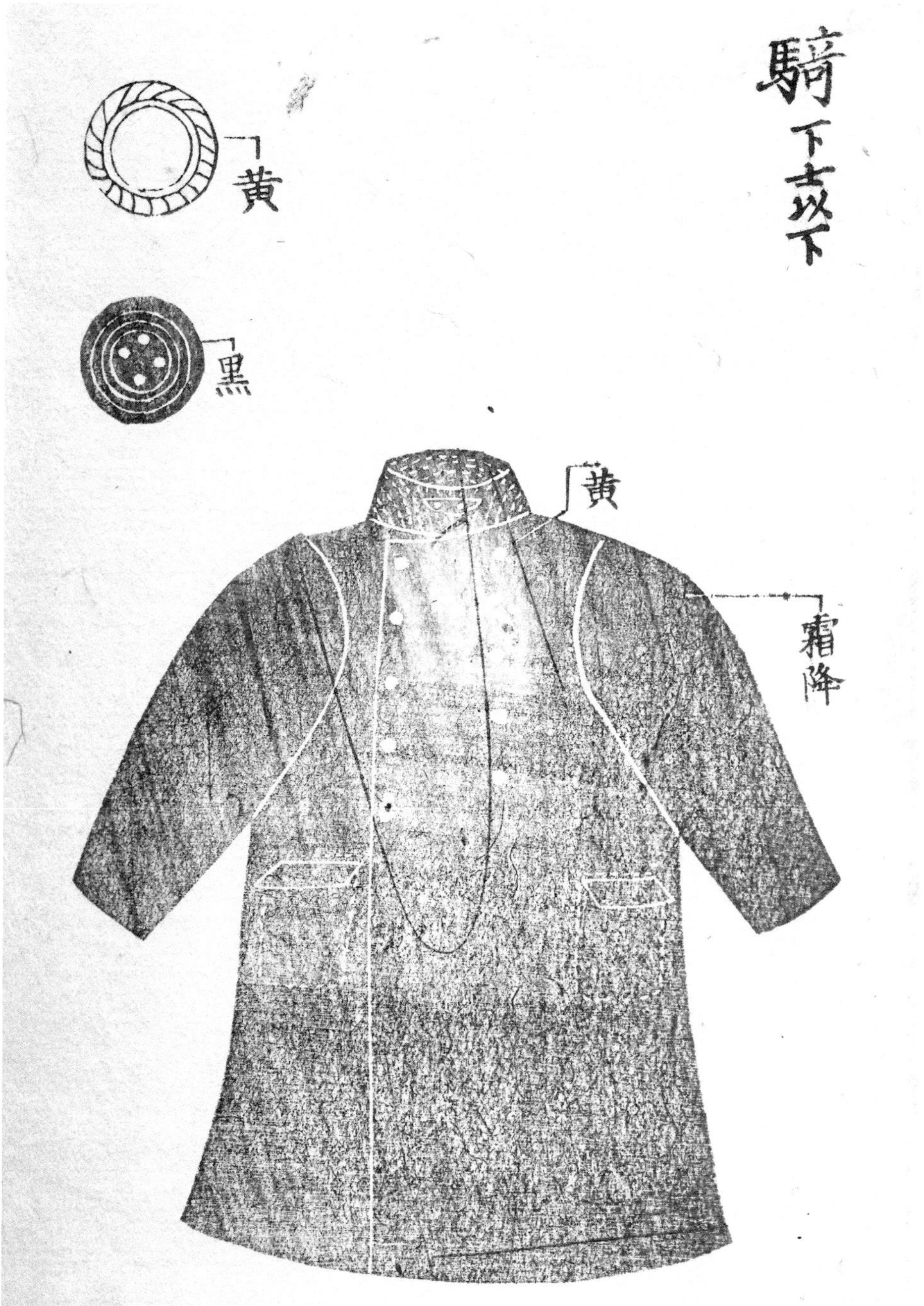

明治８年制定、騎兵下士兵卒用外套。

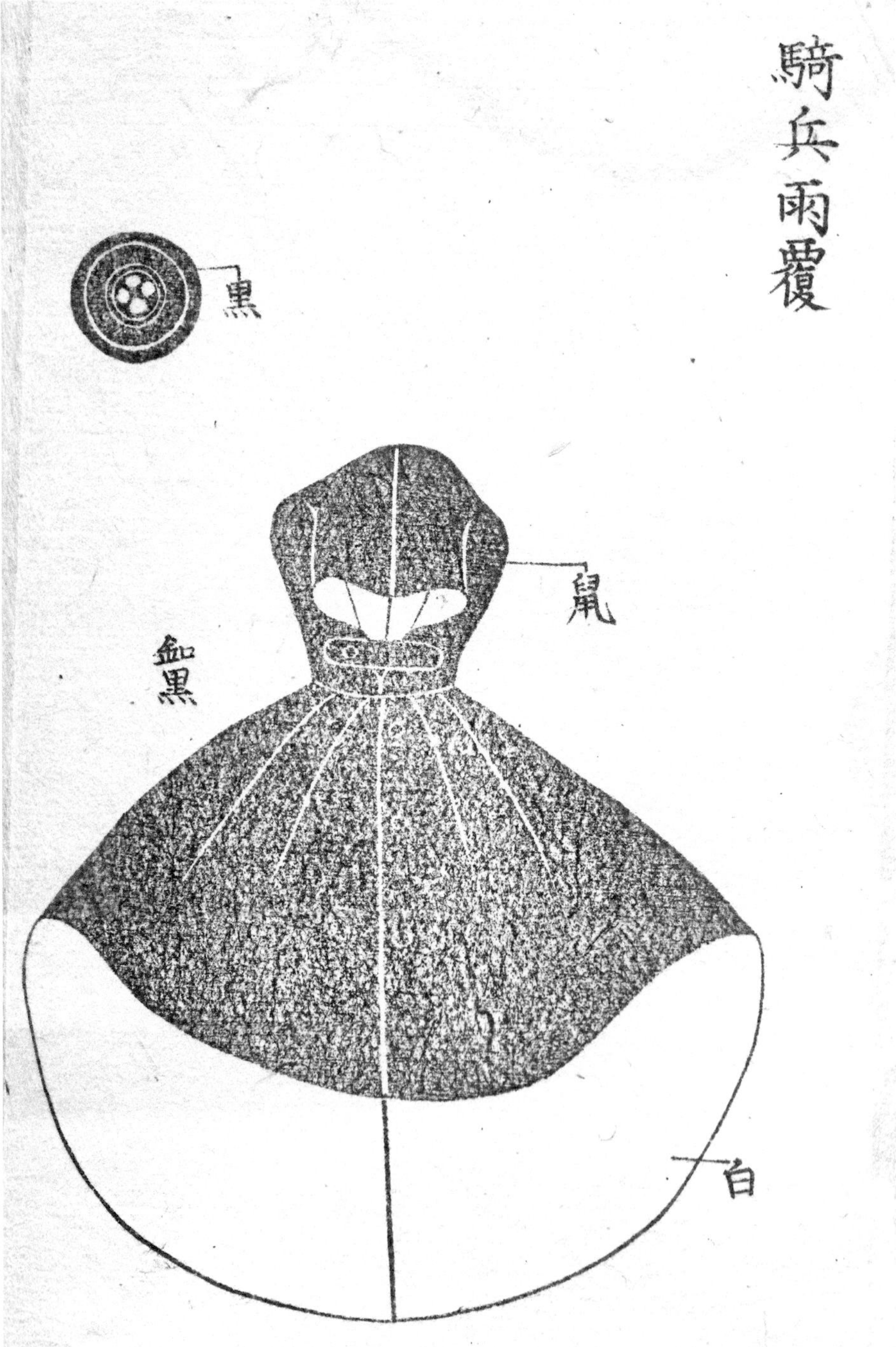

明治８年制定、騎兵雨覆（下士兵卒用）。

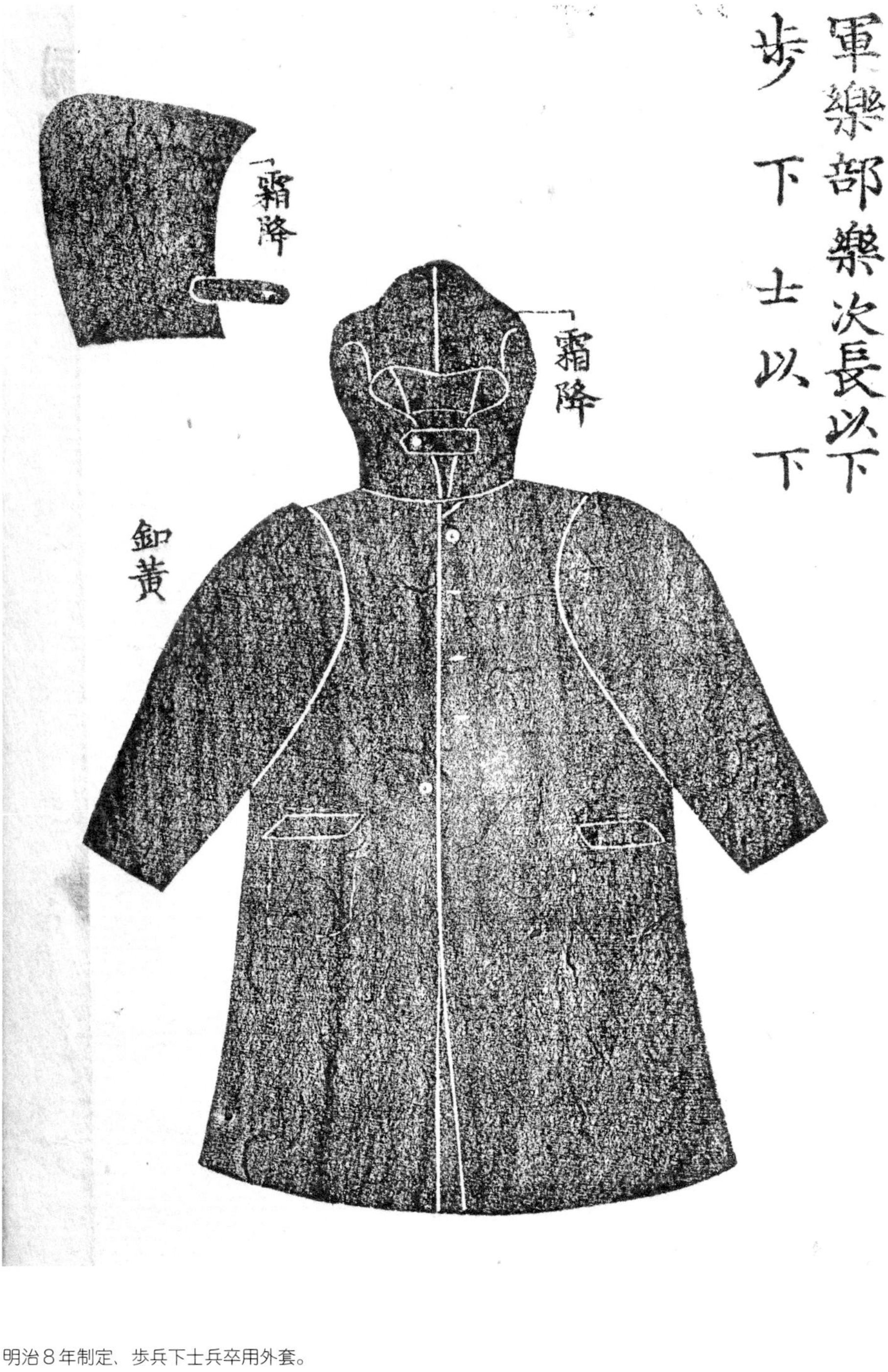

明治８年制定、歩兵下士兵卒用外套。

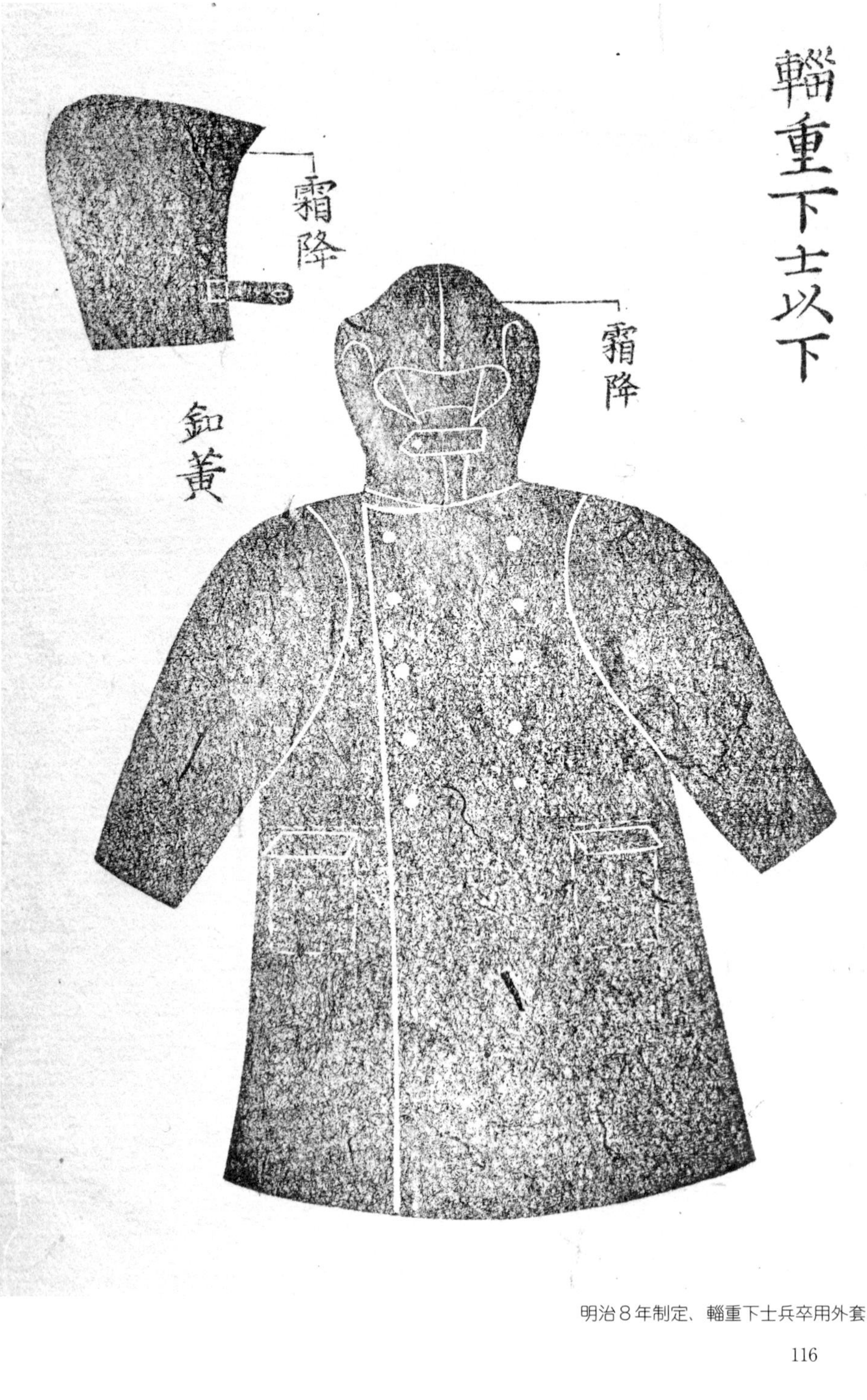

明治８年制定、輜重下士兵卒用外套。

明治８年制定、将校正帽日覆。

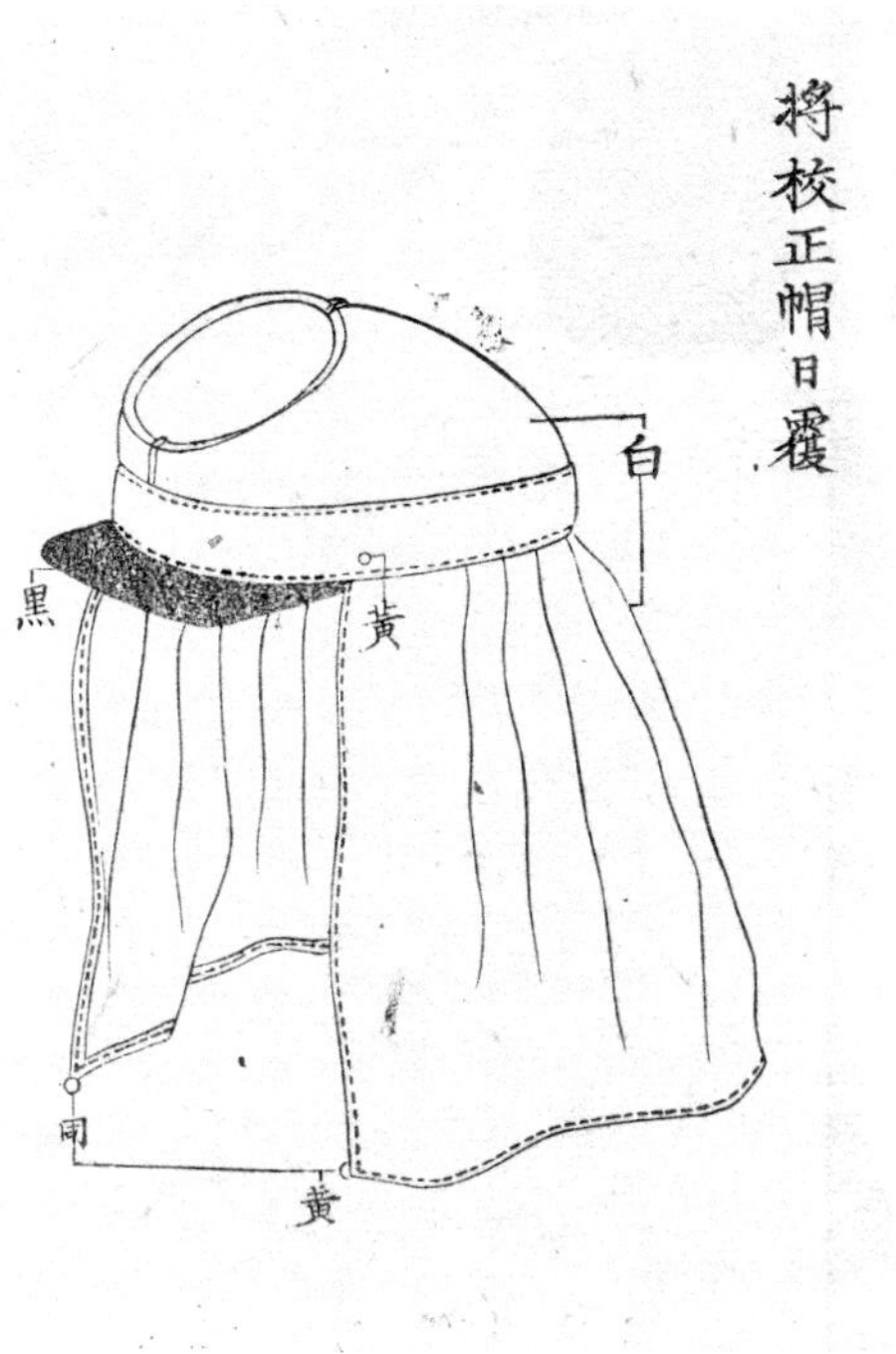

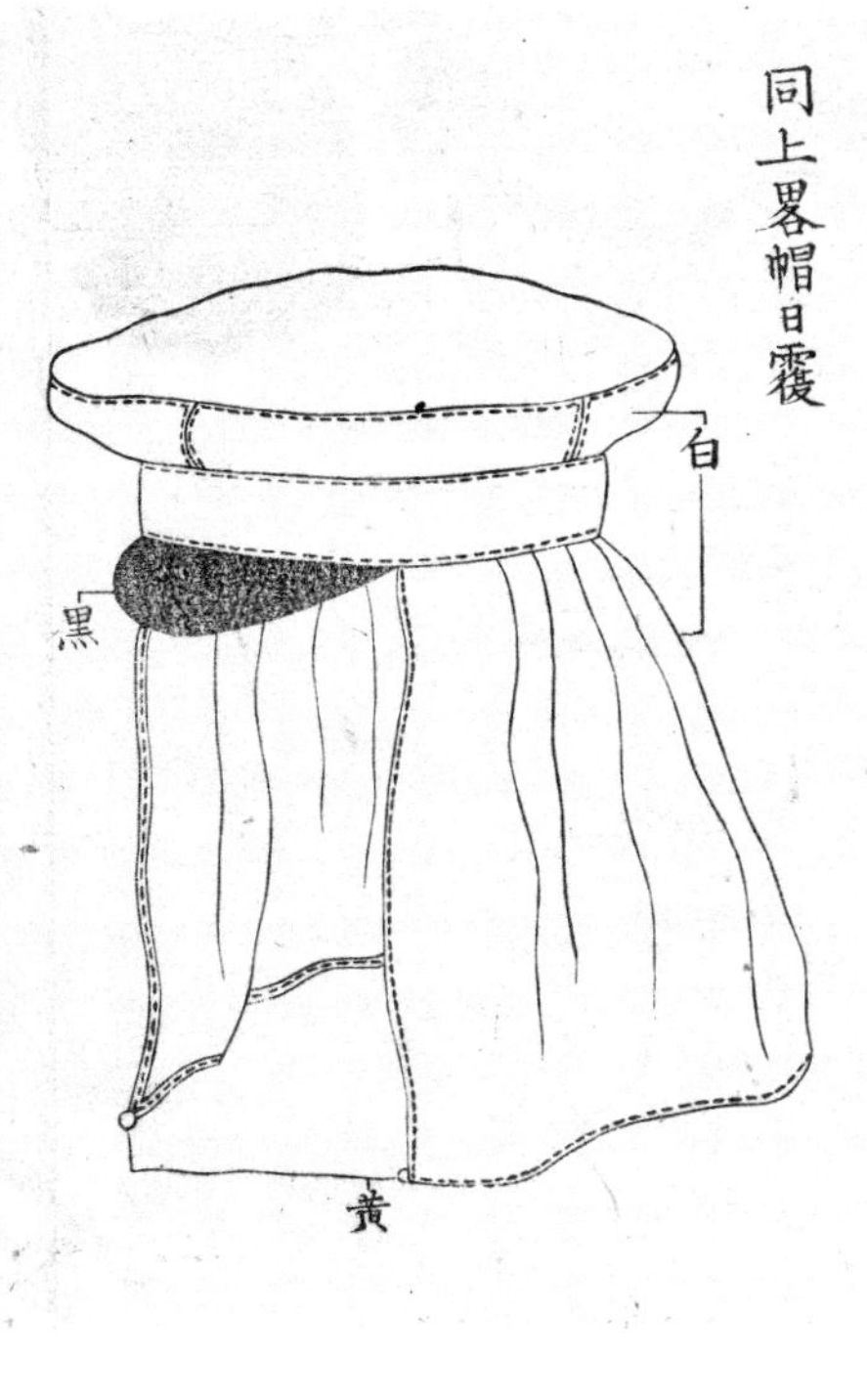

明治８年制定、将校同相当官用略帽日覆。

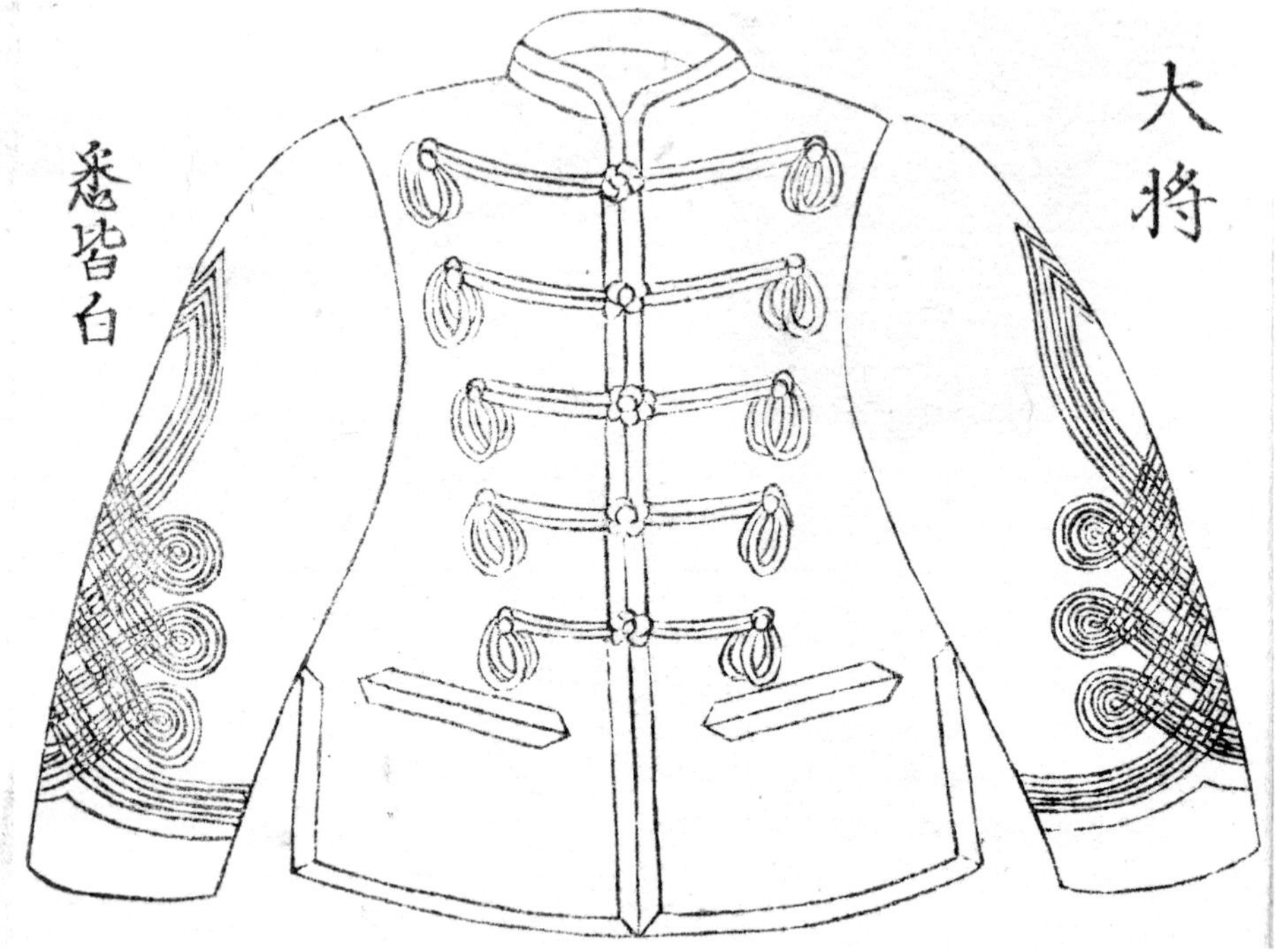

明治８年制定、将校同相当官用夏衣。大将用。

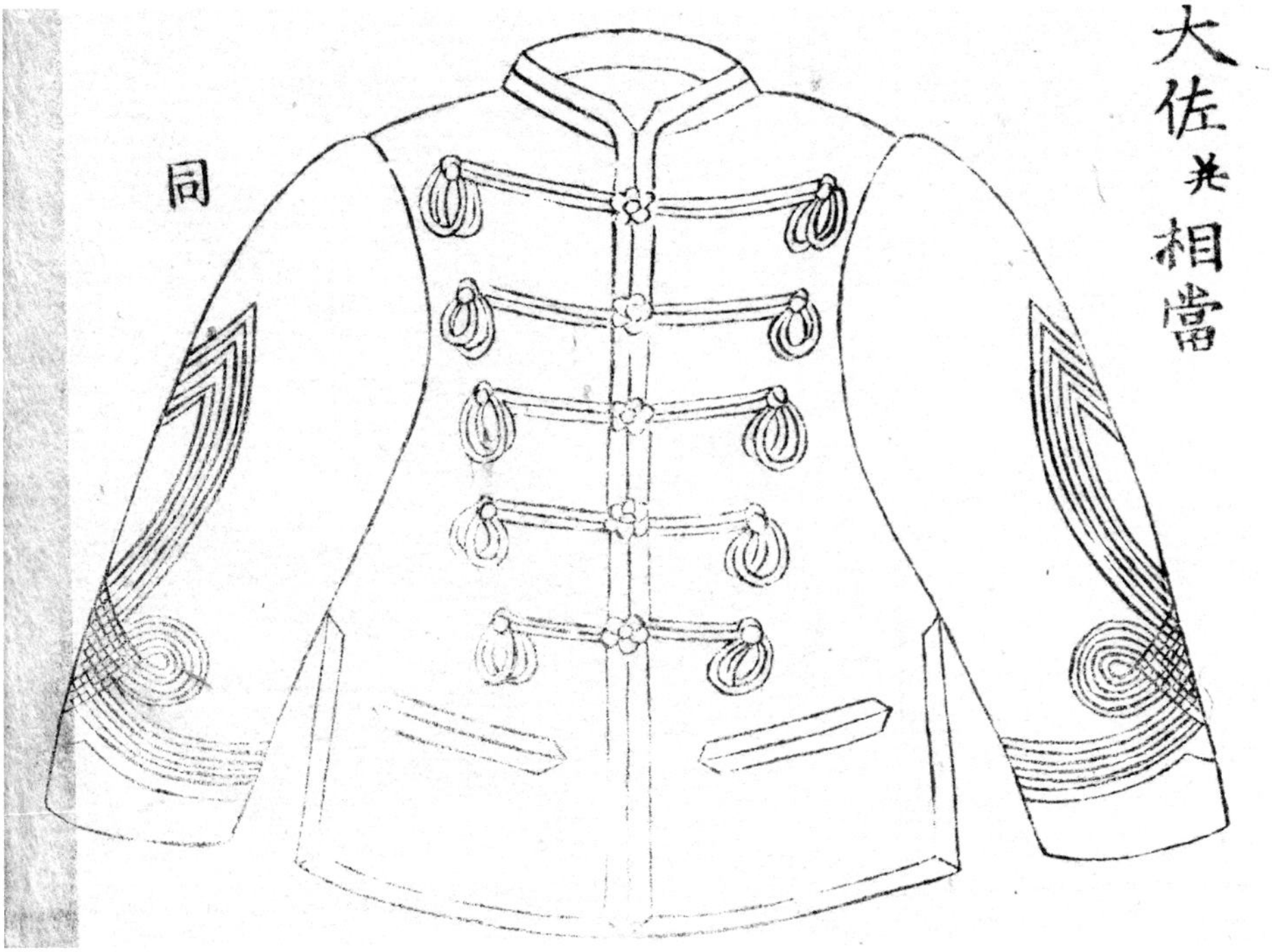

明治８年制定、将校同相当官用夏衣。大佐用。

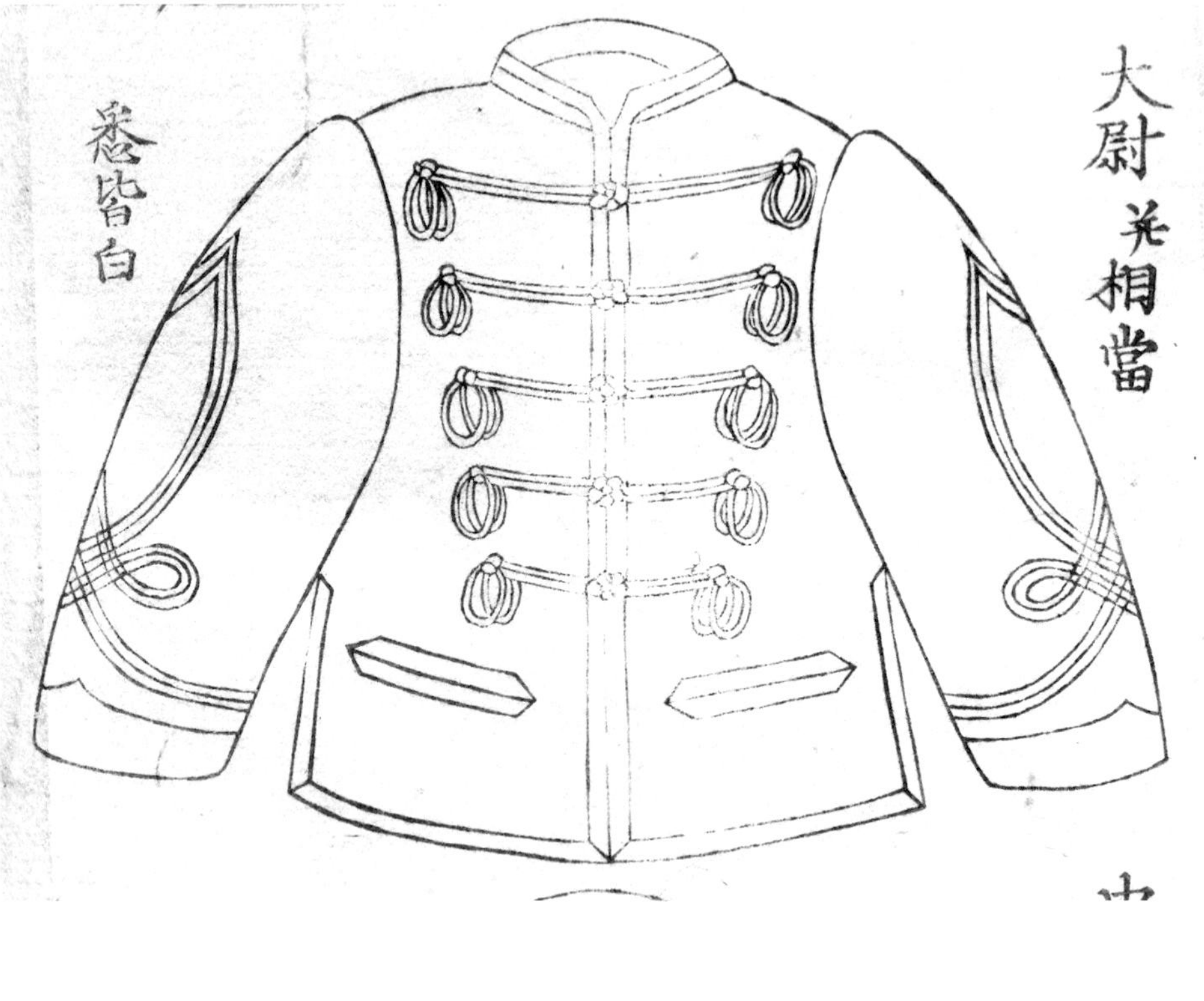

明治８年制定、将校同相当官用夏衣。大尉用。

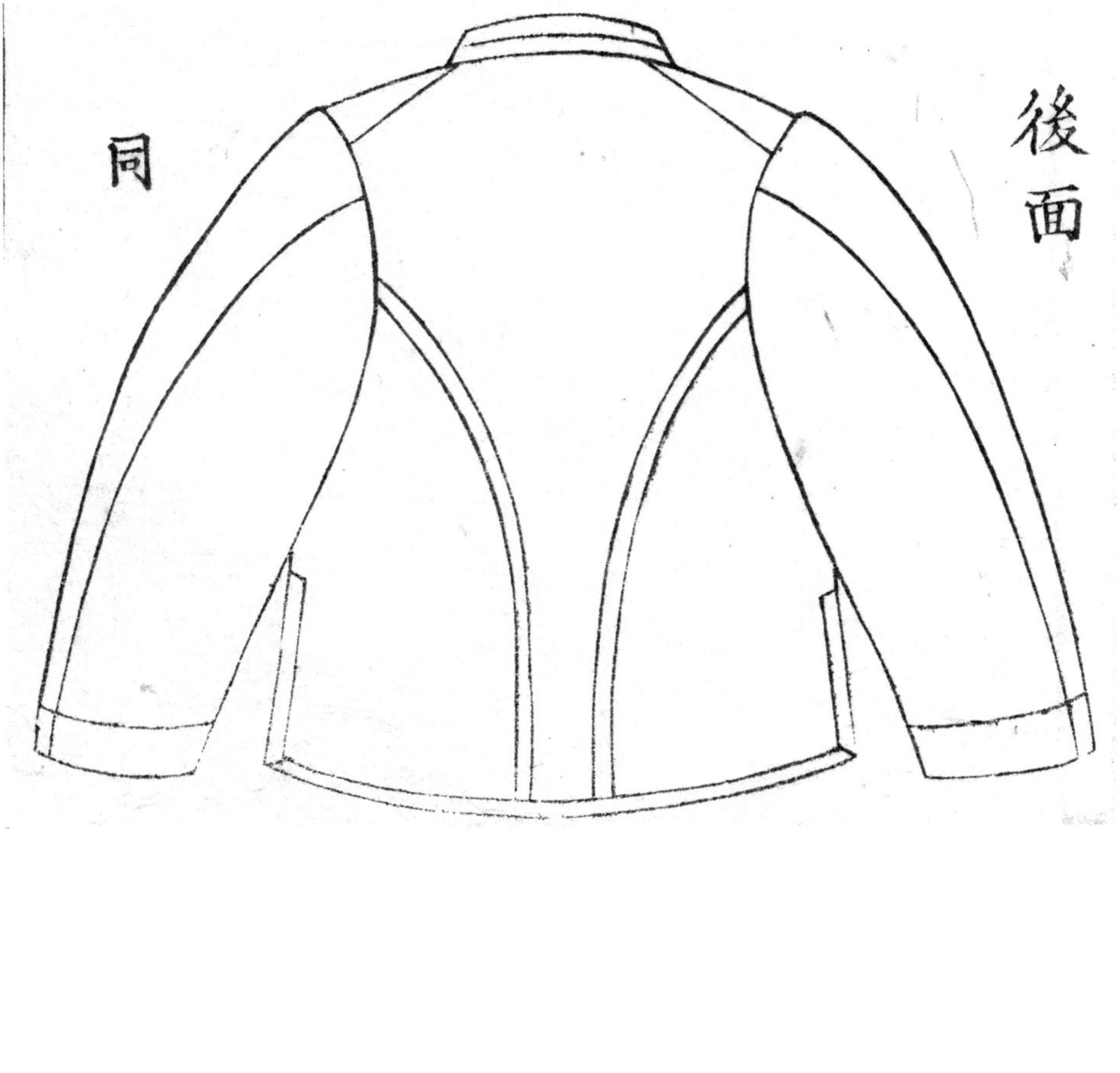

明治８年制定、将校同相当官用夏衣。後面。

明治８年制定、下士卒用略帽日覆。

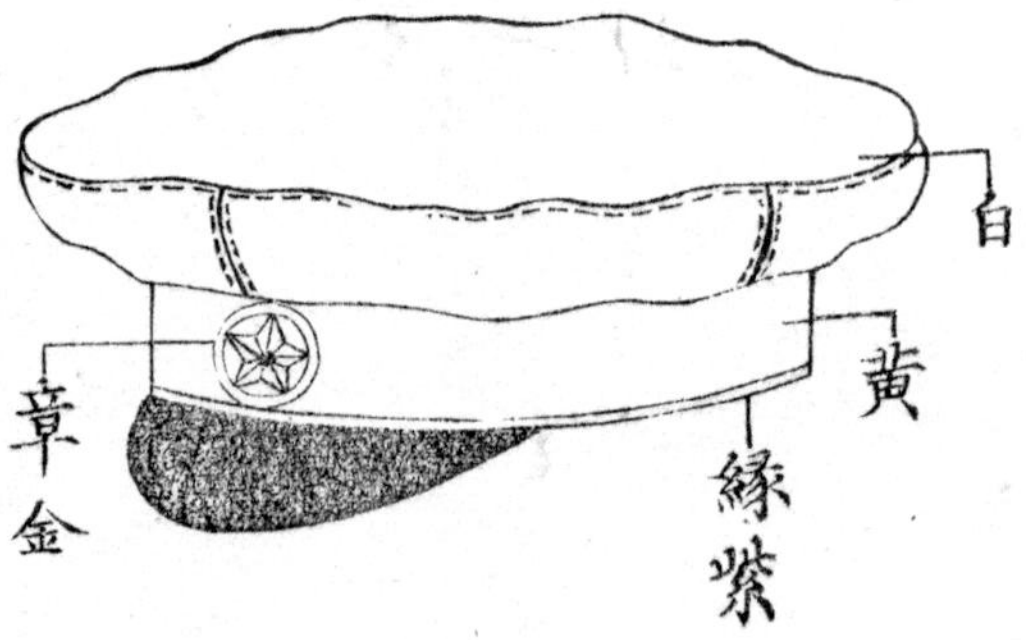

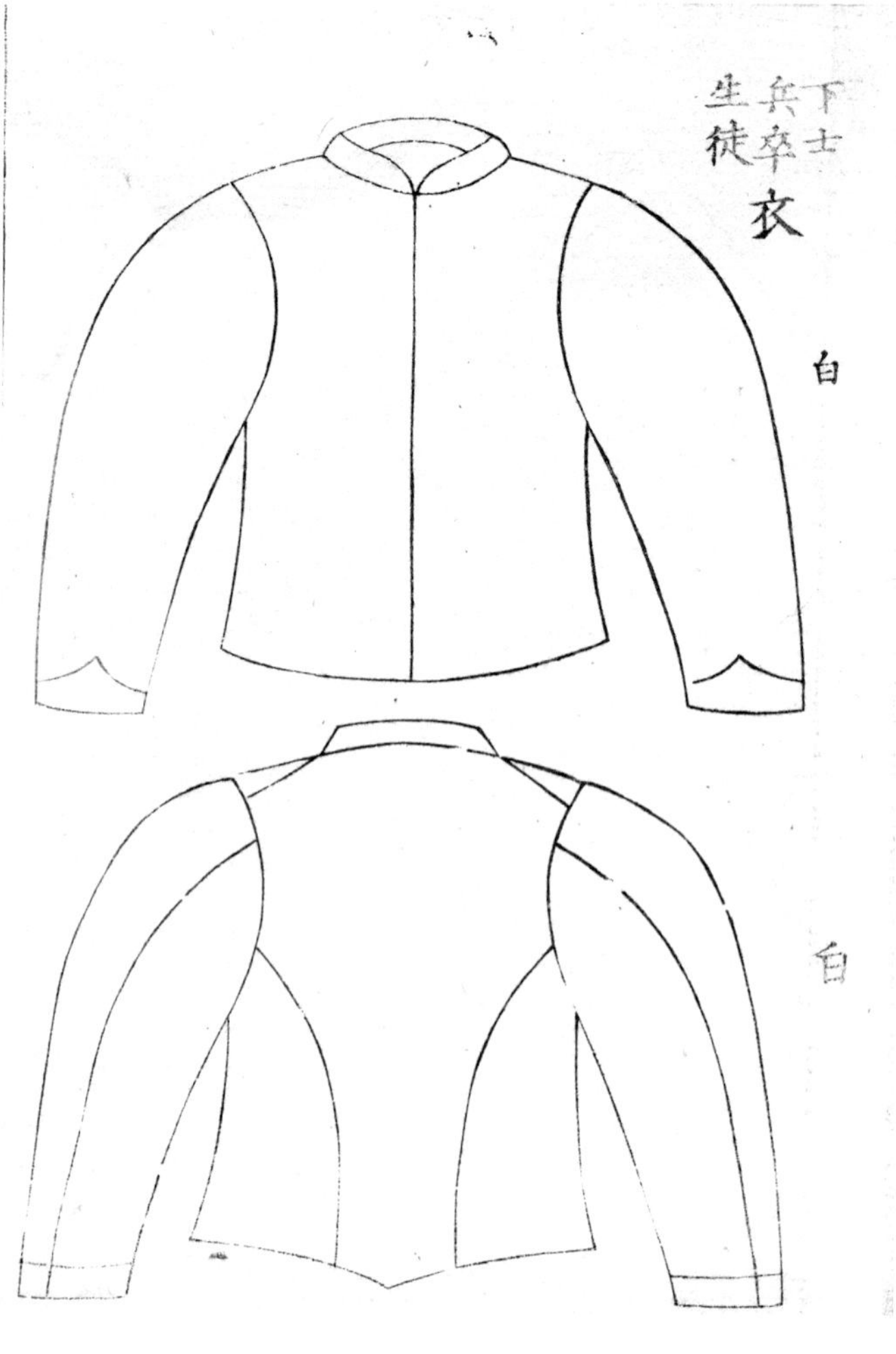

明治８年制定、下士兵卒用夏衣。

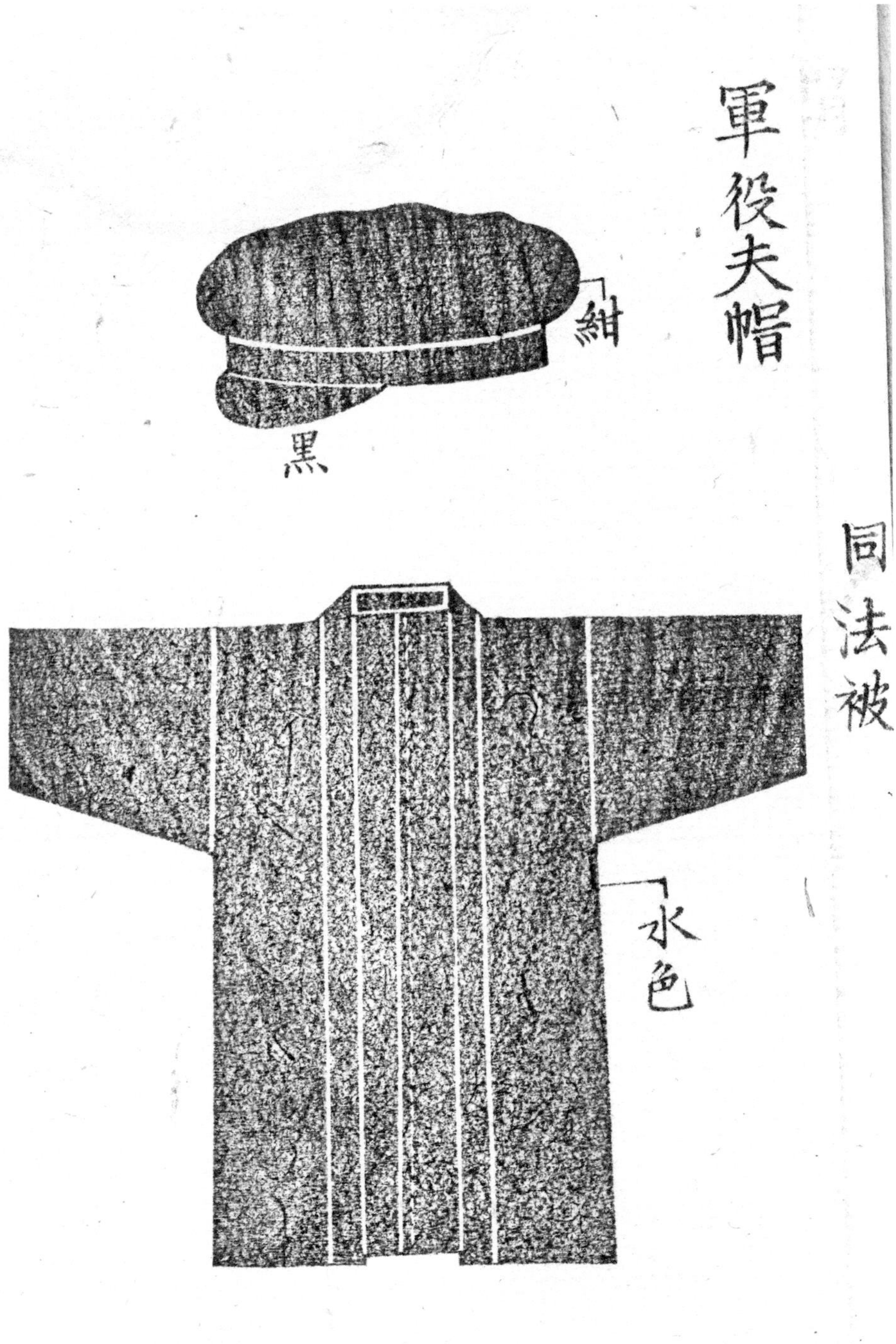

明治８年制定、軍役夫帽と軍役夫法被。

〈再現された軍服……その①〉

以下６葉の写真は昭和10年に陸軍省が陸軍被服廠に残る
当時の被服サンプルを用いて「西南戦争」時の陸軍被服を再現したものである。

明治８年制の「正服」を着用した砲兵大尉。正衣の袖口に砲兵の兵科を示す「黄絨」が付けられている様子や、袖口上にある大尉を示す３本のラインによる階級表示の状況がわかる。

明治8年制定の略服を着用した陸軍大将。「軍帽」を被っている。

明治8年制定の「正服」を着用した歩兵大佐。腹部に「飾帯」を巻いている。

明治８年制定の軍服を着用した「歩兵軍曹」。

明治８年制定の軍服を着用した「輜重兵伍長」。

明治８年制定の「略服」を着用した「歩兵曹長」。明治７年制定の兵用略服に酷似しているが、略衣の裾部分のカッティングが、従来のタイプより切り欠きを無くして垂直タイプになっている。

「西南戦争」に出動した討征軍将校の記念撮影。写真前列右より４人目は「第二旅団参謀長」の「野津道貫参謀大佐」であり、５人目は「第一旅団司令長官」の「野津鎮雄少将」。明治８年制定「軍服」に混じり、シングルボタンタイプの明治３年制定の被服と、ダブルボタンタイプの明治６年制定「正服」が混在している。

「西南戦争」で熊本城に籠城した「熊本鎮台」将校の記念写真。前列右より２人目が「熊本鎮台参謀長」の「樺山資紀参謀大佐」、３人目が「熊鎮台司令長官」の「谷干城少将」。全員が明治８年制定ないし明治６年制定の「正服」を着用している。

「西南戦争」に従軍した軍医の写真。前列右より「橋本綱常」「松本順」「石黒忠悳」。全員が明治６年制定ないし明治８年制定の「正服」を着用し、「刀」ではなく「正剣」を装備している。

明治10年11月12日に「日比谷」で行なわれた陸軍初の観兵式である「日比谷原頭大観兵式」の模様。明治８年制定の正服に身をつつんだ近衛隊将兵の後ろ姿が見られる。

第二章　明治十九年の被服改正

①明治十一年から十九年の時期の被服

第二章では明治十一年から十九年までの被服について取り上げる。

明治十九年の被服改正による軍服は、「日清戦争」から「日露戦争」の時期まで使用された。

以下に明治十一年から十九年にかけての主要法令である、明治十一年の「軍楽部の服制改正」、明治十三年の「輜重輸卒の被服制定」「正帽の前面章の改正」「将校略帽制式」、明治十四年の「憲兵服制制定」、明治十八年の「軍楽部服制改正」、明治十九年の「被服改正」「陸軍服装規定」とあわせて、「千住製絨所の設置」と「被服廠の創設」を列記する。

＊明治11年から19年の主要被服規定

年　代	規　定　名　称
明治11年	軍楽部の服制改正
明治13年	輜重輸卒の被服制定
明治13年	正帽の前面章の改正
明治13年	将校略帽制式
明治14年	憲兵服制制定
明治18年	軍楽部服制改正
明治19年	被服改正
明治19年	陸軍服装規定

②軍楽部の服制改正　明治十一年

軍楽隊の被服は、明治六年制定の「陸軍徽章」に「楽隊」の名称で定められており、「楽隊」が拡大して「軍楽部」に改編されたのにあわせて明治八年改正の「陸軍服制」では「軍楽部部長」「楽使」「楽手」の制服が定められた。

「軍楽部」の服制は他の兵科と同一であり、兵科識別の兵科定色が「紺青」のみが違いであったものの、「軍楽部」の拡大とともに演奏する機会が増加したことで被服に装飾的な要素を加える目的で、明治十一年六月十五日に「太政官達三十一号」で軍楽部の服制改正が行なわれた。

「正帽」は明治八年の制定と同一で、歩兵等の兵科が用いる革製正帽を使用せず専用のものが用いられ、「前立」は「白熊毛」を使用した。

「正衣・正跨」は紺青絨製で、装飾として胸部に肋骨を付けるとともに赤色

＊軍楽隊袖線一覧

階級	袖線	備考
楽長	金線１条（幅３分）	山形に付ける
楽次長	緋色毛織線２条（幅５分） 金線１条（幅１分）	
楽師	緋色毛織線１条（幅５分） 金線１条（幅１分）	
楽手	緋色毛織線４条（幅５分）	
楽生	緋色毛織線１条（幅５分）	

毛織線の縁飾を付け、襟と跨の側章に黄色線を付けた。また、腰に巻く「剣帯」は白色革製であった。

この軍楽部服制は明治十八年の被服改正まで用いられた。

「軍楽隊」の階級は「楽長」「楽次長」「楽師」「楽手」「楽生」であり、袖線は右表のとおりである。

③輜重輸卒の被服制定

わが国初の外征である明治七年の「征台の役（明治七年の役）」と、日本最後の内戦である明治十年の「西南戦争（明治十年の役）」では軍の出動部隊とあわせて、後方支援を目的として通称「軍夫」と呼ばれた多くの「役夫」が軍に雇用され戦場に赴いた。

とくに「西南戦争」での後方支援に従事した「役夫」の活躍は戦時に際しての補給に必要不可欠なものであり、「役夫」自体も組織化され百人の役夫を束ねる「百人長」と、その下で十人の役夫を束ねる「十人長」が存在した。

半面で「役夫」の能力不足や逃亡などの諸問題も多く、軍は平時より輜重兵部隊で短期教育を施した軍専用の輸送従事要員を平時よりプールしておく必要性から、明治十二年に「輜重輸卒」の制度を発足させ、翌十三年より招集を開始した。

これにより全国各地の六個鎮台がある「第一軍管区」から「第六軍管区」までの六個軍管区では、「常備役」「予備役」「後備役」の各階層で各軍管区ごとに合計二万五千名の「輜重輸卒」をプールすることとなり、毎年各軍管区ごとに二千五百名宛ての「輜重輸卒」の徴兵を行なうとともに、教育期間を三ヵ月として毎年四月と七月の二回に分けて輸卒教育を行なうこととなった。

また、「輜重輸卒」の詳細を取りまとめたマニュアルとして、明治十三年二月十八日に「達甲第七号」により「輜重輸卒概則」が定められた。

「輜重輸卒」の服制は、明治八年制定の「輜重兵」の「略衣」から「袖章」を取り除いたスタイルであり、「略帽」「夏衣跨」「冬衣跨」「略帽日覆」「短靴」「脚判」「背負袋」をはじめとした被服・装具・寝具が官給された。

また、有事に召集する「輜重輸卒」には、各鎮台単位で適宜の被服をあたえることとなっていた。

なお、明治十八年になると「輜重輸卒」の自衛用として国産の「徒歩刀」が制定され、当初は「輜重輸卒」の「組長」に装備された。

また、「輜重輸卒」の砲兵版である

「砲兵輸卒」と「砲兵所卒」があった。「砲兵輸卒」は「砲兵」専用の資機材・弾薬の運搬に特化した輸卒であり、「砲兵助卒」は内地要塞での弾薬・資機材輸送に特化した輸卒である。

④正帽の前面章の改正　明治十三年

明治三年の「陸軍徽章」で定められていた「正帽」の「前面章」が、明治十三年六月十日に改正された。

従来の制式は、中心円を起点として十二条の光線を放射状に描いたデザインであったが、改正により、光線を長・中・短の三種類三十二本の光芒に変更した。

このデザインは将校用正帽用に定められたものであったが、のちに下士官兵用の「第一種帽」にも採用された。

⑤将校略帽制式　明治十三年

明治六年の「陸軍徽章」で下士官兵用の軍服が改正され、従来のフランススタイルからドイツスタイルに被服のデザインが変更されたが、将校の被服は依然してフランススタイルが踏襲されていた。

明治十三年の改正では、将校の略帽がドイツスタイルのデザインに更新され、規定面では明治十三年十二月に「将校略帽制式」が公布された。

「鎮台」と「近衛」の区分と階級表示は従来どおりであるが、改正により略帽は帽子側面の「鉢巻」の幅が一寸七分となり帽子前面の星章が大型化され、あわせて天井部分の張り出しが大きくなった。

なお、明治十四年五月には「太政官達四十二号」により将校の「略帽」は名称が「軍帽」と改称された。

⑥憲兵服制制定　明治十四年

明治十四年三月三十一日の「憲兵条例」の公布による軍事警察である「憲兵隊」設置にあわせて、「憲兵」の服制を定めた「憲兵服正」が明治十四年三月三十一日に「太政官達二十二号」で定められた。

将校の服制は歩兵と同一の正衣跨を着用し、正帽は萌黄色絨製であり、憲兵の標識として萌黄色丸打綿紐製の「懸章」を右肩から左脇下に吊った。この「懸章」は当時の欧米憲兵に多用されていたスタイルであり、わが国でも憲兵制度の採用に際してこのスタイルを模倣したものである。

下士官兵の服制は、他の兵科と同じ明治六年制定の衣跨を用い、正帽は萌黄色絨製であり、衣の袖部分に赤色山形を大きくつけて階級表示を行なうとともに「憲兵」の識別とした。

この憲兵服制は明治十八年の被服改正まで用いられた。

⑦軍楽部服制改正　明治十八年

明治十一年の「軍楽部服制」の改正につづいて、軍楽部の服制を他の兵科と異なる独立した被服スタイルを採用すべく、明治十八年十二月に「太政官達六十六号」で「軍楽部服制」の改正が行なわれた。

この明治十八年制定の「軍楽部服制」は、後述する明治十九年制定の下

郵便はがき

100-8077

63円切手を
お貼りください

東京都千代田区大手町1-7-2

潮書房光人新社　行

お名前《フリガナ》	
性別　男・女	年齢　10代　20代　30代　40代　50代　60代　70代　80代以上
ご住所　〒 （TEL.　　　　　）	
ご職業　1.会社員・公務員・団体職員　2.会社役員　3.アルバイト・パート 4.農工商自営業　5.自由業　6.主婦　7.学生　8.無職 9.その他（　　　　　）	
・定期購読新聞 ・よく読む雑誌	
読みたい本の著者やテーマがありましたら、お書きください	

書名　**写真で見る明治の軍装**

このたびは潮書房光人新社の出版物をお買い求めいただき、ありがとうございました。今後の参考にするために以下の質問にお答えいただければ幸いです。抽選で図書券をさしあげます。

●本書を何でお知りになりましたか？

□紹介記事や書評を読んで・・・新聞・雑誌・インターネット・テレビ

媒体名(　　　　　　　　　　　　　　)

□宣伝を見て・・・新聞・雑誌・弊社出版案内・その他(　　　　　　)

媒体名(　　　　　　　　　　　　　　)

□知人からのすすめで　□店頭で見て

□インターネットなどの書籍検索を通じて

●お買い求めの動機をおきかせください

□著者のファンだから　□作品のジャンルに興味がある

□装丁がよかった　□タイトルがよかった

その他(　　　　　　　　　　　　　　)

●購入書店名

●ご意見・ご感想がありましたらお聞かせください

（ご回答いただいたご意見・ご感想は広告等で使用させていただく場合があります。）

士官兵用被服と同一のスタイルであり、のちの明治十九年に行なわれた大規模な被服改正に先駆けるスタイルで制式化された。

⑧明治十九年の被服改正　下士官兵

明治十九年になると、建軍以来の複雑化した被服体系をととのえるべく大規模な被服改正が行なわれた。

この改正では、下士官兵用の被服である「陸軍下士以下服制」が明治十九年二月二十四日に内閣達十四号で定められ、つづいて将校用の被服が「陸軍将校服制」として「勅令第四十八号」で制定された。

この改正による「陸軍下士以下服制」の特徴は、以下のとおりである。

①改正により陸軍は「兵科」が「憲兵」「歩兵」「騎兵」「砲兵」「工兵」「輜重兵」の六科と、「各部」は「衛生」「軍吏（主計）」「軍楽」の三部となった。

②主要被服の名称を、従来の「正帽」「軍帽」「略帽」「略衣」等の名称を改め、「第一種」「第二種」という呼称に改めた。

③「正衣」を廃止して、「衣」の一種としてホックよりボタン形式に改め、衣丈を従来のフランス式の長衣タイプから、短寸のドイツスタイルの詰襟際腹スタイルに改正した。

④「正服」を廃止して、儀式等の場合は「第一種帽」を用い「脚絆」を「跨」の下に着用するようにした。

⑤衣の丈を短縮して際腹タイプに改め、ボタンを五つとした。これにともない旧制式の「小倉服」は演習・雑務等に使用されることとなった。

⑥従来は「近衛」のみが用いていた絨製衣跨を、生徒をふくむ全兵科が用いるようになった。また、外套の地質を一種類にした。

⑦「第一種帽」の前面章を、明治十三年制定の将校正帽前面章と同様に大型にした。

⑧騎兵科専用の衣跨を採用した。

⑨明治十九年の被服改正　将校

将校用の被服が「陸軍将校服制」として「勅令第四十八号」で制定された。

将校用の被服が「陸軍将校服制」として「勅令第四十八号」で制定された。

この改正による「陸軍将校服制」の特徴は、以下のとおりである。

①正服は威武高揚のため正肩章を付けて、飾帯の地質を硬質な素材に改めた。また正帽は大型となり、眼庇を傾斜させ、天井星章は全階級ともに一個となり、前立は「白熊毛」から紅白の羽根製に改めた。

②軍服の形態は明治八年制定と同一であるが、肋骨部分の丸打紐を細くするとともに、縁辺毛縁の幅を狭めた。また、騎兵科の肋骨部分の先端部分にも釦を追加した。

③夏服のスタイルを軍服と同一にして、地質を白布にして丸打紐を白絹丸打紐にした。

④将校脚絆を黒羅紗製に改めた。

P.141～P.178に「陸軍将校服制・陸軍下士以下服制」の全文を画像で掲載する。

⑩陸軍服装規則　明治十九年

明治十九年の被服改正につづいて改正された新制服の服装規定として、明治十九年十月二十五日に「省令乙第百四十四号」で「陸軍服装規則」が定められた。

以下に「陸軍服装規則」の前文を示す。

＊陸軍服装規則　明治十九年

第一章　総則

第一條　陸軍々人ノ服装ハ左ノ五種ニ區分ス
一　正装
一　軍装
一　禮装
一　通常禮装
一　略装

第二條　第一第二及ヒ第五ハ將校（相當官准士官モ含有ス以下皆同シ）下士卒皆着用スル所ノ服装トシ第三第四ハ將校ノミ着用スル所ノ服装トス

第三條　正装ハ儀式祭典等總テ大禮ノトキ着用スルモノニシテ其場合概ネ左ノ如シ
一　新年
一　三大節（新年宴會　紀元節天長節）
一　歳暮参賀
一　天機伺其他廉アリテ拜謁ノ爲メ参内スルトキ
一　陸軍始
一　靖國神社大祭
一　觀兵式又ハ儀仗ノ爲メ出場スルトキ
一　任官敍位敍勳
一　條令規則等ニ於テ明文アル場合
一　一般大禮服着用ノ場合
一　自家ノ賀儀葬祭（下士以下ニ在テハ親族ノ賀儀葬祭ニ亦之ヲ用ユ）

第四條　軍装ハ將校及ヒ下士卒ニ論ナク概ネ左ニ列記スル場合ニ於テ着用スルモノトス
一　戰時出征
一　非常出兵
一　軍隊諸勤務
一　衛戍勤務
一　週番勤務（將校ニ限ル）
一　大演習
一　小演習
一　廉アル野外演習等

第五條　禮装ハ概ネ左ニ列記スル場合ニ於テ着用スルモノトス
一　宮中ニ於テ御宴ニ陪スルトキ
一　廉アリテ上官ニ對謁スルトキ
一　夜會其他廉アル宴席等ニ臨ムトキ
一　一般通常禮服（燕尾服ヲ云ウ）着用ノ場合
一　親族ノ賀儀葬祭

第六條　通常禮装ハ概ネ左ニ列記スル場合ニ於テ着用スルモノトス
一　補職又ハ命課ノ辭令書拜受ノトキ
一　天覧ノ場所ニ臨ミ陪覧スルトキ
一　行幸行啓等ノ場所ヘ参集スルトキ
一　任官敍位敍勳ノ御禮及ヒ之ニ齊シキ場合ニテ参内スルトキ

一　通常ノ宴會ニ臨ムトキ
一　一般「フロックコート」着用ノ場合
一　一般ノ賀儀葬祭
第七條　略裝ハ公私ノ別ナク平常着用スル所ノ服裝トス
第八條　夏衣ハ炎暑ノ際（凡ソ六月一日ヨリ九月盡日迄ノ間以下皆同シ）略裝ニノミ着用スルコトヲ得ルモノトス然レトモ平時ノ勤務及ヒ演習等ニ在テハ自宜ニ依リ軍裝ニモ亦之ヲ着用スルコトヲ得但夏衣ヲ着用スルトキハ必ス夏跨ヲ着用スルモノトス
第九條　夏跨ハ炎暑ノ際着用スルモノニシテ何レノ服裝ニ在テモ跨ニ代用スルコトヲ得
第十條　外套ハ何レノ服裝ヲ論セス雨雪天ノトキ又ハ防寒ノ爲メ室外ニ於テ着用スルモノトス然トモ軍裝略裝ニ在テハ防寒ノ爲メ室内ニ於テモ亦之着用スルコトヲ得但觀兵式其他儀式ノ場所及ヒ上官ノ居室内ニ在テハ之ヲ着用スルコトヲ許サス
第十一條　雨覆ハ外套ノ上ニ着用スルヲ正則トス然レトモ時宜ニ依リ雨覆ノミヲ着用スルモ妨ナシ
第十二條　顎紐ハ何レノ服裝ヲ論セス隊伍ニ列スルトキハ必ス之ヲ用ユヘシ但其他ノ場合ニ在テハ各自ノ便宜ニ依リ之ヲ用ユルモノトス
第十三條　日覆ハ炎暑ノ際軍裝略裝ニ在テ第二種トニ用ユルモノトス然レトモ第二種帽ノ制ナキ者ハ第一種帽ニ用ユルコトヲ得
第十四条　勳章及ヒ從軍記章ハ何レノ服裝ニ在テモ之ヲ佩用ス然レトモ大勳位及ヒ勳一等ニ在テハ菊花大綬章又ハ旭日大綬章ハ正裝及ヒ禮裝ニノミ佩用シ軍裝及ヒ通常禮裝ニハ菊花賞又ハ旭日重光章ノミヲ佩用スヘシ但略裝ハ勿論軍裝ト雖モ場合ニヨリ之ヲ佩用セサルコトヲ得

第二章　將校ノ服裝

其ノ一　通則

第十五條　刀ハ將官竝ニ各兵佐尉官准士官及ヒ軍樂長之ヲ佩用シ劍ハ將官竝ニ相當官及ヒ監督軍吏軍醫獸醫部ノ上長官士官之ヲ佩用ス
第十六條　將官ハ正裝及ヒ禮裝ニハ劍ヲ佩用シ其他ノ服裝ニ在テハ各自ノ便宜ニ依リ刀或ハ劍ヲ佩用スルヲ得然レトモ軍隊ノタル將官ハ何レノ服裝ニ在テモ必ス刀ヲ佩用スヘシ
第十七條　刀及ヒ劍ノ佩用方ハ其ノ正衣ヲ着セシトキハ衣ノ上ニ軍衣ヲ着セシトキハ衣ノ下ニ刀（劍）帶ヲ締メ之ヲ佩用ス而シテ其刀ハ室ノ内外ヲ論セス何レノ場合ト雖モ上部ノ環ヲ刀帶ノ釣金ニ掛ケ乘馬ニ在テハ之ヲ掛ケサルヲ法トス但騎兵科將校ハ正衣軍衣ニ論ナク衣ノ下ニ佩用ス
第十八條　正緒ハ正裝禮裝通常禮裝着用ノトキ刀或ハ劍ニ裝着ス
第十九條　刀緒ハ刀ニ裝着シ劍緒ハ劍ニ裝着スルモノニシテ軍裝略裝ノトキニ用ユ
第二十條　飾緒ハ將官竝ニ參謀官ノ佩用スヘキモノニシテ將官ハ正裝ノトキニ限リ之ヲ用ヒ參謀官ハ何レノ服裝ニモ必ス之ヲ用ユ但シ事務執行ノ場合等ニ在テハ脱除シアルモ妨ケナシ

第二十一條　飾緒ハ金線製ノモノヲ用ユルハ裳論ナリト雖モ略装ニ在テハ絹絲製（白茶色）ノモノヲ用ユルモ妨ナシ但シ軍装ニ在テモ場合ニ依リ本令ニ準スルコトヲ得

第二十二條　懸章ハ傳令使、週番、衞戍巡察ノ諸將校佩用スヘキモノニシテ何レノ服装ニ在リテモ必ス之ヲ用ユルヲ例トス而シテ其ノ佩用方ハ右肩ヨリ左脇ニ斜ニ掛ク但週番及ヒ衞戍巡察ハ服務中ニ在ルモ現ニ勤務セザル場合（例ヘハ週番ノ隊務ニ在ラサルトキ巡察ノ巡察ヲナササルトキヲ云ウ）ニ在リテハ之ヲ佩用セズ又傳令使ハ事務執行ノ場合等ニ在リテハ脱除シアルモ妨ケナシ

第二十三條　短跨ハ何レノ服装ニ在テモ長靴ヲ穿ツトキ着用スルモノトス而シテ炎暑ノ際ハ夏跨ヲ短跨製ニ調整シ着用スルモ妨ナシ

第二十四條　手套ハ何レノ服装ヲ論セス白色革製ノモノヲ用ユヘシ

第二十五條　下襟ハ何レノ服装ニ在テモ白布製ノ立襟ヲ用ユヘシ

第二十六條　何レノ服装ヲ論セス短靴ハ必ス之ヲ跨下ニ穿チ留革ヲ附着シ又乗馬本分ノ者ハ短靴長靴共ニ必ス拍車ヲ附着スヘシ

其ノ二　正装

第二十七條　正装ハ左ニ列記スルモノヲ着装ス

一　第一種帽
一　前立
一　正衣
一　跨
一　肩章
一　飾帯
一　刀（劍）
一　正緒
一　手套
一　下襟
一　靴
一　此ノ服装ニ在テ乗馬スルトキハ其ノ馬具ハ左ニ列記スルモノヲ装具ス
一　頭絡《とうらく》
一　轡銜《ひこう》
一　副銜《ふくこう》
一　韁《たずな（きょう）》
一　副韁《ふくきょう》
一　鞍
一　鞍褥《あんじょく》
一　鐙《あぶみ》
一　靻《おもがい》
一　鞍嚢《あんのう》
一　鞍嚢外覆《あんのうがいひ》
一　腹帯《はらおび》
一　靷《ひきづな》
一　鞦《しりがい》

第二十八條　コノ服装ニ在テハ何レノ場合ト雖モ騎兵科將校ハ長靴ヲ穿チ其他ノ者ハ總テ短靴ヲ穿ツヲ法トス但シ砲兵及ヒ輜重兵隊附將校ノ隊伍ニ列スルトキハ短跨長靴ヲ穿ツヘシ

第二十九條　炎暑ノ際ハ夏跨ヲ以テ跨ニ代用スルコトヲ得ルト雖モ室内ニ於テ儀式等ニ列スルトキハ必ス跨ヲ穿ツヘシ

其ノ三　軍装

第三十條　軍装ハ左ニ列記スルモノヲ着装ス

一　帽

一 軍衣
一 跨
一 刀（劍）
一 刀緒（劍緒）
一 手套
一 下襟
一 靴
此ノ服裝ニ在テ乘馬スルトキ
ハ其ノ馬具ハ左ニ列記スルモ
ノヲ裝具ス
但將官ハ便宜ニ依リ旅囊ヲ裝
セサルモ妨ケナシ
一 絡
一 轡衡
一 副衡
一 韁
一 副韁
一 鞍
一 鞍褥
一 鐙
一 靻
一 鞍囊
一 腹帯
一 靷
一 鞦
一 旅囊
一 野繫
第三十一條　帽ハ第一種帽ヲ着スルヲ
正則トス然レトモ時宜ニ依リ第二種帽
ヲ用ユルコトヲ得
第三十二條　此服裝ニ在テハ乘馬本分
ノ者ハ必ス短跨長靴ヲ穿チ其他ノ者ハ
短靴ヲ穿チ脚絆ヲ着シ而シテ乘馬本分
ニアラサル隊附尉官ハ背囊ヲ負フヲ法
トス但週番及衞戍巡察等ノ如キハ時宜
ニ依リ脚絆ヲ着セス背囊ヲ負ハサルモ
妨ナシ
第三十三條　背囊ヲ負フ者ハ之ニ雨覆
又ハ夏外套ヲ附着ス其之ヲ負ハサル者
ハ雨覆又ハ夏外套ヲ卷キ左肩ヨリ右脇
ニ斜ニ掛クルヲ法トス但時宜ニ依リ之
ヲ背囊ニ附着セス又肩ニ掛ケサルモ妨
ナシ

其ノ四　禮裝

第三十四條　禮裝ハ左ニ列記スルモノ
ヲ着裝ス
一 第一種帽
一 正衣
一 跨
一 肩章
一 刀（劍）
一 正緒
一 手套
一 下襟
一 靴
此ノ服裝ニ在テ乘馬スルトキ
ハ其ノ馬具ハ左ニ列記スルモ
ノヲ裝具ス
一 頭絡
一 轡衡
一 副衡
一 韁
一 副韁
一 鞍
一 鞍褥
一 鐙
一 靻
一 腹帯
一 靷
一 鞦
第三十五條　コノ服裝ニ在テハ騎兵科
將校ハ長靴ヲ穿チ其他ノ總テ短靴ヲ穿

ツヲ法トス

其ノ五　通常禮装

第三十六條　通常禮装ハ左ニ列記スルモノヲ着装ス

一　帽
一　軍衣
一　跨
一　刀（劒）
一　正緒
一　手套
一　下襟
一　靴

此ノ服装ニ在テ乗馬スルトキハ其ノ馬具ハ左ニ列記スルモノヲ装具ス

但鞍褥ハ各自ノ便宜ニ依リ普通ノ鞍下ノミニ用ユルヲ得

一　頭絡
一　轡銜
一　副衡
一　韁
一　副韁
一　鞍
一　鞍褥
一　鐙
一　鞧
一　腹帯

第三十七條　帽ハ第一種帽ヲ用ユルヲ正則トス然レトモ時宜ニ依リ第二種帽ヲ用ユルコトヲ得

第三十八條　此服装ニ在リテハ騎兵科将校ハ長靴ヲ穿チ其他ハ短靴ヲ穿ツヲ例トス然レトモ乗馬本分ノ将校（騎兵科ヲ除ク）ニシテ乗馬セシ儘其場ニ臨ム場合ニ在テハ各自ノ便宜ニ依リ短跨長靴ヲ穿ツモ妨ナシ

其ノ六　略装

第三十九條　略装ノ着装ハ概ネ通常禮装ト同一トス只帽ハ第一種第二種ニ論ナク之ヲ用ユルコトヲ得又刀（劒）ニ正緒ヲ装着セス刀（劒）緒ヲ装着スルヲ異ナリトス

此服装ニ在テ乗馬スルトキ馬具ノ装具ハ通常禮装ニ同ジ

第四十條　此服装ニ在テハ靴ハ短靴又ハ長靴ヲ穿チ或ハ脚絆ヲ着シ又ハ着セサル等總テ各自ノ便宜ニ任ス

第四十一條　騎兵科将校ハ何レノ服装ニ在テモ跨（騎兵科ノ跨）ヲ用ユルハ勿論ナリト雖モ此服装ニ在テハ隊外服務ノ者ハ他兵科ノ跨ト同製ノモノニシテ地茜色側章萌黄色ノ跨ヲ庸ルコトヲ得但隊附将校ト雖モ隊務ニ在ラサルトキハ之ヲ用ユルモ妨ナシ

第四十二條　騎兵科将校ハ此服装ニ在テハ刀帯ノ釣鎖ヲ釣革ニ換ヘ用ユルコトヲ得

第三章　下士官卒ノ服装

其ノ一　通則

第四十三條　刀、劒、砲兵刀、徒歩刀ノ佩用方ハ何レノ服装ヲ服装ヲ論セス衣ノ上ニ革帯ヲ締メ之ヲ佩ク然レトモ騎兵ニ在テハ必ス衣ノ下ニ之ヲ佩クルモノトス又外套ヲ着スルトキハ憲兵歩兵（屯田兵モ含有ス以下皆同シ）砲兵工兵ニ在テハ外套ノ上ニ佩用シ其他ハ外套ノ下ニ佩用ス而シテ刀ヲ佩フル者ハ革帯ヲ外套ノ下ニ締メ刀ノ柄ヲ左側ノヨリ裂目ヨリ出シ乗馬ニテ隊伍ニ列スルトキハ其釣革ヲ左側ノ裂目ヨリ出シ刀ヲ外部ニ出スヘシ但シ曹長（憲兵ハ

之ヲ除ク）ハ何レノ兵種ヲ論セス背嚢ヲ負ハサル場合ニ在テハ皆外套ノ下ニ佩用ス

第四十四條　手套ハ其給與アル者ハ何レノ服裝ニ在テモ之ヲ用ユルハ勿論ナリト雖モ其給與ナキ者ニ在テモ隊伍ニ列セサルトキハ之ヲ用ウルモ妨ナシ

第四十五條　下襟ハ何レノ服裝ニ在テモ白襟布ヲ衣ノ襟幅ヨリ稍々廣ク折リ之ヲ頸ニ巻クヘシ

第四十六條　小倉衣跨ハ兵卒平常屯營内ニ在ルトキ及ヒ練兵等ヲナストキノミ着用スルモノトス

第四十七條　兵卒屯營内ニ在ルトキ及ヒ練兵ヲナストキハ前條ニ揚クル如ク小倉衣跨ヲ着用スヘシト雖モ時宜ニ依リ之ヲ要スルトキハ隊長ノ在意ヲ以テ絨衣跨ヲ着用セシムルコトヲ得然ルトキ肩章ハ騎兵ニ在テハ之ヲ除去シ其他ニ在テハ釦ヲ外シ之ヲ巻キ置クモ妨ナシ

其ノ二　正裝

第四十八條　正裝ハ兵種ニ依リ區別アリト雖モ總テ一般ニ着裝スルモノ概ネ左ノ如シ

一　第一種帽
一　前立
一　衣跨
一　下襟
一　靴

第四十九條　各兵種ニ依リ區別アルモノ左ノ如シ

一　曹長ハ其兵種ノ如何ヲ問ハス皆刀ヲ佩ヒ歩兵工兵ニ在テハ短靴ヲ穿チ脚絆ヲ跨下ニ着シ騎サニ在テハ長靴ヲ穿チ憲兵砲兵及ヒ輜重兵ニ在テハ半長靴ヲ跨上ニ穿ツ
一　憲兵一二等軍曹及ヒ兵卒ハ刀ヲ佩ヒ拳銃ヲ携帯シ半長靴ヲ跨上ニ穿ツ
一　歩兵工兵一二等軍曹及ヒ兵卒ハ革帯ヲ締メ銃劍ヲ佩ヒ短靴ヲ穿チ脚絆ヲ跨下ニ着ス而シテ隊伍ニ列スル者ハ背嚢ヲ負ヒ（負革ヲ肩章ノ下ニス）彈藥盒ヲ附着シ銃ヲ携持ス但背嚢ニハ外套ヲ蹄鐵状ニ附着シ而シテ工兵及歩兵（携帯器具ヲ携帯スル者ニ限ル）ハ携帯器具ヲ束裝ス
一　騎兵一二等軍曹及ヒ兵卒ハ刀ヲ佩ヒ長靴ヲ穿ツ而シテ隊伍ニ列スル者ハ槍又ハ銃ヲ携持ス（銃ヲ携持スル者ハ彈藥盒ヲ附着ス）
一　砲兵一二等軍曹及ヒ兵卒ハ砲兵刀ヲ佩ヒ半長靴ヲ跨上ニ穿ツ而シテ隊伍ニ列スルトキ徒歩ノ者ハ背嚢ヲ負ヒ外套ヲ蹄鐵状ニ附着ス
一　輜重兵一二等軍曹及ヒ兵卒ハ刀ヲ佩ヒ半長靴ヲ跨上ニ穿ツ而シテ一二等卒ノ隊伍ニ列スル者ハ彈藥盒ヲ附着シ銃ヲ携持ス
一　軍吏部軍醫部及軍學部ノ下士卒ハ徒卒刀ヲ佩ヒ短靴ヲ穿チ脚絆ヲ跨下ニ着ス
一　砲工兵監護及ヒ騎砲兵諸工長同下長竝ビニ同諸職工モ亦前項ト同一トス但隊附砲兵火工

長同下長ニ在テハ砲兵下士ト
同一トス

其ノ三　軍装

第五十條　軍装ハ概ネ第四十八條第四十九條ニ揚クル正装ノ着装ト同一トス但左ニ揚クルモノヲ取捨スルヲ異ナリトス

一　前立ヲ装セス又時宜ニ依リ第二種帽ヲ用ユルコトヲ得
一　水筒ヲ携帯ス
一　徒歩ニシテ隊附ノ者ハ總テ背嚢ヲ負フ但第四條第一第二ノ場合ニ在テハ隊外ノ者ニ在テモ亦同シ
一　背嚢ヲ負フ者ハ之ニ飯盒及ヒ豫備靴ヲ附着ス又時宜ニ依リ毛布ヲ附着スルコトアリ
一　脚絆ヲ着スルモノハ之ヲ跨上ニス

其ノ四　略装

第五十一條　略装ノ着装ハ概ネ軍装ニ同シ只帽ハ第二種帽ニ限リ之ヲ用ユルヲ異ナリトス但第二種帽ノ制ナキモノハ此限ニアラス

第五十二條　此服装ニ在テハ第五十條第二項乃至第四項ニ揚クルモノヲ適用セス但脚絆ハ之ヲ跨下ニ着用スル等適宜ニ之ヲ取捨スルコトヲ得又隊外奉職ノ者ハ各自ノ便宜ニ依リ脚絆ヲ附着セサルモ妨ケナシ

⑪千住製絨所の設置

軍民問わずに国産絨生地の必要性から、明治初期に千葉県下総に羊飼育奨励のため「下総牧羊所」が設置されており、明治九年三月十四日になると軍服作成のため国産羅紗生地を製造する「製絨所」を設置することとなり、同年五月に機械購入と技師招聘のため「井上省三」をドイツに派遣するとともに、東京の千住に八三〇〇坪の土地を民間から購入した。

明治十一年には招聘したドイツ人四名、オーストリア人一名の技師により輸入された「紡毛機」六台、「整紡機」六台、「織機」四十二台の設置を行ない、明治十二年二月の工場完成により輸入した設備による「羅紗生地」の試験製造に着手した。

一月十四日より半年の歳月をかけて「選毛作業」に着手して着色・洗色・紡績・整形・経巻・織絨の工程を確立し、つづいて一ヵ月の期間で乾絨・蒸絨・染絨・光沢付等を行ない、八月二十四日に、国産による二反の試作羅紗元反の製造に成功した。

＊千住製絨所　製絨量一覧

年　代	生産量（単位尺）
明治12年	66102
明治13年	209601
明治14年	236865
明治15年	320715
明治16年	241574
明治17年	109842
明治18年	590135
明治19年	735888
明治20年	680784
明治21年	801789
明治22年	935865
明治23年	818988
明治24年	866623
明治25年	845081
明治26年	844059
明治27年	1666546
明治28年	2261813

国産生地の製造試験製造を受けて、明治十二年九月二十七日に「千住製絨所」が開設された。

なお、「千住製絨所」では開設以来廠内の照明は石油ランプを使用していたが、たびかさなる火災事故に対応すべく明治十六年九月二十九日に米国より輸入した十六馬力発電機による電灯照明を開始しており、千五百燭光の電灯三十個による廠内照明を行なった。

明治十二年より二十八年までの製絨量は以下のとおりである。明治二十七年から二十八年にかけての製造量が前年の二倍～三倍に増加しているのは「日清戦争」の戦時体制にともなう昼夜体制での増産が行なわれたためである。

⑫被服廠の創設

明治健軍以来、官給品である下士官兵卒の被服は各鎮台ごとでの調達が行なわれていたが、日本陸軍の増強とあわせて中央での統括した調達機関の必要性から明治十九年三月に「被服廠条令」が公布され、東京の麹町区有楽町に「被服廠事務所」が設置された。

明治二十四年二月に東京の北豊島郡岩渕町赤羽に建設中であった被服倉庫が完成すると、「被服廠事務所」も現地へ移転し、被服の補給業務を行なうとともに、あわせて被服の貯蔵を開始した。

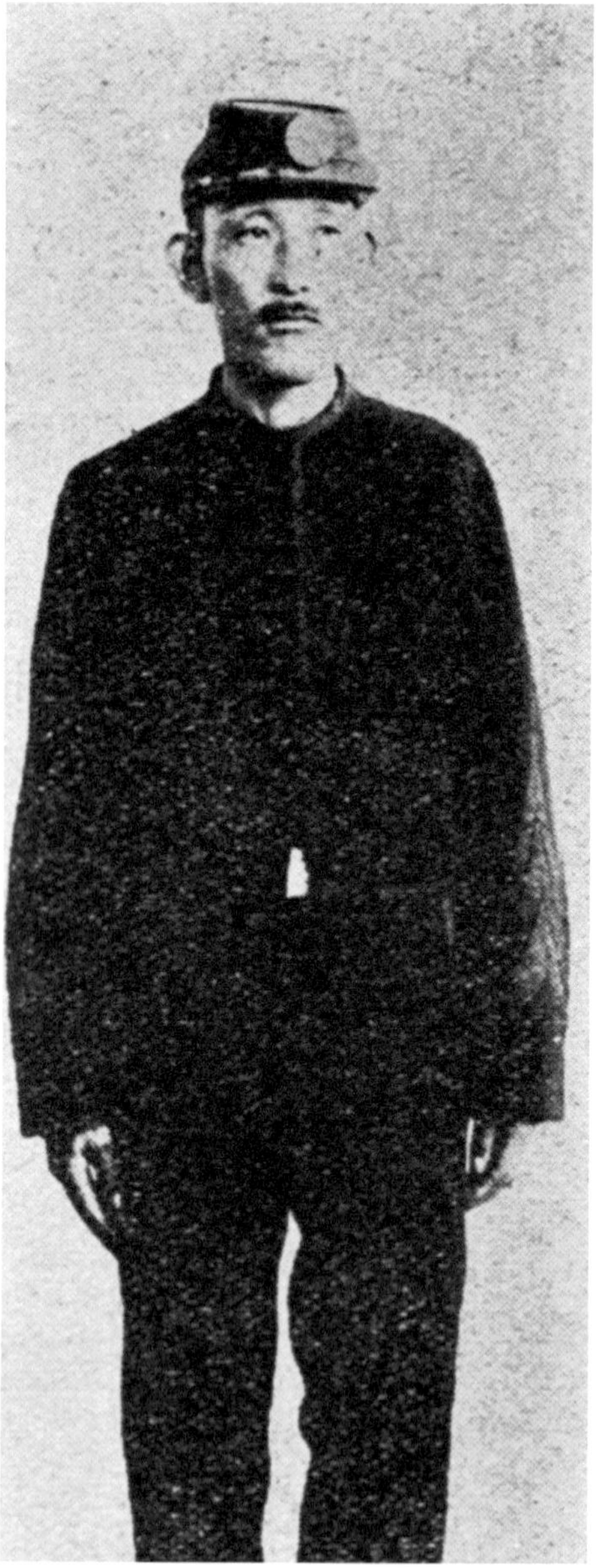

明治14年制定の「憲兵服制」を着用した「憲兵曹長」。「正服・軍服」兼用の帽を被り、短ジャケットスタイルの紺大絨製の下士官用の正衣・正跨を着用している。

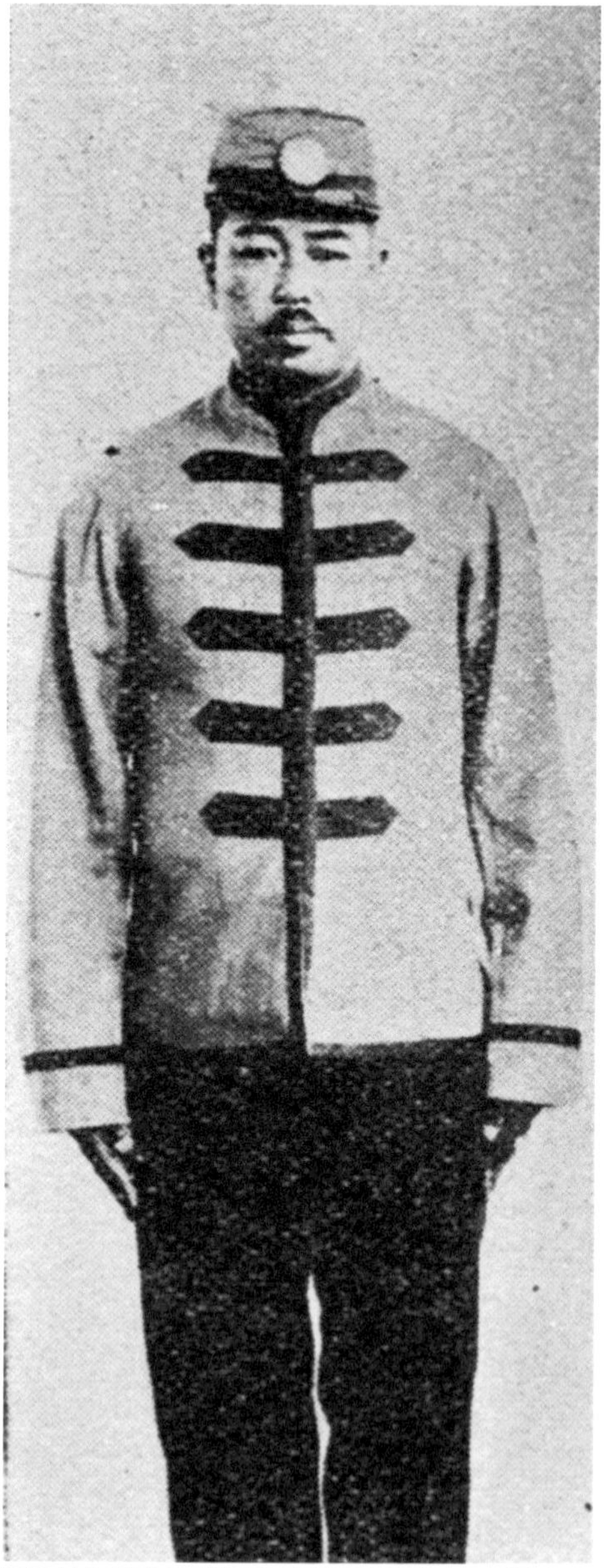

明治11年制定の「陸軍軍楽部服」を着用した「楽生」。「正衣・正跨」は「紺青絨」製で、胸部に装飾として赤色毛織線の縁飾が付けられている。袖部分には「楽生」の階級を示す袖章である幅５分の緋色毛織線１本が入れられている。

陸軍將校服制圖例

明治十九年七月六日
勅令第四十八號

名稱			
第一種帽	外套	前立	刀
第二種帽	雨覆	肩章	劍帶
正衣	夏衣	飾緒	刀帶
軍衣	夏袴	飾帶	正緒
袴	日覆	懸章	劔緒
短袴	夏外套	劍	刀緒

第

名稱		大將　中將　少將
地質		濃紺絨
日章		金色徑一寸七分
眼庇		革表黒裏萌黄
顋紐		黒革幅三分五厘釦金色圓形内ヲ櫻花附ス徑三分
縱横章	品質	蛇復組金線大線幅九分小線幅一分五厘
	裝式	横章大線各一條小線ハ大將三條中將二條少將條外ニ小線各一條ヲ上下部縫際ニ附ス 縱章前後ハ直左右ハ斜ニ小線各部三條ヲ附ス
頂上章	品質	蛇復組金線幅一分五厘
	裝式	環狀線ノ内ニ尖頭五分ヲ離レ星章一箇ヲ附ス
製式		下部高サ一寸八分大線ハ幅一分五厘ノ蛇復組金線六條ヲ合ス縱横線ノ間隙ハ各一分
形狀		如圖

明治19年制定「陸軍将校服制」・「陸軍下士以下服制」

一種

監督長 軍醫總監	同	同	同	同	同	少將ニ同シ	蛇腹組金銀線幅一分五銭	將官ニ同但星章ハ銀線ヲ用フ	同	同
大佐 中佐 少佐	濃紺絨憲兵ハ上部茜絨下部黒天鵞絨近衛隊ハ緋絨	同	同	同	蛇腹組金線幅一分五厘	横章大佐ハ六條中佐ハ五條少佐ハ四條外ニ各一條ヲ上下部縫際ニ附ス 縦章前後ハ直左右ハ斜ニ各部二條ヲ附ス	蛇腹組金線幅一分五厘	將官ニ同シ	下部高サ一寸八分縦横線ノ間隙ハ各一分	同
一等・二等・三等監督 軍醫監 一等・二等軍醫正 藥劑監 獸醫監	濃紺絨	同	同	同	同	一等監督及軍醫監ハ大佐ニ二等監督及一等軍醫正ハ中佐ニ三等監督及二等軍醫正藥劑監獸醫監ハ少佐ニ同シ	蛇腹組金銀線幅一分五厘	將官ニ同シ但星章ハ銀線ヲ用フ	同	同
大尉 中尉 少尉	濃紺絨憲兵ハ上部茜絨下部黒天鵞絨近衛隊ハ緋絨	同	同	同	同	横章大尉ハ三條中尉ハ二條少尉ハ一條外ニ各一條ヲ上下部縫際ニ附ス 縦章前後ハ直左右ハ斜ニ各部一條ヲ附ス	蛇腹組金線幅一分五厘	將官ニ同シ	下部高サ一寸八分横線ノ間隙ハ各一部	同
監督補 一等・二等・三等軍吏・軍醫・藥劑官・獸醫	濃紺絨	同	同	同	同	監督補及各部一等ハ大尉ニ各部二等ハ中尉ニ各部三等ハ少尉ニ同シ	蛇腹組金銀線幅一分五厘	將官ニ同シ但星章ハ銀線ヲ用フ	同	同
一等軍樂長	茜絨	同	同	同	同	少尉ニ同シ	蛇腹組金線幅一分五厘	將官ニ同シ	下部高サ一寸五分	同
上等監護 二等軍樂長	濃紺絨 茜絨	同	同	同	同	横章一條ヲ上下部縫際ニ附ス 縦章尉官ニ同シ	同	同	同	同

帽	
名稱	下副官
地質	濃紺絨 憲兵ハ上部茜絨下部黒天鵞絨 近衛隊ハ緋絨
	同
	同
	同
	同
	同
	同
	同
	同
	同

名稱	第二種				
名稱	將官 監督長 軍	歩兵 騎兵 砲兵 工兵 輜重兵 屯田兵 佐官	軍督 軍醫監 軍醫正 藥劑監 獸醫監	歩兵 騎兵 砲兵 工兵 輜重兵 屯田兵 尉官	監督補 軍吏 軍醫 藥劑官 獸醫
地質	濃紺絨	同	同	同	同
星章	金色 中心ヨリ尖頭ニ至ル五分	同	同	同	同
眼庇	黒革	同	同	同	同
横章	將官緋絨 監督長花色藍絨 軍醫總監深緑絨	黄絨 近衛隊ハ緋絨	監督花色藍絨 軍醫監 軍醫正 藥劑監 獸醫監 深緑絨	黄絨 近衛隊ハ緋絨	監督補 軍吏 花色藍絨 軍醫 藥劑官 獸醫 深緑絨
	大線幅六分 小線幅一分 項端線幅一分五厘	大線幅七分 小線幅一分 項端線幅一分五厘	同	大線幅八分 項端線幅一分五厘	同
製式	下部高サ一寸七分強 大線小線各二條其條ノ間隙ハ各一分 項端線ハ喰ミ出シニ附ス	同 但小線ヲ一條トス	同 但書同シ	同 但小線ヲ附セス	同 但書同シ
形状	如圖	同	同	同	同

明治19年制定「陸軍将校服制」・「陸軍下士以下服制」

帽	上等監護	歩兵騎兵砲兵工兵輜重兵屯田兵下副官
	同	紺絨
	同	同
	同	同
	黄絨	黄絨 近衛隊ハ緋絨
	大線幅一寸七分項端線幅一分五厘	同
	同 但小線ヲ附セス大線一條トス	同 但書同シ
	同	同

名稱	正 大將　中將　少將	監督長　軍醫總監
地質	濃紺絨	同
釦	金色圓形内櫻花ヲ附ス大徑七分五厘小徑五分　胸部及後裂ノ二十箇ヲ大トシ袖口及劍留ノ七箇ヲ小トス	同
襟章 品質裝	金線縫箔幅一分	金銀線縫箔幅一分
襟章 式	上縁側縁ハ二條下縁ハ一條中央ハ龜甲形ヲ縫箔ス襟地ハ共絨トス	同 但中央ノ龜甲形ハ金銀線ヲ交互狹ンテ縫箔ス
袖章 品質裝	金線縫箔幅一分　蛇腹組金線幅一分	金銀線縫箔幅一分　蛇腹組金銀線幅一分
袖章 式	突起章ハ鐺ニ沿ヒ幅一寸二分其兩縁ハ一條中央ハ龜甲形ヲ縫箔ス而シテ蛇腹組金線大將ハ七條中將ハ六條少將ハ五條ヲ左右ヨリ交叉シ圓形二箇圓錐形一箇ニ縫着ス其線ノ間隙ハ各一分圓錐形ノ尖頭肩縫際ヲ距ルヿ凡六寸鐺地ハ共絨トス	同 但突起章ノ中央龜甲形ハ金銀線ヲ交互挾ンテ縫箔ス而シテ蛇腹組金線三條銀線二條ヲ交互挾ンテ縫着ス
製式	襟幅一寸四分袖長腕關節ニ止ル長腋骨上端ヨリ下ルヿ八寸上下部縫際腋骨上端ヨリ上ルヿ五分後裂上下部縫際ニ止ル鐺袖口ヨリ尖頭ニ至ル二寸兩脚ハ一寸物入後裂ノ裏面左右ニ附ス縁邊ノ玉縁ハ共絨ヲ以テ附ス	同
形狀	如圖	同

明治19年制定「陸軍将校服制」・「陸軍下士以下服制」

憲兵 歩兵 砲兵 工兵 輜重兵 屯田兵 大佐 中佐 少佐	騎兵 大佐 中佐 少佐	一等 二等 三等 監督 軍醫監 一等 二等 軍醫正 薬劑監 獣醫監
同	同	同
同	釦將官ニ同シ但胸部及後裂ノ十七箇ヲ大トシ袖口ノ六箇ヲ小トス胸飾紐角打黒毛絲組徑二分左右各五箇ヲ附ス	將官ニ同シ
金線縫箔幅一分	同	金銀線縫箔幅一分
上縁側縁ハ一條次ニ幅五分ノ電形次ニ二條及下縁二條ヲ縫箔ス但襟地憲兵ハ茜絨歩兵屯田兵ハ緋絨砲兵ハ黄絨工兵ハ鳶絨輜重兵ハ藍絨	同 但襟地ハ萠黄絨トス	同 但電形ハ銀線ヲ用フ襟地ハ共絨トス
蛇腹組金線幅一分	同	蛇腹組金銀線幅一分
同 但突起章ヲ附セス直チニ鐶ニ沿ヒ大佐ハ六條中佐ハ五條少佐ハ四條ヲ縫着ス鐶地ハ襟同色トス	同 但書同シ	佐官ニ同シ 但一等監督及軍醫監ハ金銀線各三條二等監督及一等軍醫正ハ金線三條銀線二條三等監督及二等軍醫正薬劑監獣醫監ハ金銀線各二條交互挟ンテ縫着ス鐶地ハ共絨トス
同 但縁邊ノ玉縁ハ襟同色ヲ以テ附ス	襟幅一寸四分袖長腕關節ニ止ル長臆骨上端ヨリ下ルヿ三寸五分上下部縫際臆骨上端ヨリ上ルヿ一寸後裂上下部縫際ニ止ル鐶袖口ヨリ尖頭ニ至ル二寸兩脚ハ一寸全縁邊及背部ノ飾紐ハ總テ三分幅蛇腹組黒毛絲物入後裂ノ裏面左右ニ附ス	將官ニ同シ
同	同	同

衣

憲兵 歩兵 砲兵 工兵 輜重兵 屯田兵	騎兵	監督 一等 二等 三等	一等軍樂長	砲兵 工兵 上等監護 二等軍樂長	憲兵 歩兵 砲兵 工兵 輜重兵 屯田兵	騎兵
大尉 中尉 少尉	大尉 中尉 少尉	監督補 軍吏 軍醫 藥劑官 獸醫			下副官	下副官
同	同	同	同	同	同	同
同	佐官ニ同シ	將官ニ同シ	同	同	同	佐官ニ同シ
金線縫滔幅一分平織金線幅五分	同	金線縫滔幅一分平織銀線幅五分	金線縫滔幅一分平織金線幅五分	金線縫滔幅一分	蛇腹組金線幅一分	同
同 但電形ニ換フルニ平織金線ヲ用フ	同 但書同シ	監督ニ同シ 但電形ニ換フルニ平織銀線ヲ用フ	尉官ニ同シ 但襟地ハ茜絨トス	上縁側縁ハ三條下縁ハ二條ヲ縫滔ス但襟地砲兵ハ黄絨工兵ハ鳶絨軍樂長ハ茜絨トス	同 但襟地憲兵ハ茜絨歩兵屯田兵ハ緋絨砲兵ハ黄絨工兵ハ鳶絨輜重兵ハ藍絨トス	同 但襟地ハ萌黄絨トス
蛇腹組金線幅一分	同	蛇腹組金銀線幅一分	蛇腹組金線幅一分	平織金線幅三分	同	同
同 但大尉ハ三條中尉ニ二條少尉ハ一條トス	同 但書同シ	監督ニ同シ 但監督補及各部一等ハニ金線條銀線一條各部二等ハ金銀線各一條各部三等ハ銀線一條トス	少尉ニ同シ 但鏑地ハ襟同色トス	鏑ニ沿ヒ一條ヲ突起狀ニ附ス鏑地ハ襟同色トス	同	同
佐官ニ同シ	同	將官ニ同シ	同 但縁邊ノ玉縁ハ襟同色ヲ以テ附ス	同 但書同シ	同 但書同シ	佐官ニ同シ
同	同	同	同	同	同	同

名稱	大將 中將 少將 監督長 軍醫總監	憲兵大佐 步兵中佐 砲兵少佐 工兵大尉 輜重兵中尉 屯田兵少尉 一二三等監督 監督補 一二三等軍吏 軍醫監 一二等軍醫正 藥劑監 獸醫監 一二三等 軍醫 藥劑官 獸醫 一等軍樂長
地質	濃紺絨	同
胸章	角打黑毛絲組徑二分胸部左右各五箇ヲ附ス	同
袖章 品質	蛇腹組黑毛絲幅一分	同
袖章 裝式	突起狀ノ毛縁ニ沿ヒ大將ハ七條中將ハ六條少將及相當官ハ五條ヲ左右ヨリ交叉シ圓形六箇圓錐形一箇ニ縫着シ其線ノ間隙ハ各一分圓錐形ノ尖頭肩縫際ヲ距ルコ凡三寸トス	突起狀ノ毛縁ニ沿ヒ大佐及相當官ハ六條中佐及相當官ハ五條少佐及相當官ハ四條大尉及相當官ハ三條中尉及相當官ハ二條少尉及相當官ハ一條ヲ左右ヨリ交叉シ圓形二箇圓錐形一箇ニ縫着シ其線ノ間隙ハ各一分圓錐形ノ尖頭肩縫際ヲ距ルコ凡三寸トス
製式	襟幅 一寸二分 袖長 腕關節ニ止ル 長 臏骨上端ヨリ下ルヿ三寸五分 袖口毛縁突起狀ハ尖頭下端一寸五分兩脚ハ七分五厘ヲ上リ八分幅黑毛線ヲ附ス 全縁邊及背面ノ縫際ニ八分幅黑毛縁ヲ附ス 兩脇ノ下端ヲ裂クヿ三寸五分 物入前面ノ左右各一箇ヲ附ス	同
形狀	如圖	同

明治19年制定「陸軍将校服制」・「陸軍下士以下服制」

名稱	衣 騎兵 大佐 中佐 少佐 大尉 中尉 少尉	衣 上等監護 二等軍樂長	衣 憲兵 歩兵 砲兵 工兵 輜重兵 屯田兵 下副官	衣 騎兵 下副官	將官 監督長官 軍醫總監	憲兵 歩兵 砲兵 工兵 輜重兵 屯田兵 佐官 尉官
地質	同	同	紺絨	同	濃紺絨	濃紺絨 憲兵茜絨 屯田兵藍霜降絨
	角打黒毛絲組將官ニ同シ釦金色圜形内ニ櫻花ヲ附ス徑七分五厘胸部及後裂ニ十七箇ヲ附ス	將官ニ同シ	同	佐官ニ同シ		
側章	同	黒毛縁幅三分	同	同	將官緋絨 監督長花色絨 軍醫總監深緑絨	憲兵黒絨 歩兵・屯田兵緋絨 砲兵黄絨 工兵鳶絨 輜重兵藍絨
	同	突起狀ノ毛縁ニ沿ヒ一條ヲ同形ニ附ス其間隙ヲ一分トス	同	同	大線幅一寸一分 小線幅一分	大線幅一寸三分
製式	襟幅一寸二分 袖長腕關節ニ止ル 長膸骨上端ヨリ下ルヿ三寸五分 上下部縫際膸骨上端ヨリ上ルヿ一寸 後裂上下部縫際ニ止ル 袖口毛縁突起狀ハ尖頭下端ヨリ一寸五分兩脚ハ七分五厘ヲ上リ八分幅黒毛縁ヲ附ス 全縁邊及背部ノ飾紐ハ總テ三分幅蛇腹組黒毛絲但襟ハ八分幅黒毛縁ヲ用フ 物入後裂ノ左右各一箇ヲ付入	將官ニ同シ	同	佐官ニ同シ	長靴踵ノ上際ニ止ル大線二條小線一條ヲ附ス其線ノ間隙ハ各一分 物入兩股各一箇ヲ附ス	同 但大線一條ヲ附ス
形狀	同	同	同	同	如圖	同

明治19年制定「陸軍将校服制」・「陸軍下士以下服制」

袴				
騎兵 佐官 尉官	茜絨	萠黃絨 同	[illegible]大線一條ヲ附シ其裾口ヲ裂ク凡五寸之レニ釦各四箇ヲ附ス 物入兩股各一箇ヲ附ス	同
監督 監督補 軍吏 軍醫監 軍醫正 藥劑監 獸醫監 軍醫 藥劑官 獸醫 一等軍樂長	濃紺絨 軍樂長茜絨	監督 監督補 軍吏 花色藍絨 軍醫監 軍醫正 藥劑監 獸醫監 軍醫 藥劑官 獸醫 深綠絨 軍樂長紺青絨 同	將官ニ同シ 但大線一條ヲ附ス	同
砲兵 工兵 上等監護 二等軍樂長	濃紺絨 茜絨	砲兵黃絨 工兵鳶絨 軍樂長紺青絨 同 小線幅五分	同 但小線一條ヲ附ス	同
憲兵 步兵 砲兵 工兵 輜重兵 屯田兵 下副官	紺絨 憲兵茜絨 屯田兵藍霜降絨	憲兵黑絨 步兵 屯田兵緋絨 砲兵黃絨 工兵鳶絨 輜重兵藍絨 同	同 但書同シ	同
騎兵 下副官	茜絨	萠黃絨 同	同 佐官ニ同シ 但小線一條ヲ附シ其裾口ヲ裂ク凡五寸之レニ角釦各二箇ヲ付ス	同
短袴				
將官及相當官	白絨或ハ白葦		長髁上ニ止ル 裾口ヲ裂ク凡五寸之レニ釦各四箇ヲ付ス 物入兩股各一箇ヲ付ス	同
佐官及相當官 尉官及相當官	袴地ニ同シ	袴ノ側章ニ同シ	同	同

明治19年制定「陸軍将校服制」・「陸軍下士以下服制」

名稱	外套						
	大將 中將 少將 監督長 軍醫總監	佐官	監督 軍醫監 軍醫正 藥劑監 獸醫監	尉官	監督補 軍吏 軍醫 藥劑官 獸醫 一等軍樂長	上等監護 二等軍樂長	下副官
地質	表 濃紺絨 裏 緋絨	表 濃紺絨 裏 黒毛繻子	同	同	同	同	紺絨
釦	金色圓形内櫻花ヲ附ス經七分五厘胸部十二箇二側六箇竪收紐一箇ヲ附ス 黒角徑五分五厘覆面留三箇襟部紐留一箇後裂四箇ヲ附ス	同	同	同	同	同	
袖章	一分幅蛇腹組線將官ハ金線相當官ハ銀線各一條ヲ袖口ヨリ六寸ヲ上リ周環ニ附ス星章中心ヨリ尖頭ニ至ル三分五厘將官ハ金色相當官ハ銀色而シテ大將ハ三箇中將ハ二箇少將及相當官ハ一箇ヲ章線ニ沿ヒ表半面ニ附ス	一分幅蛇腹組金線一條及一分幅黄絨線一條ヲ袖口ヨリ六寸ヲ上リ周環ニ附ス其間隙ハ一分但近衛隊ハ緋絨線トシ憲兵ハ袖口ヨリ線際ニ至ルヲ緋絨トス	一分幅蛇腹組銀線各一條及監督ハ一分幅花色藍絨線一條軍醫監及軍醫正藥劑監獸醫監ハ一分幅深緑絨線一條ヲ袖口ヨリ六寸ヲ上リ周環ニ附ス其間隙ハ各一分	一分幅黄絨線一條ヲ袖口ヨリ六寸ヲ上リ周環ニ附ス但近衛隊ハ緋絨線トシ憲兵ハ袖口ヨリ線際ニ至ルヲ緋絨トス	監督補及軍吏ハ一分幅花色藍絨線一條軍醫及藥劑官獸醫ハ一分幅深緑絨線一條軍樂長ハ一分幅紺青絨線一條ヲ袖口ヨリ六寸ヲ上リ周環ニ附ス	三分幅黄絨線一條ヲ袖口ヨリ尖頭ニ至ル六寸兩脚及後面ハ三寸ヲ上リ突起状ニ附ス但軍樂長ハ紺青絨線近衛隊ハ緋絨線トシ憲兵ハ袖口ヨリ線際ニ至ルヲ緋絨トス	
製式	長 靴踵ノ上際ヲ距ルコ大約八寸 襟幅 二寸 袖長 腕關節ヨリ延ルコ一寸五分 物入 前面ノ左右各一箇ヲ附ス	同	同	同	同	同	
形狀	如圖	同	同	同	同	同	

明治19年制定「陸軍将校服制」・「陸軍下士以下服制」

雨覆

名稱	地質	胸章	袖章	製式	形狀
将官及相當官	表 濃紺絨 裏 緋絨	黒角徑五分五厘胸部三箇ヲ附ス		長手甲ノ隠ルヲ度トス 襟幅二寸	同
佐官及相當官 尉官及相當官 准士官	表 濃紺絨 裏 黒毛繻子	同		同	同
下副官	紺絨	同		同	同

夏衣

名稱	地質	胸章	袖章 品質	袖章 裝式	製式	形狀
将官及相當官	白布	角打白絲組徑二分胸部左右各五箇ヲ附ス	蛇腹組白絲幅一分	軍衣ニ同シ唯毛縁ヲ除キ鏽ヲ附スルヲ異ナリトス	軍衣ニ同シ唯縁邊ノ毛縁ニ換ルニ白六分幅杉打縁ヲ用ヒ鏽ハ袖口ヨリ尖頭ニ至ル二寸五分両脚一寸二分五厘トス	如圖
佐官及相當官 尉官及相當官	同	同	同	同	同 但騎兵科モ一般ノ製ヲ用フ	同
准士官	同	同	白内記打幅三分	同	同 但書同シ	同
下副官	白小倉織	同	白内記打幅三分	同	同 但書同シ	同

夏袴

名稱	地質	製式	形狀
将官及相當官 佐官及相當官 尉官及相當官 准士官	白布	長靴踵ノ上際ニ止ル物入両股各一箇ヲ附ス	如圖
下副官	白小倉織	長靴踵ノ上際ニ止ル物入両股各一箇ヲ附ス	如圖

明治19年制定「陸軍将校服制」・「陸軍下士以下服制」

名稱		品質	製式	形狀
日覆	将官及相當官 佐官及相當官 尉官及相當官 准士官	薄白布	憲兵及軍樂部ハ第一種帽ニ其他ハ第二種帽ニ適合ノ縫裁トナス	同
	下副官	雲齋		
夏外套	将官及相當官 佐官及相當官 尉官及相當官 准士官	紺或ハ黒色ノ薄毛織或ハ絨	長ハ靴踵ノ上際ヲ距ルコ大約八寸黒角釦徑五分五厘覆面留三箇及前部五箇ヲ附ス	同
前立	将官及相當官	駝鳥毛	緋色ノ部帶共高サ三寸白色ノ部高サ六寸金具金色	如圖
	佐官及相當官 尉官及相當官 准士官 下副官	鳥毛	緋色ノ部帶共高サ二寸七分白色ノ部高サ四寸金具金色	同

名稱		品質	飾金具	製式	形狀
肩	大将 中将 少将	丸打金線徑二分五厘	星章銀色中心ヨリ尖頭ニ至ル三分五厘 釦金色徑五分	金線十二條ノ鎖狀組トシ之レニ星章大将ハ三箇中将ハ二箇少将ハ一箇及上端釦各一箇ヲ附ス 長サ凡五寸トス以下同シ	如圖
	監督長 軍醫總監	丸打金銀線徑二分五厘	星章金色大サ前ニ同シ 蛇杖金色長サ一寸幅四分 釦前ニ前シ	金線銀線各六條ノ鎖狀組トシ之レニ監督長ハ星章一箇軍醫總監ハ蛇杖一箇及上端釦各一箇ヲ附ス	同
	大佐 中佐 少佐	丸打金線徑二分五厘	星章釦共ニ将官ニ同シ	金線八條ノ鎖狀組トシ之レニ星章大佐ハ三箇中佐ハ二箇少佐ハ一箇及上端釦各一箇ヲ附ス	同

明治19年制定「陸軍将校服制」・「陸軍下士以下服制」

	名稱	品質	金具	製式	形狀
章	一等二等三等監督 軍醫監 一等二等軍醫正 藥劑監 獸醫監	丸打金銀線徑二分五厘	星章金色大サ將官ニ同シ蛇杖軍醫總監ニ同シ花葉金色長サ一寸一分幅中央六分釦將官ニ同シ	金線銀線各四條ノ鎖狀組トシ之レニ星章一等監督ハ三箇二等監督ハ二箇三等監督ハ一箇軍醫監ハ星章二箇蛇杖一箇一等軍醫正ハ星章蛇杖各一箇二等軍醫正及藥劑監ハ蛇杖一箇獸醫監ハ花葉一箇及上端釦各一箇ヲ附ス	同
	大尉中尉少尉	丸打金線徑二分五厘	星章釦共ニ將官ニ同シ	金線四條ノ鎖狀組トシ之レニ星章大尉ハ三箇中尉ハ二箇少尉ハ一箇及上端釦各一箇ヲ附ス	同
	監督補 一等二等三等軍吏軍醫藥劑官獸醫	丸打金銀線徑二分五厘	星章金色大サ將官ニ同シ蛇杖軍醫總監ニ同シ花葉獸醫監ニ同シ釦將官ニ同シ	金線銀線各二條ノ鎖狀組トシ之レニ星章監督補及一等軍吏ハ三箇二等軍吏ハ二箇三等軍吏ハ一箇一等軍醫及藥劑官ハ星章二箇蛇杖一箇二等軍醫及藥劑官ハ星章蛇杖各一箇三等軍醫及藥劑官ハ蛇杖一箇一等獸醫ハ星章二箇花葉一箇二等獸醫ハ星章花葉各一箇三等獸醫ハ花葉一箇及上端釦各一箇ヲ附ス	同
	一等軍樂長	丸打金線徑二分五厘	樂器章銀色長サ九分幅五分五厘釦將官ニ同シ	尉官ニ同シ但星章ヲ附セス樂器章一箇ヲ附ス	同
	二等軍樂長	丸打白茶絹絲線徑二分五厘	同但樂器章ヲ金色トス	絹絲線四條ノ鎖狀組トシ之レニ樂器章一個及上端釦一箇ヲ附ス	同
	上等監護 下副官	同	釦將官ニ同シ	絹絲線四條ノ鎖狀組トシ之レニ上端釦一箇ヲ附ス	同
飾緒	將官	丸打金線徑二分	石筆形金色長サ二寸六分	金線長サ二丈四尺五寸ノ兩端ヲ鎖狀組トシ之レニ金具各一箇ヲ附ス	如圖
	參謀官	丸打金線徑一分八厘	同	同	同

明治19年制定「陸軍将校服制」・「陸軍下士以下服制」

飾

名稱	品質	總	製式	形狀
大將 中將 少將	金線三條緋絹絲線四條幅各二分五厘ノ筋織	金線長サ帶共六寸圓徑一寸五分星章銀色中心ヨリ尖頭ニ至ル二分五厘トス而シテ大將ハ三箇中將ハ二箇少將ハ一箇ヲ各帶ノ半面ニ附ス	長凡五尺其兩端總テ各一箇ヲ附ス 留金具金色	如圖
監督長	銀線三條花色藍絹絲線四條幅各二分五厘ノ筋織	銀線大サ前ニ同シ星章金色大サ前ニ同シ但一箇ヲ附ス	同	同
軍醫總監	銀線三條深綠絹絲線四條幅各二分五厘ノ筋織	同	同	同
憲兵 歩兵 砲兵 工兵 輜重兵 屯田兵 佐官	白絹絲線三條緋絹絲線四條幅各二分五厘ノ筋織	金線長サ帶共六寸圓徑一寸五分	同	同
監督	白絹絲線三條花色藍絹絲線四條幅各二分五厘ノ筋織	銀線大サ前ニ同シ	同	同
軍醫監 軍醫正 藥劑監 獸醫監	白絹絲線三條深綠絹絲線四條幅各二分五厘ノ筋織	同	同	同
憲兵 歩兵 砲兵 工兵 輜重兵 屯田兵 尉官	佐官ニ同シ	緋絹絲長サ帶共六寸圓徑一寸二分	同	同

帯			懸章	
監督補 軍吏	軍醫 藥劑官 獸醫	一等軍樂長	傳令使 佐官 尉官	衛戍巡察周番 佐官 尉官
監督ニ同シ	軍醫監ニ同シ	紺青絹絲線三條緋絹絲線四條幅各二分五厘ノ筋織	黄毛絲線三條幅各二分白絹絲線二條幅各三分ノ筋織	緋毛絲線三條幅各二分白絹絲線二條幅各三分ノ筋織
花色藍絹絲大サ前ニ同シ	深緑絹絲大サ前ニ同シ	尉官ニ同シ	黄毛絲長サ帯共五寸五分圓徑一寸二分	緋毛絲大サ前ニ同シ
同	同	同	長凡五尺其兩端總各一箇ヲ附ス緒締黄毛絲製楕圓形長徑一寸三分短徑一寸ノモノ一箇ヲ以テ兩端ヲ交叉貫通ス	同 但緒締ハ緋毛絲ヲ用フ
同	同	同	同	同

名稱	劍		
	大將 中將 少將 監督長 軍醫總監	監督 軍醫監 軍醫正 藥劑監 獸醫監	監督補 軍吏 軍醫 藥劑官 獸醫
錺	金色地ハ石目旭章ヲ置ク星章ハ銀色中心ヨリ尖頭ニ至ル二分大將ハ三箇中將ハ二箇少將及相當官ハ一箇ヲ附ス	同 但星章ヲ附セス	同 但書同シ
頭	金色地ハ石目頂上ニ日章ヲ置キ周圍ノ上下電形ニシテ中央兩面ニ蜻蛉各一箇ヲ置ク	同	同 但電形ヲ附セス
柄	鼈甲絲金線三條	水牛角絲前ニ同シ	同
鞘	黒革鞘口金色無地帯留楕圓形ノ日章金色鐺金色下端ニ櫻葉ヲ置ク	同	同
總摸樣	櫻唐草	同	同 但柄ノ緣及鐺ヲ無地トス
形狀	如圖	同	同

明治19年制定「陸軍将校服制」・「陸軍下士以下服制」

刀

名稱	將官	憲兵歩兵砲兵工兵輜重兵屯田兵 佐官	騎兵佐官	憲兵歩兵砲兵工兵輜重兵屯田兵 尉官 一等軍樂長	騎兵尉官	上等監護 二等軍樂長 憲兵歩兵砲兵工兵輜重兵屯田兵 下副官	騎兵下副官
中身	錬鐵彎曲五分	同	同	同	同	同	同
鍔	金色櫻唐草	同	金色無地ニシテ五箇ノ透シヲ穿ツ	將官ニ同シ	佐官ニ同シ	眞鍮無地	鐵無地ニシテ五箇ノ透シヲ穿ツ
柄	鼈甲絲金線三條背面ヲ覆フタル金具ハ金色地ハ石目櫻唐草ヲ置ク	水牛角絲及背面ヲ覆フタル金具ハ前ニ同シ	同	水牛角絲金線三條背面ヲ覆フタル金具ハ金色地ハ石目其上部ノミ櫻唐草目釘ノ兩部ニ櫻花ヲ置ク	同	牛角絲眞鍮線一條背面ヲ覆フタル金具ハ眞鍮無地トス	同 但背面ヲ覆フタル金具ヲ鐵トス
鞘	鐵鍍尼結兒トシ第一第二兩箇ノ釣鐶ヲ附ス	同	同 但第二ノ釣鐶ヲ附セス	將官ニ同シ	佐官ニ同シ	鐵釣鐶ヲ附スルヿ將官ニ同シ	同 但第二ノ釣鐶ヲ付セス
形狀	如圖	同	同	同	同	同	同

名稱	劍	帯	刀	
	将官 監督長 軍醫總督	監督 軍醫監 軍醫正 藥劑監 獸醫監 監督補 軍吏 軍醫 藥劑官 獸醫	将官 憲兵歩兵砲兵工兵輜重兵屯田兵 佐官尉官 一等軍樂長	騎兵 佐官尉官
品質	表 将官ハ金線二條緋絹絲線三條ノ筋織 監督長ハ銀線二條花色藍絹絲線三條ノ筋織 軍醫總監ハ銀線二條深緑絹絲線三條ノ筋織 裏 紅革 但軍服用ハ表ヲ黒革トス	表 黒護謨革 裏 佐官相當官ハ紅革 尉官相當官ハ藍革	表 黒護謨革 裏 将官及佐官ハ紅革 尉官及軍樂長ハ藍革	黒護謨革
前金具	金色圓徑一寸三分五厘中央日章ヲ置キ其周圍ハ櫻唐草トス	同	同	
製式	長凡三尺五寸 幅一寸 劍差長サ六寸 締メ輪幅五寸前金具ノ左右ニ各一箇ヲ附ス	同	長凡三尺五寸 幅一寸 釣革長サ第一ノ分八寸第二ノ分二尺二寸ニシテ幅七分其下端茄子鐶ヲ附ス 締メ輪幅五分前金具ノ左右ニ各一箇ヲ附ス 茄子鐶其他金具金色トス	長凡三尺 釣鎖及茄子鐶共長七寸幅七分鍍尼結兒トシビジヨ鐶其他ノ金具ハ金色トス 締メ輪幅五分二箇ヲ附ス
形狀	如圖	同	同	同

明治19年制定「陸軍将校服制」・「陸軍下士以下服制」

	帯		正		
名稱	上等監護 二等軍樂長 憲兵歩兵砲兵工兵輜重兵屯田兵下副官	騎兵下副官	大將 中將 少將 監督長 軍醫總監	佐官 監督 軍醫監 軍醫正 藥劑監 獸醫監	尉官 監督補 軍吏 軍醫 藥劑官 獸醫 一等軍樂長
總	黑單革	同	將官ハ金線 相當官ハ銀線 長サ帯共二寸五分圓徑中央ニテ一寸一分	佐官ハ金線 相當官ハ銀線 長サ帯共二寸五分圓徑中央ニテ九分五厘	尉官 軍樂長ハ金線 相當官ハ銀線 長サ一寸一分圓徑中央ニテ八分
	將官ニ同シ				
緒	將官ニ同シ 但茄子鐶ヲ附セス	佐官ニ同シ 但鎖ニ換ヘ長サ五寸幅七分ノ革ヲ用ヒ其下端ニ茄子鐶ヲ附ス	將官ハ金線 相當官ハ銀線 九打徑一分五厘 長サ三尺二寸ヲ折返シ兩端ヲ合シ 總ヲ附ス 緒締 將官ハ金線 相當官ハ銀線 幅三分五厘圓徑 四分五厘	佐官ハ金線 相當官ハ銀線 九打徑一分五厘 長サ三尺二寸ヲ折返シ兩端ヲ合シ 總ヲ附ス 緒締 佐官ハ金線 相當官ハ銀線 幅三分五厘圓徑 四分四厘	尉官 軍樂長ハ金線 相當官ハ銀線 九打徑一分五厘 長サ三尺二寸ヲ折返シ兩端ヲ合シ 總ヲ附ス 緒締 尉官 軍樂長ハ金線 相當官ハ銀線 幅三分五厘圓徑 四分五厘
形狀	同	同	如圖	同	同

明治19年制定「陸軍将校服制」・「陸軍下士以下服制」

緒	上等監護 二等軍樂長 下副官	黒護謨革 長サ二寸二分圓徑上部下部共ニ五分	黒絹絲丸打徑一分五厘 長サ三尺二寸ヲ折返シ兩端ヲ合シ 總ヲ附ス 緒締黒護謨革幅三分五厘圓徑四分五厘	同
剣緒	將官 監督長 軍醫總監	正緒ニ同シ	黒絹絲丸打徑一分五厘 長サ三尺二寸ヲ折返シ兩端ヲ合シ 總ヲ附ス 緒締正緒ニ同シ	同
	監督 監督補 軍吏 軍醫監 軍醫正 藥劑監 獣醫監 軍醫 藥劑官 獣醫	黒絹絲 長サ一寸五分圓徑中央ニテ八分	同	同
刀緒	將官	正緒ニ同シ	同	同
	佐官 尉官 一等軍樂長	黒護謨革 長サ二寸二分圓徑上部下部共ニ五分	同	同
	上等監護 二等軍樂長 下副官	正緒ニ同シ	正緒ニ同シ	同

陸軍服制中下士以下服制

明治十九年二月二十四日
閣令第十四號

陸軍服制圖例

下士以下着具ノ部

名稱	品質	色別	日章	眼庇	頤紐	縦章 品質	縦章 線幅	縦章 装式	頂上章 品質	頂上章 線幅	頂上章 装式	形狀
第一種帽												
歩兵 騎兵 砲兵 工兵 輜重兵 屯田兵 曹長 軍曹	革	黒 近衛隊ハ中央朱	眞鍮 徑二寸	革 表黒 裏萌黄	黒革 金物眞鍮 ビジヨ鈨黒							如圖
憲兵 曹長 軍曹	上部茜絨 下部天鵞絨	上部緋 下部黒	眞鍮 徑一寸七分	同	黒革 釦眞鍮	蛇腹組 黄毛絲	一分五厘	横章上下部縫際ニ一條ヲ附ス 縦章前後ハ直左右ハ斜ニ各一條ヲ附ス	蛇腹組 黄毛絲	一分五厘	環狀線ノ内ニ五分ヲ離レ星章一個ヲ附ス	同
砲兵監護 工兵監護 騎兵砲兵諸工長同下長 會計書記 看護長 看馬長	絨	紺	同	同	同	同	同	同	同	同	同	同

明治19年制定「陸軍将校服制」・「陸軍下士以下服制」

名稱	軍樂次長 軍樂手	歩兵騎兵砲兵工兵輜重兵屯田兵 兵卒	教導團生徒 校園喇叭卒 建築卒	憲兵卒	樂手補 樂生	會計卒 看護卒 看馬卒 鞍工 銃工 木工 鍛工 蹄鐵工 縫靴工
	第一種帽					
品質	絨	革	同	上部 茜絨 下部 天鵞絨	絨	同
色別	茜	黒 近衛隊ハ中央朱	黒	上部 茜 下部 黒	茜	紺
日章	眞鍮 徑一寸七分	眞鍮 徑二寸	同	眞鍮 徑一寸七分	同	同
眼庇	革 表黒 裏萠黄	同	同	同	同	同
顧紐	黒革 釦眞鍮	黒革 金物眞鍮 ビジヨ鋲黒	同	黒革 釦眞鍮	同	同
縦横章 品質	蛇腹組 黄毛絲			蛇腹組 黄毛絲	同	同
縦横章 線幅	一分五厘			一分五厘	同	同
縦横章 装式	横章 上下部縫際ニ一條ヲ附ス 縦章 前後ハ直左右ハ斜ニ各一條ヲ附ス			横章 上下部縫際ニ一條ヲ附ス 縦章 前後ハ直左右ハ斜ニ各一條ヲ附ス	同	同
項上章 品質	蛇腹組 黄毛絲			蛇腹組 黄毛絲	同	同
項上章 線幅	一分五厘			一分五厘	同	同
項上章 装式	環状線ノ内ニ五分離レ星章一個ヲ附ス			環状線ノ内ヲ五分ヲ離レ星章一個ヲ附ス	同	同
形状	如圖	同	同	同	同	同

明治19年制定「陸軍将校服制」・「陸軍下士以下服制」

前立

名稱	憲兵 步兵 騎兵 砲兵 工兵 輜重兵 屯田兵：曹長 軍曹 兵卒
	砲兵監護 工兵 騎兵諸工長同下長 砲兵 會計書記 看護長 看馬長 軍樂次長 軍樂手 樂手補 樂生 教導團生徒 校團喇叺卒 建築卒 會計卒 看護卒 看馬卒 諸職工
品質	熊毛
製式	上部 白 高サ二寸五分 下部 緋 高サ二寸二分 金物 眞鍮
形狀	如圖

第二種帽

名稱		步兵 騎兵 砲兵 工兵 輜重兵 屯田兵：曹長 軍曹
品質		絨
色別		紺
星章		眞鍮 中心ヨリ尖頭マテ五分
眼庇		黒革
顎紐		黒革 眞鍮釦
横章	品質	黄絨 近衛隊ハ緋
	線幅	大線一寸四分 頂端線一分五厘
	装式	頂端線ハ喰出シニ附ス
形狀		如圖

明治19年制定「陸軍将校服制」・「陸軍下士以下服制」

第二種帽

名稱	品質	色別	星章	眼庇	顋紐	横章 品質	横章 線幅	横章 装式	形状
砲兵監護 工兵 騎兵諸工長 砲兵同下長	絨	紺	眞鍮 中心ヨリ尖頭マテ五分	黒革	黒革 釦眞鍮	黄絨	大線一寸四分 頂端線一分五厘	頂端線ハ喰出シニ附ス	如圖
會計書記	同	同	同	同	同	花色藍絨	同	同	同
看護長 看馬長	同	同	同	同	同	深緑絨	同	同	同
歩騎砲工輜重屯田兵 兵卒	同	同	同	同	同	黄絨 近衛隊ハ緋絨	同	同	同
士官生徒 幼年生徒	同	同	同	同	同	紺絨	同	同	同
教導團生徒 校團喇叭卒 建築卒 調馬卒 體操卒 監的卒 輜重輸卒 鞍銃木鍛工 蹄鐵工 諸工生徒	同	同	同	同	同	黄絨	同	同	同
會計卒 縫靴工	同	同	同	同	同	花色藍絨	同	同	同
看護卒 看馬卒	同	同	同	同	同	深緑絨	同	同	同

明治19年制定「陸軍将校服制」・「陸軍下士以下服制」

名稱	衣	
名稱	憲兵 歩兵 砲兵 工兵 輜重兵 屯田兵 曹長 一二等軍曹	騎兵 曹長 一二等軍曹
品質	絨	同
色別	紺	同
釦	赫銅 大徑八分 小徑五分五厘 胸部ノ五個ヲ大トシ肩章及劍留ノ三個ヲ小トス	赫銅 大徑八分 小徑五分五厘 袗裂ノ二個ヲ大トシ肩章ノ二個ヲ小トス
襟章	憲兵 茜絨 歩兵 屯田兵 } 緋絨 砲兵 黄絨 工兵 鳶絨 輜重兵 藍絨	萌黄絨
袖章 品質	平織金線 黄絨 憲兵ハ茜絨近衛隊ハ緋絨	同
袖章 線幅	金線二分 大線八分 小線二分	同
袖章 裝式	金線大線ハ各一條小線ハ曹長三條一等軍曹二條二等軍曹一條ヲ袖口ヨリ二寸ヲ上リ表半面ニ附着シ各間隙ヲ一分トシ金線ハ大線ニ密着ス	同
肩章	憲兵 茜絨 歩兵 屯田兵 } 緋絨 砲兵 黄絨 工兵 鳶絨 輜重兵 藍絨 記號 白絨	黄毛絲組紐 近衛隊ハ緋毛絲組紐 記號 眞鍮
製式	長 臏骨上端ヨリ下ルヿ四寸 全襟幅一寸四分 袖長 腕關節ニ止ル 肩章幅二寸 兩脇ノ下端ヲ裂クヿ四寸 物入 左胸部ノ裏面ニ一個ヲ附ス但工兵ニ限リ右胸部ニ尚ホ一個ヲ附ス 近衛隊ハ襟同色絨ヲ以テ縁邊及劍留共玉縁ヲ附ス	長 臏骨上端ヨリ下ルヿ三寸五分 全襟幅 一寸四分 袖長 腕關節ニ止ル 上下部縫際ハ臏骨上端ヨリ上ルヿ一寸 全縁邊及胸部背部ノ飾紐ハ總テ三分幅蛇腹組黄毛絲近衛隊ハ蛇腹組緋毛絲トス 物入 左胸部ノ裏面ニ一個ヲ附ス
形狀	如圖	同

明治19年制定「陸軍将校服制」・「陸軍下士以下服制」

名稱	品質	色別	釦	襟章	袖章 品質	袖章 線幅	袖章 裝式	肩章	製式	形状
砲兵工兵監護 騎兵砲兵諸工長同下長	絨	紺	赫銅 大徑八分 小徑五分五厘 胸部ノ五個ヲ大トシ肩章及劍留ノ三個ヲ小トス	騎兵科萌黄絨 砲兵科黄絨 工兵科鴬絨	平織金線 黄絨	金渡二分 大線八分 小線二分	金線大線ハ各一條小線ハ曹長同等三條一等軍曹同等二條二等軍曹同等一條ヲ袖口ヨリ一寸五分ヲ上リ表半面突起狀ニ附シ各間隙ヲ一分トシ金線ハ大線ニ密着ス	騎兵科萌黄絨 砲兵科黄絨 工兵科鴬絨	長 臆骨上端ヨリ下ルヿ四寸 全襟幅一寸四分 袖長 腕關節ニ止ル 肩章幅二寸 兩脇ノ下端ヲ裂クヿ四寸 物入 左胸部ノ裏面ニ一個ヲ附ス	如圖
會計一等二等三等書記	同	同	同		平織銀線 花色藍絨	同	銀線大線ハ各一條小線ハ一等三條二等二條三等一條ヲ袖口ヨリ二寸上リ表半面ニ附着シ各間隙一分トシ銀線ハ大線ニ密着ス	花色藍絨	同	同
一等二等看護長 一等二等三等看馬長	同	同	同		平織銀線 深緑絨	同	同	深緑要 蛇杖花葉白絨	同	同
軍樂次長	同	同	赫銅 大徑八分 小徑五分五厘 胸部及後裂ノ七個ヲ大トシ肩章及劍畏ノ三個ヲ小トス	茜絨 樂器眞鍮	平織金線 紺青絨	同	金線大線ハ各一條小線ハ軍樂次長三條一等軍樂手二條二等軍樂手一條ヲ袖口絨ノ上端ヨリ下ヘ周環ニ附ス各間隙ヲ一分トシ金線ハ大線ニ密着ス	茜絨	長 臆骨上端ヨリ下ルヿ六寸 全襟幅一寸四分 袖長 腕關節ニ止ル 袖口深サ四寸 肩章幅二寸 樂器 襟ノ兩端上方ニ向ケ各一個ヲ斜ニ附ス 上下部縫際ハ臆骨上端ヨリ上ルヿ五分 物入 左胸部ノ裏面ニ一個ヲ附ス	同
一等二等軍樂手	同	同	同	同	袖口茜絨	同	同	玉縁紺青絨	同	同

明治19年制定「陸軍将校服制」・「陸軍下士以下服制」

衣

憲兵	歩兵 砲兵 工兵 輜重兵 屯田兵	騎兵
兵卒	上等兵 一二等卒	上等兵 一二等卒
同	同	同
同	同	同
赫銅 大徑八分 小徑五分五厘 胸部ノ五個ヲ大トシ肩章及劔留ノ三個ヲ小トス	同	赫銅 大徑八分 小徑五分五厘 後裂ノ二個ヲ大トシ肩章ノ二個ヲ小トス
茜絨	歩兵 屯田兵 緋絨 砲兵 黄絨 工兵 鳶絨 輜重兵 藍絨	萌黄絨
茜絨	黄絨 近衛隊ハ緋絨	同
八分	二分	同
一條袖口ヨリ二寸ヲ上リ表半面ニ附着ス	上等兵三條一等卒二條二等卒一條ヲ袖口ヨリ二寸ヲ上リ表半面ニ附着ス各間隙ヲ一分トス	同
茜絨	歩兵 屯田兵 緋絨 砲兵 黄絨 工兵 鳶絨 輜重兵 藍絨 記號 白絨 一年志願兵縁邊ニ黒白毛ノ纓絲ヲ附ス	黄毛絲組紐 近衛隊ハ緋毛絲組紐 記號 眞鍮
長 臆骨上端ヨリ下ルヿ四寸 全襟幅 一寸四分 袖長 腕關節ニ止ル 肩章幅 二寸 兩脇ノ下端ヲ裂クヿ四寸 物入 左胸部ノ裏面ニ一個ヲ附ス	長 臆骨上端ヨリ下ルヿ四寸 全襟幅 一寸四分 袖長 腕關節ニ上ル 肩章幅 二寸 兩脇ノ下端ヲ裂クヿ四寸 物入 左胸部ノ裏面ニ一個ヲ附ス 近衛隊ハ襟同色絨ヲ以テ縁邊及劔留共玉縁ヲ附ス	長 臆骨上端ヨリ下ルヿ三寸五分 全襟幅 一寸四分 袖長 腕關節ニ止ル 上下部縫際ハ臆骨上端ヨリ上ルヿ一寸全縁邊及胸部背部ノ飾紐ハ總テ三分幅蛇腹組黄毛絲近衛隊ハ蛇腹組緋毛絲トス 物入 左胸部ノ裏面ニ一個ヲ附ス
同	同	同

名称	士官生徒 幼年生徒	教導團 歩兵科生徒 砲兵科生徒 工兵科生徒	教導團 騎兵科生徒
品質	絨	同	同
色別	紺	同	同
釦	赫銅 大徑八分 小徑五分五厘 胸部ノ五個ヲ大トシ肩章及劍留ノ三個ヲ小トス	同	赫銅 大徑八分 小徑五分五厘 後裂ノ二個ヲ大トシ肩章ノ二個ヲ小トス
襟章		歩兵科 緋絨 砲兵科 黄絨 工兵科 鳶絨	萌黄絨
袖章 品質	士官生徒 緋絨 幼年生徒 黄絨		
袖章 線幅	一分		
袖章 装式	鏑ニ沿フテ表半面喰出シニ附ス		
肩章	紺絨 玉縁 士官生徒緋絨 幼年生徒黄絨	歩兵科 緋絨 砲兵科 黄絨 工兵科 鳶絨	萌黄絨
製式	長臗骨上端ヨリ下ルコト四寸 全襟幅一寸四分 袖長腕關節ニ止ル 鏑袖口ヨリ尖頭ニ至ル四寸兩脚ハ二寸 肩章幅二寸 兩脇ノ下端ヲ裂クコト四寸 物入左胸部ノ裏面ニ一個ヲ附ス	長臗骨上端ヨリ下ルコト四寸 全襟幅一寸四寸 袖長腕關節ニ止ル 肩章幅二寸 兩脇ノ下端ヲ裂クコト四寸 物入左胸部ノ裏面ニ一個ヲ附ス 但工兵科ニ限リ右胸部ニ尚一個ヲ附ス	長臗骨上端ヨリ下ルコト三寸五分 全襟幅一寸四分 袖長腕關節ニ止ル 上下部縫際ハ臗骨上端ヨリ上ルコト一寸 全縁邊及胸部背部ノ飾紐ハ總テ三分幅蛇腹組黄毛絲 物入左胸部ノ裏面ニ一個ヲ附ス
形状	如圖	同	同

明治19年制定「陸軍将校服制」・「陸軍下士以下服制」

衣

樂手補 樂生	會計卒	一等看護卒 二等看護卒	一等看馬卒 二等看馬卒	上等調馬卒	一等調馬卒 二等調馬卒
同	同	同		同	
同	同	同		同	
赫銅 大徑八分 小徑五分五厘 胸部及後裂ノ七個ヲ大トシ肩章各劍留ノ三個ヲ小トス	赫銅 大徑八分 小徑五分五厘 胸部ノ五個ヲ大トシ肩章及劍留ノ三個ヲ小トス	同		同	
茜絨 樂器眞鍮				萌黄絨	
紺青絨 袖口茜絨	花色藍絨	深綠絨		黄絨	
六分 四分	四分	二分		同	
樂手補六分樂生四分一條ヲ袖口絨ノ上端ヨリ下ヘ周環ニ附ス	一條ヲ袖口ヨリ二寸ヲ上リ表半面ニ附着ス	一等二條二等一條ヲ袖口ヨリ二寸ヲ上リ表半面ニ附着ス各間隙ヲ一分トス		上等三條一等二條二等一條ヲ袖口ヨリ二寸ヲ上リ表半面ニ附着ス各間隙ヲ一寸トス	
茜絨 玉緣紺青絨	花色藍絨	深綠絨	蛇杖花葉白絨	萌黄絨	
長臏骨上端ヨリ下ルヿ六寸 全襟幅一寸四分 袖長腕關節ニ止ル 肩章幅二寸 樂器襟ノ兩端上方ニ向ケ各一個ヲ斜ニ附ス 袖口深サ二寸五分 上下部縫際ハ臏骨上端ヨリ上ルヿ五分 物入左胸部ノ裏面ニ一個ヲ附ス	長臏骨上端ヨリ下ルヿ四寸 全襟幅一寸四分 袖長腕關節ニ止ル 肩章幅二寸 兩脇ノ下端ヲ裂クヿ四寸 物入左胸部ノ裏面ニ一個ヲ附ス	同		同	
同	同	同		同	

明治19年制定「陸軍将校服制」・「陸軍下士以下服制」

衣

名稱	一二等建築卒	一二等體操卒 一二等監的卒	校團歩砲工兵科 一二等喇叭卒	校團騎兵科 一二等喇叭卒
品質	絨	同	同	同
色別	紺	同	同	同
釦	赫銅 大徑八分五厘 小徑五分 胸部ノ五個ヲ大トシ肩章及劍留ノ三個ヲ小トス	同	同	赫銅 大徑八分 小徑五寸五分 後裂ノ二個ヲ大トシ肩章ノ二個小トス
襟章	鳶絨	緋絨	歩兵科 緋絨 砲兵科 黄絨 工兵科 鳶絨	萌黄絨
袖章 品質	黄絨	同	同	同
袖章 線幅	二分	同	同	同
袖章 裝式	一等二條二等一條ヲ袖口ヨリ二寸ヲ上リ表半面ニ附着シ各間隙ヲ一分トス	同	同	同
肩章	鳶絨	緋絨	歩兵科 緋絨 砲兵科 黄絨 工兵科 鳶絨	萌黄絨
製式	長 腕骨上端ヨリ下ルコト四寸 全襟幅 一寸四分 袖長 腕關節ニ止ル 肩章幅二寸 兩脇ノ下端ヲ裂クコト四寸 物入 左胸部ノ裏面ニ一個ヲ附ス	同	同	長 腕骨上端ヨリ下ルコト三寸五分 全襟幅 一寸四分 袖長 腕關節ニ止ル 上下部縫際ハ腕骨上端ヨリ上ルコト一寸 全縁邊及胸部背部ノ蛇腹飾紐ハ總テ三分幅組黄毛絲 物入 左胸部ノ裏面ニ一個ヲ付ス
形狀	如圖	同	同	同

明治19年制定「陸軍将校服制」・「陸軍下士以下服制」

鞍銃木鍛工	一二等蹄鐵工	縫靴工	火鞍銃木鍛工生徒	蹄鐵工生徒
同	同	同	同	同
同	同	同	同	同
赫銅 大徑八分 小徑五分五厘 胸部ノ五個ヲ大トシ肩章及劍留ノ三個ヲ小トス	同	同	同	同
黄絨	萠黄絨		黄絨	萠黄絨
同	同	花色藍絨		
四分	二分	四分		
一條ヲ袖口ヨリ一寸五分ヲ上リ表半面突起狀ニ附ス	一等二條二等一條ヲ袖口ヨリ一寸五分ヲ上リ表半面突起狀ニ附ス各間隙ヲ一分トス	一條ヲ袖口ヨリ一寸五分ヲ上リ表半面突起狀ニ附ス		
黄絨	萠黄絨	花色藍絨	黄絨	萠黄絨
長 膸骨上端ヨリ下ルコト四寸 全襟幅 一寸四分 袖長 腕關節ニ止ル 肩章幅 二寸 兩脇ノ下線ヲ裂クコト四寸 物入 左胸部ノ裏面ニ一個ヲ附ス	同	同	同	同
同	同	同	同	同

名	袴	
	歩兵 砲兵 工兵 輜重兵	憲兵
稱	曹長 軍曹	曹長 軍曹
品質	同	絨
色別	紺	茜
側章	歩兵緋絨 砲兵黄絨 工兵鳶絨 輜重兵藍絨 幅五分	黒絨 幅五分
製式	同	靴踵ノ上際ニ止ル 物入兩股各一個ヲ附ス
形狀	同	如圖

明治19年制定「陸軍将校服制」・「陸軍下士以下服制」

名稱	品質	色別	側章	製式	形狀
騎兵 曹長 軍曹	絨	茜	萌黄絨 幅五分	長 踝上ニ止ル 裾口ヲ裂クヿ五寸之ニ角釦各二個ヲ附ス 物入 兩股各一個ヲ附シ切隠トス	如圖
屯田兵 曹長 軍曹	同	藍霜降	緋絨 幅五分	長 靴踵ノ上際ニ止ル 物入 兩股各一個ヲ附ス	同
砲兵工兵看護 騎兵砲兵諸工長同下長	同	紺	騎兵科萌黄絨 砲兵科黄絨 工兵科鳶絨 幅五分	同	同
會計書記	同	同	花色藍絨 幅一分	長 靴踵ノ上際ニ止ル 章喰出シニ附ス 物入 兩股各一個ヲ附ス	同
看護長 看馬長	同	同	深緑絨 幅一分	同	同
軍樂次長 軍樂手	同	茜	紺青絨 幅五分	長 靴踵ノ上際ニ止ル 物入 兩股各一個ヲ附ス	同
憲兵 兵卒	同	茜	黒絨 幅五分	同	同
歩兵砲兵工兵輜重兵 兵卒	同	紺	歩兵緋絨 砲兵黄絨 工兵鳶絨 輜重兵藍絨 幅五分	同	同
騎兵 兵卒	同	茜	萌黄幅 幅五分	長 踝上ニ止ル 裾口ヲ裂クヿ五寸之ニ角釦各二個ヲ附ス 物入 兩股各一個ヲ附シ切隠トス	同

明治19年制定「陸軍将校服制」・「陸軍下士以下服制」

袴

屯田兵兵卒	士官生徒 幼年生徒	教導團 歩兵科生徒 砲兵科生徒 工兵科生徒	教導團 騎兵科生徒	樂手補 樂生	會計卒	看護卒 看馬卒	調馬卒	建築卒
同	同	同	同	同	同	同	同	同
藍霜降	紺	同	茜	同	紺	同	同	同
緋絨 幅五分	士官生徒 緋絨 幼年生徒 黄絨 幅一分	歩兵科 緋絨 砲兵科 黄絨 工兵科 鳶絨 幅五分	萌黄絨 幅五分	紺青絨 幅五分	花色藍絨 幅一分	深緑絨 幅一分	萌黄絨 幅五分	鳶絨 幅五分
長 靴踵ノ上際ニ止ル 物入 両股各一個ヲ附ス	長 靴踵ノ上際ニ止ル 章 喰出シニ附ス 物入 両股各一個ヲ附ス	長 靴踵ノ上際ニ止ル 物入 両股各一個ヲ附ス	長 髁上ニ止ル 裾口ヲ裂クヿ五寸之ニ角釦各二個ヲ附ス 物入 両股各一個ヲ附シ切隠トス	長 靴踵ノ上際ニ止ル 物入 両股各一個ヲ附ス	長 靴踵ノ上際ニ止ル 章 喰出シニ附ス 物入 両股各一個ヲ附ス	同	長 髁上ニ止ル 裾口ヲ裂クヿ五寸之ニ角釦各二個ヲ附ス 物入 両股各一個ヲ附シ切隠トス	長 靴踵ノ上際ニ止ル 物入 両股各一個ヲ附ス
同	同	同	同	同	同	同	同	同

名稱	品質	色別	側章	製式	形狀
袴					
體操卒 監的卒	絨	紺	緋絨 幅五分	長 靴踵ノ上際ニ止ル 物入 兩股各一個ヲ附ス	如圖
校園歩砲工兵科喇叭卒	同	同	歩兵科緋絨 砲兵科黄絨 工兵科鳶絨 幅五分	同	同
校園騎兵科喇叭卒	同	茜	萠黄絨 幅五分	長 髁上ニ止ル 袴口ヲ裂クコト五寸之ニ角釦各二個ヲ附ス 物入 兩股各一個ヲ附シ切隱トス	同
鞍銃木鍛工	同	紺	黄絨 幅五分	長 靴踵ノ上際ニ止ル 物入 兩股各一個ヲ附ス	同
蹄鐵工	同	同	萠黄絨 幅五分	同	同
縫靴工	同	同	花色藍絨 幅一分	長 靴喰ノ上際ニ止ル 章 喰出シニ附ス 物入 兩股各一個ヲ附ス	同
火鞍銃木鍛工生徒	同	同	黄絨 幅五分	長 靴踵ノ上際ニ止ル 物入 兩股各一個ヲ附ス	同
蹄鐵工生徒	同	同	萠黄絨 幅五分	同	同

明治19年制定「陸軍将校服制」・「陸軍下士以下服制」

夏

名稱	品質	袖章	製式	状
憲兵 歩兵 騎兵 砲兵 工兵 輜重兵 屯田兵 曹　憲 軍　曹 / 砲兵 工兵 監護 / 騎兵 砲兵 諸工長同下長	雲齋	黄本呉呂 憲兵及近衛隊ハ緋本呉呂トス	長 臗骨上端ヨリ下ルヿ二寸 襟幅 一寸二分 袖長 腕關節ニ止ル 鏑 袖口ヨリ尖頭ニ至ル四寸兩脚ハ二寸之ニ沿フテ表半面一分幅喰出シノ章ヲ附ス 物入 左胸部ノ裏面ニ一個ヲ附ス但工兵曹長軍曹ニ眼リ之ヲ表面ニ附シ尚ホ右胸部ノ裏面ニ一個ヲ附ス	如
會計書記	同	花色藍本呉呂	長 臗骨上端ヨリ下ルヿ二寸 襟幅 一寸二分 袖長 腕關節ニ止ル 鏑 袖口ヨリ尖頭ニ至ル四寸兩脚ハ二寸之ニ沿フテ表半面一分幅喰出シノ章ヲ附ス 物入 左胸部ノ裏面ニ一個ヲ附ス	同
看護長 看馬長	同	深緑本呉呂	同	同
軍樂次長 軍樂手	同	紺青本呉呂	同	同
憲兵 歩兵 騎兵 砲兵 工兵 輜重兵 屯田兵 兵卒				
士官生徒 幼年生徒 教導團生徒			長 臗骨上端ヨリ下ルヿ二寸	

明治19年制定「陸軍将校服制」・「陸軍下士以下服制」

名稱	衣 樂手補、樂生、會計卒、看護卒、看馬卒、建築卒、調馬卒、校喇叭卒、體操卒、監的卒、輜重輸卒、諸職工、諸工生徒	夏 憲兵、步兵、砲兵、工兵、輜重兵、屯田兵 曹長、軍曹、兵卒 砲兵監護、工兵、騎兵、砲兵諸工長同下長、會計書記、看護長、看馬長、軍樂次長、軍樂手、士官生徒、幼年生徒、教導團步砲工兵科生徒、樂手補、樂生、會計卒、看護卒
品質	同	雲齋
製式	襟幅　一寸二分 袖長　腕關節ニ止ル 鏥　袖口ヨリ尖頭ニ至ル四寸兩脚ハ二寸 物入　左胸部ノ裏面ニ一個ヲ附ス	長　靴踵ノ上際ニ止ル 物入　兩股各一個ヲ附ス
形狀	同	如圖

明治19年制定「陸軍将校服制」・「陸軍下士以下服制」

名稱	袴 看馬卒・建築卒・校團步砲工兵科喇叭卒・體操卒・監的卒・輜重輸卒・諸職工・諸工生徒	袴 騎兵 曹長・軍曹・兵卒	袴 教導團騎兵科生徒・校團騎兵科喇叭卒・調馬卒	日覆 下士卒・諸生徒・諸職工	外套 騎兵・砲兵・輜重兵 曹長・軍曹	外套 步兵・工兵・屯田兵 曹長・軍曹
品質					絨	同
色別		同		同	紺	同
釦					黑角 大徑八分 小徑五分五厘 胸部及襟收紐ノ十三個ヲ大トシ後裂及覆面ノ五個ヲ小トス	黑角 大徑八分 小徑五分五厘 胸部及側部ノ七個ヲ大トシ後裂及覆面ノ二個ヲ小トス
袖章 品質					黃毛縁 近衛隊ハ緋毛縁	同
袖章 線幅					二分	同
製式		長 髁上ニ止ル 裾口ヲ裂クヿ五寸之ニ角釦各二個ヲ附ス 物入 兩股各一個ヲ附シ切隱トス		憲兵及軍樂部下士卒ハ第一種帽ニ其他下士以下ハ第二種帽ニ適合ノ裁縫トス	長 靴踵ノ上際ヲ距ルヿ大約八寸 襟幅 二寸 袖長 腕關節ヲ延ルヿ一寸五分 章 袖口ヨリ四寸ヲ上リ周環ニ附ス 物入 前面ノ左右各一個ヲ附ス	同
形狀		同		同	如圖	同

明治19年制定「陸軍将校服制」・「陸軍下士以下服制」

名稱	外套 砲兵工兵監護・砲兵騎兵諸工長同下長	外套 會計書記	外套 看護長・看馬長	外套 軍樂次長・軍樂手
品質	絨	同	同	同
色別	紺	同	同	同
釦	黒角 大徑八分 小徑五分五厘 胸部及側部ノ七個ヲ大トシ後裂及覆面ノ二個ヲ小トス	同	同	同
袖章 品質	黄毛縁	花色藍毛縁	深緑毛縁	紺青毛縁
袖章 線幅	二分	同	同	同
製式	長 靴踵ノ上際ヲ距ルヿ大約八寸 襟幅 二寸 袖長 腕關節ヲ延ルヿ一寸五分 章 袖口ヨリ四寸ヲ上リ周環ニ附ス 物入 前面ノ左右各一個ヲ附ス	同	同	同
形狀	如圖	同	同	同

名稱	外套 騎兵砲兵輜重兵 兵卒	外套 士官生徒・教導團騎砲兵科生徒・校團騎砲兵科喇叭卒・調馬卒	外套 步兵工兵屯田兵 兵卒	外套 幼年生徒・教導團步工兵科生徒・校團步工分科喇叭卒
品質	絨			
色別	紺			
釦	黒角 大徑八分 小徑五分五厘 胸部及緊收紐ノ十三個ヲ大トシ後裂及覆面ノ五個ヲ小トス			黒角
製式	長 靴踵ノ上際ヲ距ルヿ大約八寸 袖長 腕關節ヲ延ルヿ一寸五分 物入 前面ノ左右各一個ヲ附ス			
形狀	如圖			

明治19年制定「陸軍将校服制」・「陸軍下士以下服制」

名稱	品質	色別	釦	袖章 品質	袖章 線幅	製式	形狀
套 會計卒 看護卒 看馬卒 樂手補 樂生 建築卒 體操卒 監的卒 輜重輪卒 諸職工 諸工生徒	同	同	大徑八分 小徑五分五厘 胸部及側部ノ七個ヲ大トシ後裂及覆面ノ二個ヲ小トス			同	同
外套 憲兵 曹長	絨	紺	黑角 大徑八分 小徑五分五厘 胸部及緊收紐ノ十三個ヲ大トシ襟後裂及覆面ノ十個ヲ小トス	緋毛縁	一寸	長 靴踵ノ上際ヲ距ルヿ大約八寸 襟幅 二寸 袖長 腕關節ヲ延ルヿ一寸五分 章 突起狀ハ袖口ヨリ尖頭下端四寸兩脚下端二寸ヲ距テ附ス 物入 前面ノ左右各一個ヲ附ス	如圖
外套 憲兵 軍曹				黃毛縁	二分		
外套 憲兵 兵卒	同	同	同	緋毛縁	一分	同	同
雨覆 憲兵 曹長 軍曹 兵卒	同	同	黑角 小徑五分五厘 前部二個ヲ附ス			襟個 一寸八分 長 前面ハ襟下ヨリ一尺六寸背面ハ一尺八寸二分トス	同

明治19年制定「陸軍将校服制」・「陸軍下士以下服制」

陸軍將校服制圖第一

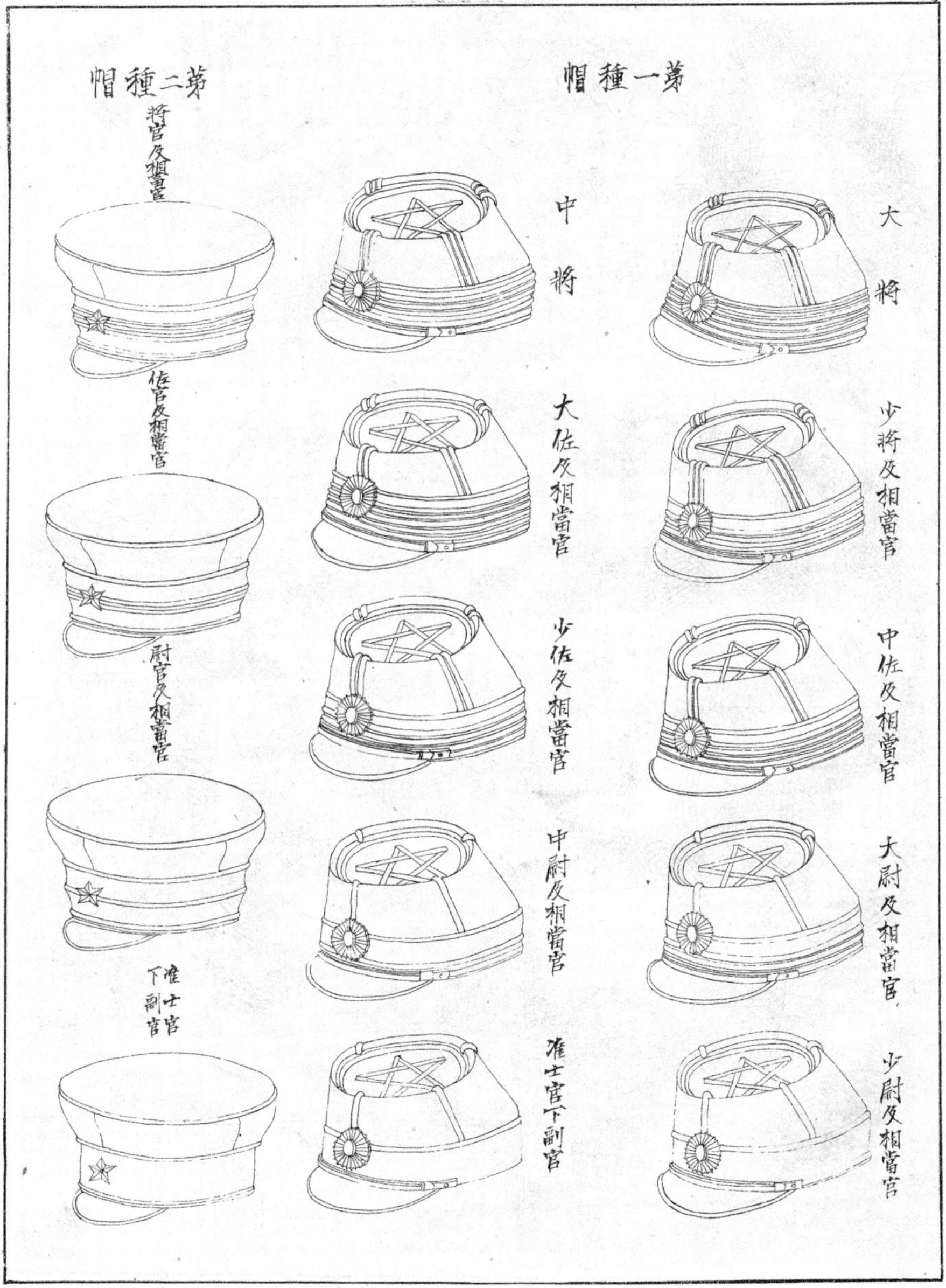

明治19年制定の「陸軍将校服制」

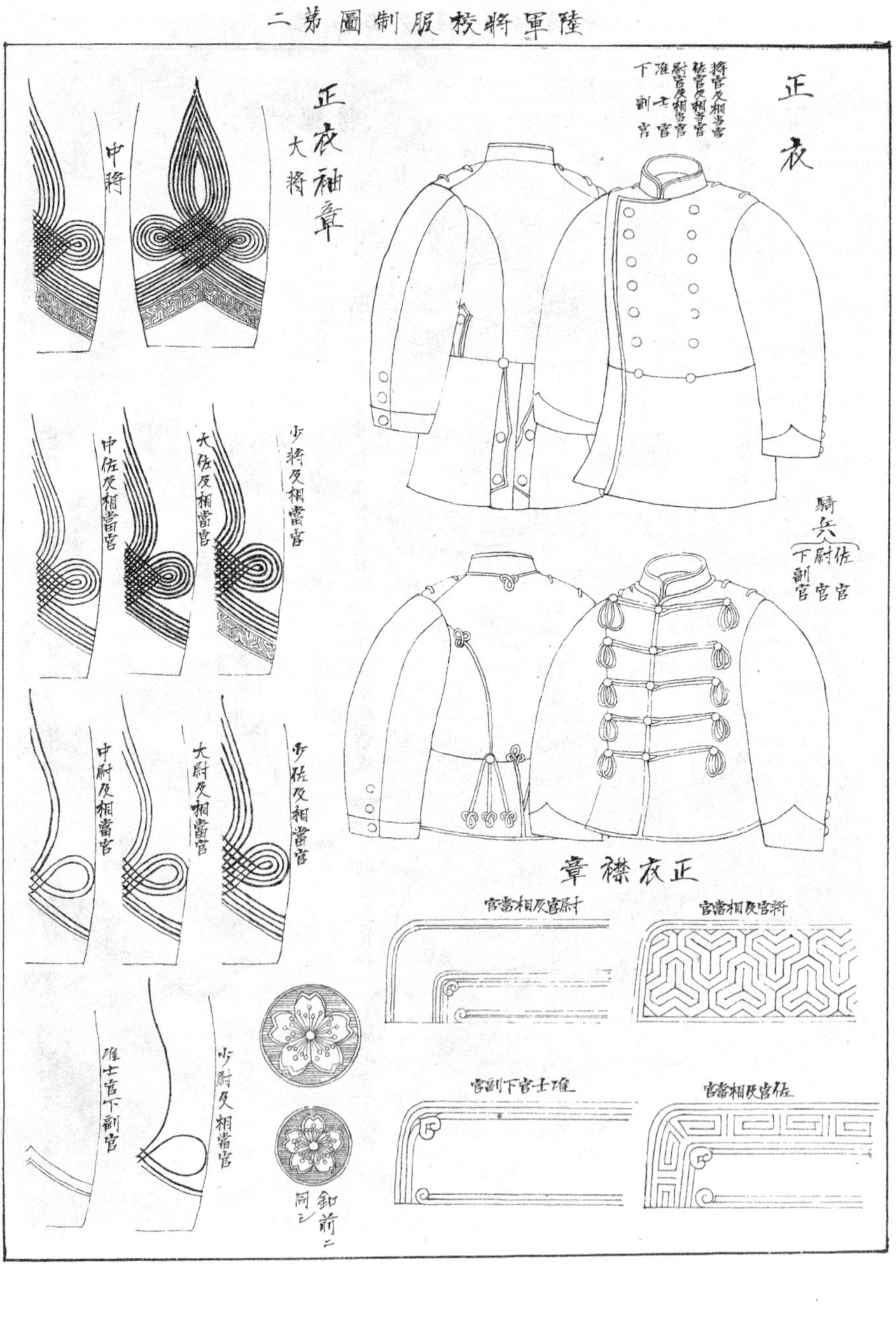

明治19年制定の「陸軍将校服制」

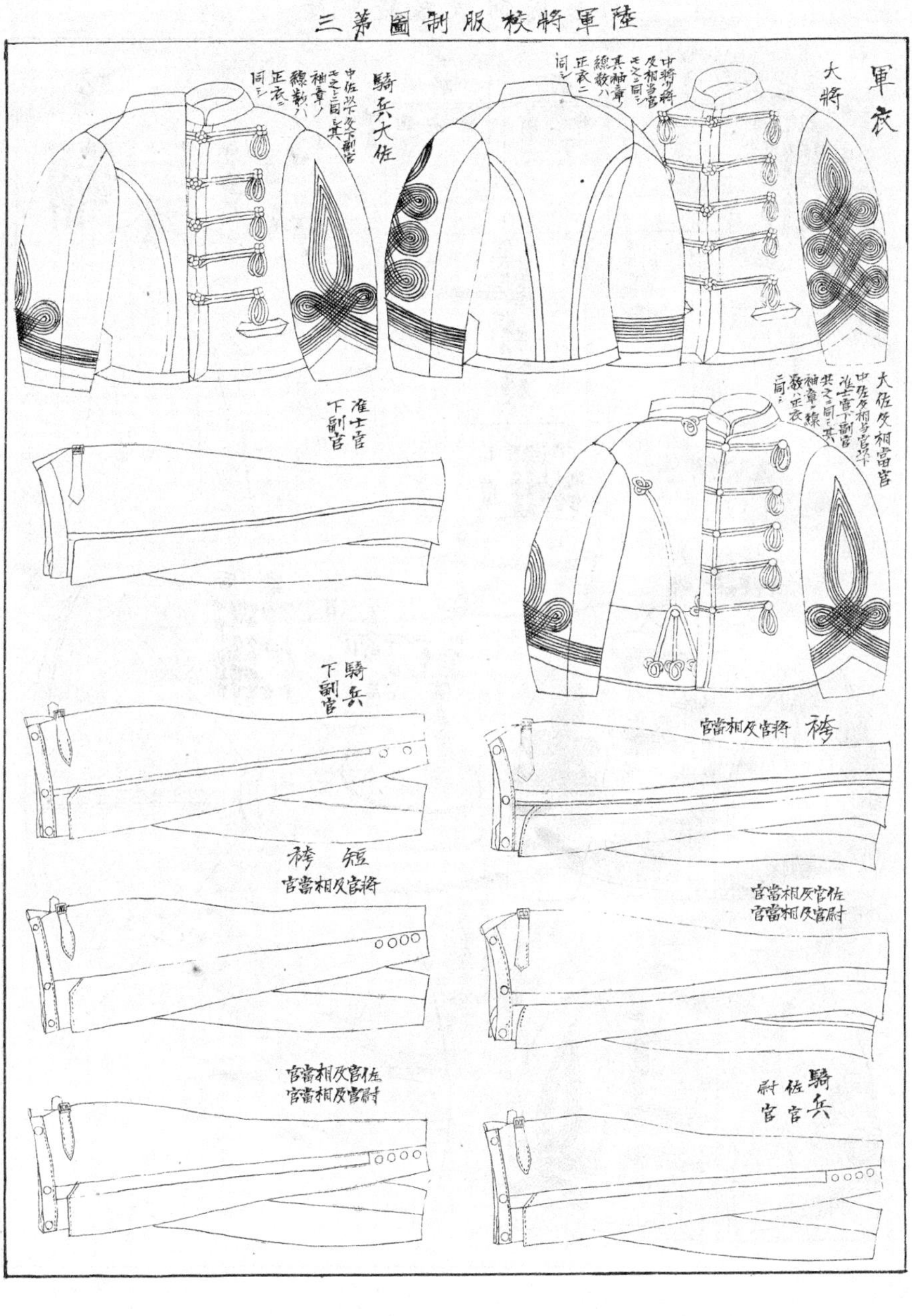

明治19年制定の「陸軍将校服制」

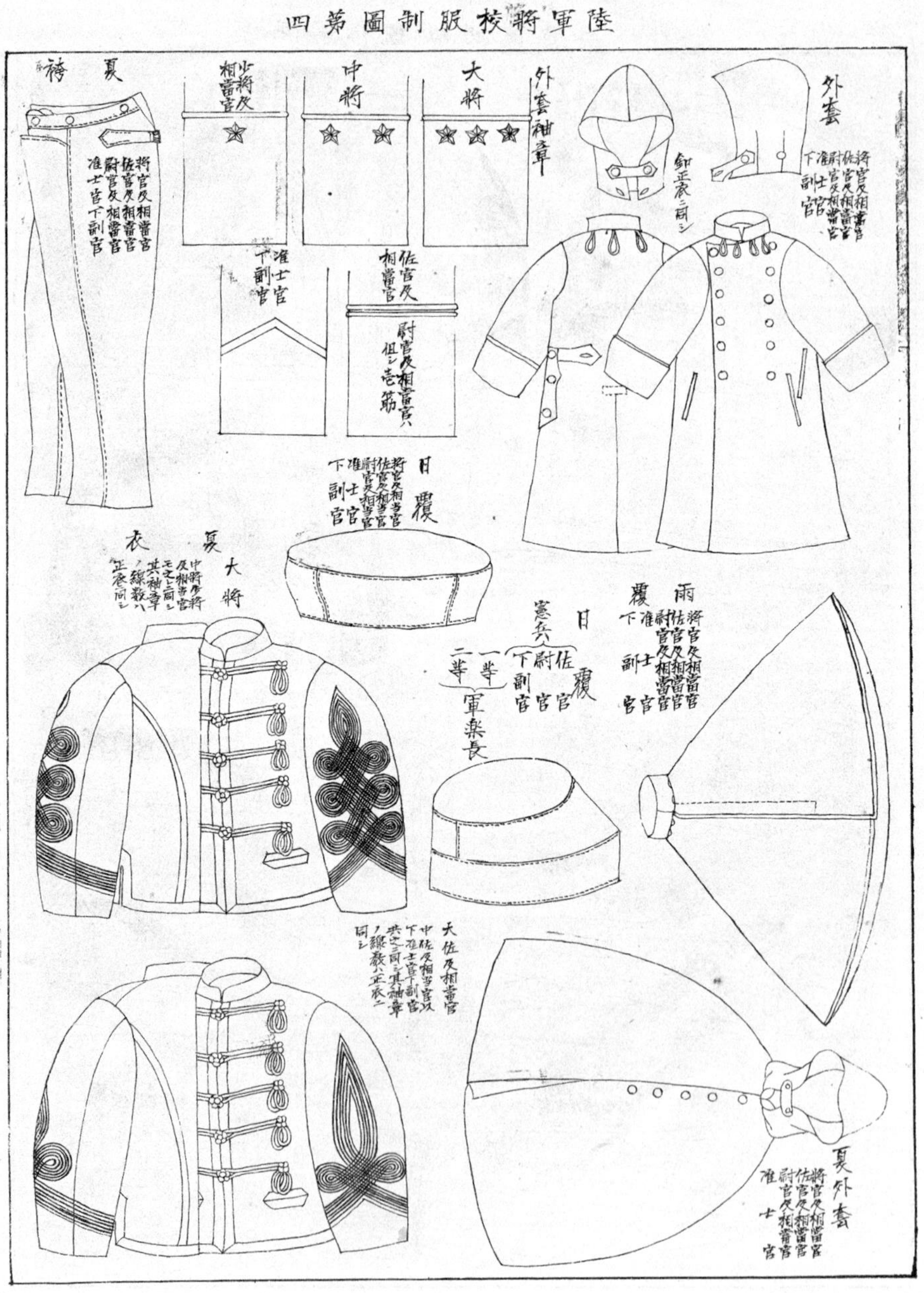

明治19年制定の「陸軍将校服制」

陸軍將校服制圖第五

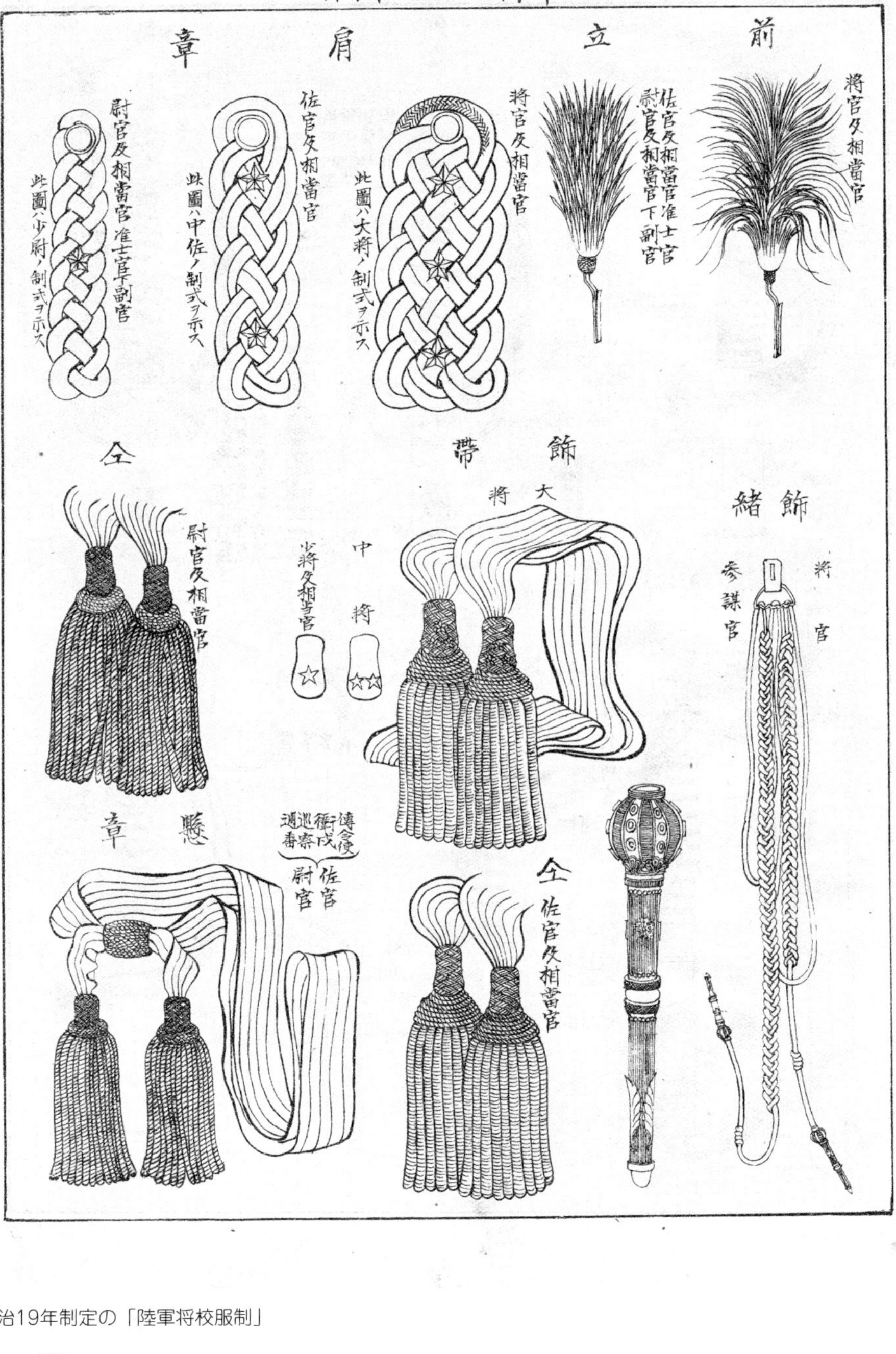

明治19年制定の「陸軍将校服制」

陸軍將校服制圖第六

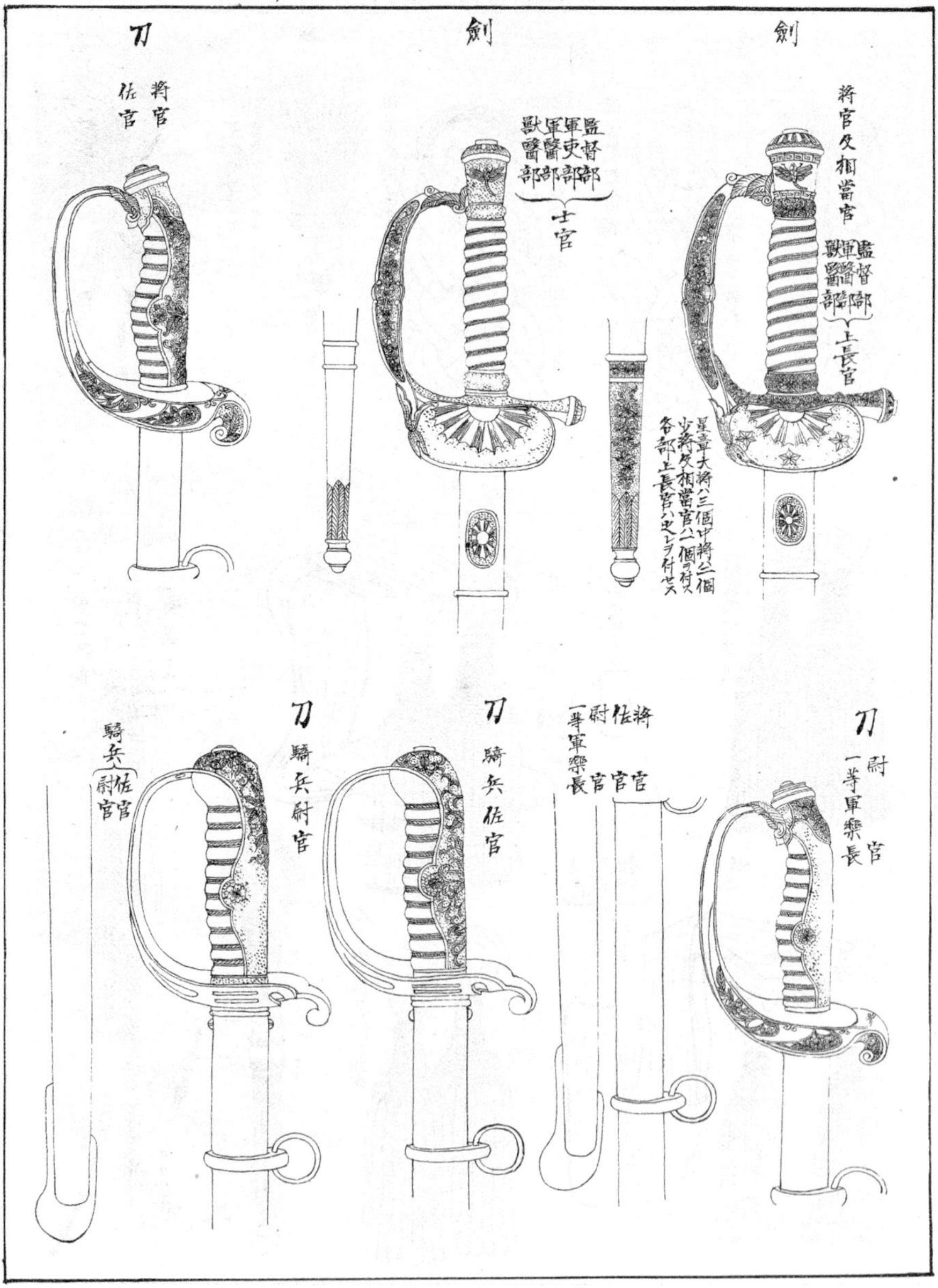

明治19年制定の「陸軍将校服制」

陸軍將校服制圖第七

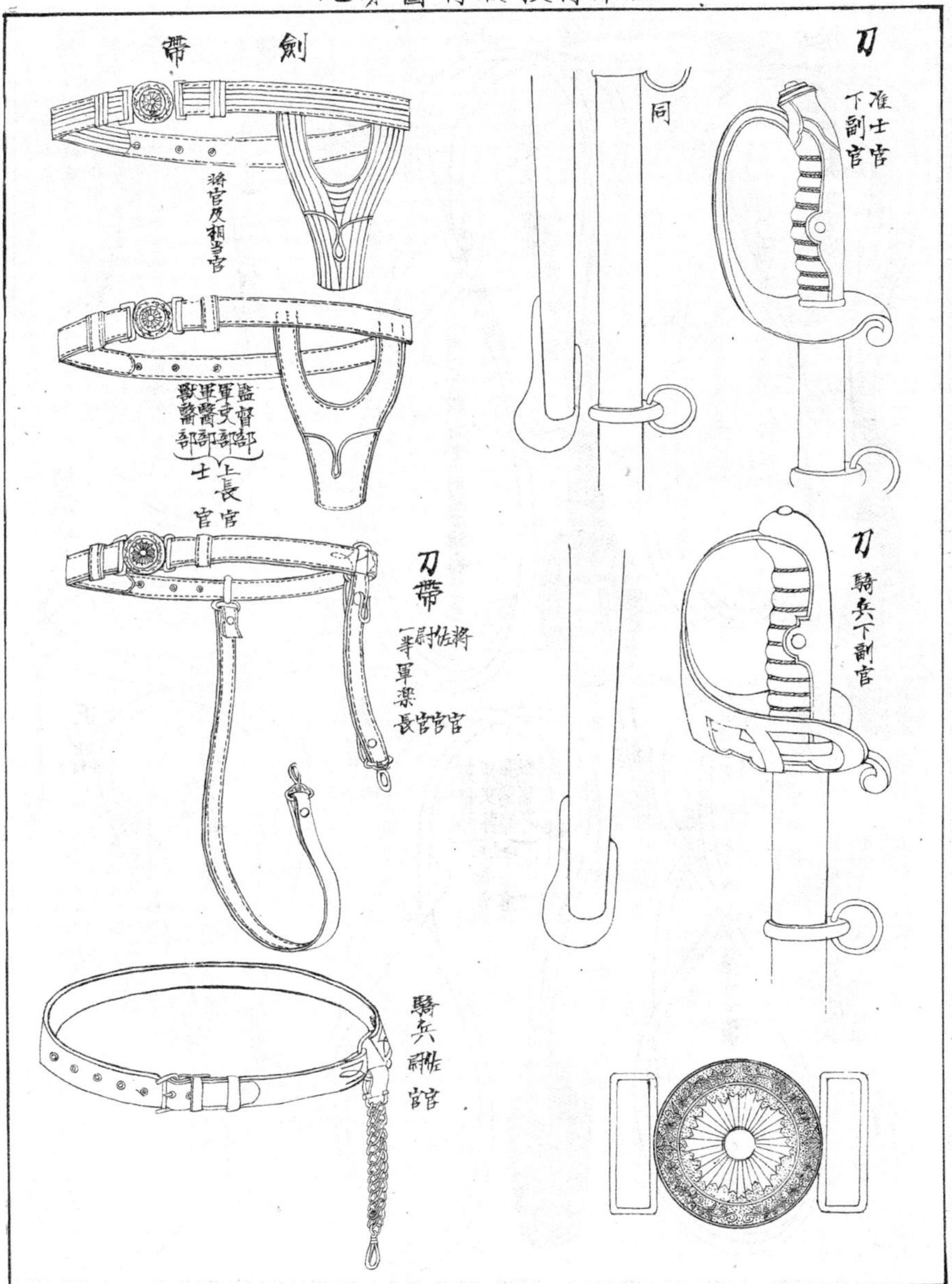

明治19年制定の「陸軍将校服制」

陸軍將校服制圖第八

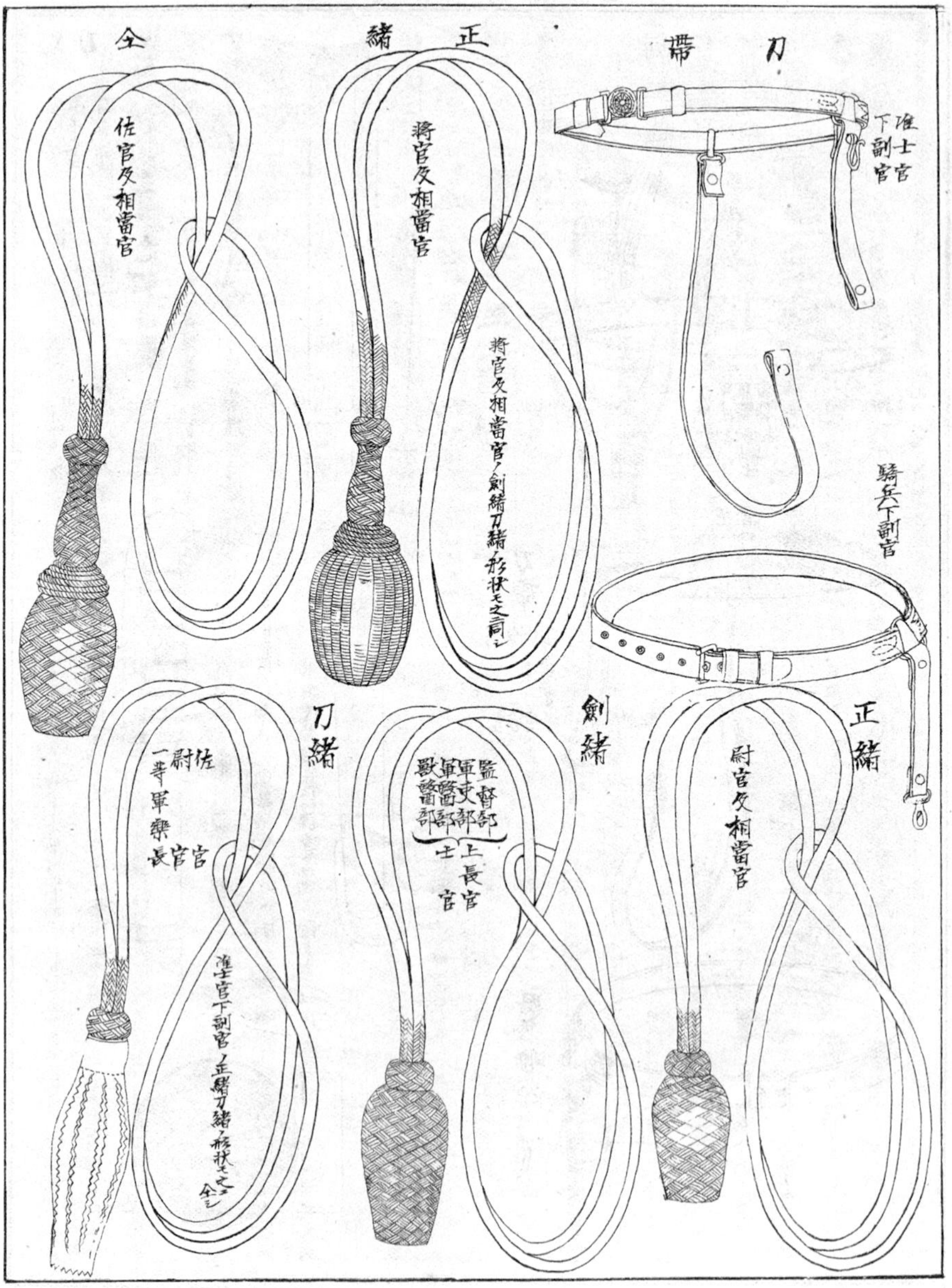

明治19年制定の「陸軍将校服制」

各部隊下士卒着具ノ部

曹長先ニ曹長相當官以下帽及ヒ前立

部隊	第一種帽	前立	第二種帽
近衛師團	黒葦 但シ近衛隊ハ中央ヲ朱色トス	上部ヲ白色下部ヲ緋色トス	横章大線一条頂端線小線一条ニシテ近衛ハ緋色師團ハ黄色トス
憲兵隊	上部ヲ茜絨下部黒天鵞絨トシ横章及ヒ上章ヲ蛇腹粗黄毛絲トス		
軍樂隊	茜絨ニシテ徽章及ヒ装式ハ憲兵隊ニ同シ		
軍吏部	紺絨ニシテ徽章及ヒ装式ハ憲兵隊ニ同シ		横章線頂端線トモ定色ヲ用ユ
軍医部	軍吏部ニ同		横章線頂端線トモ定色ヲ用ユ

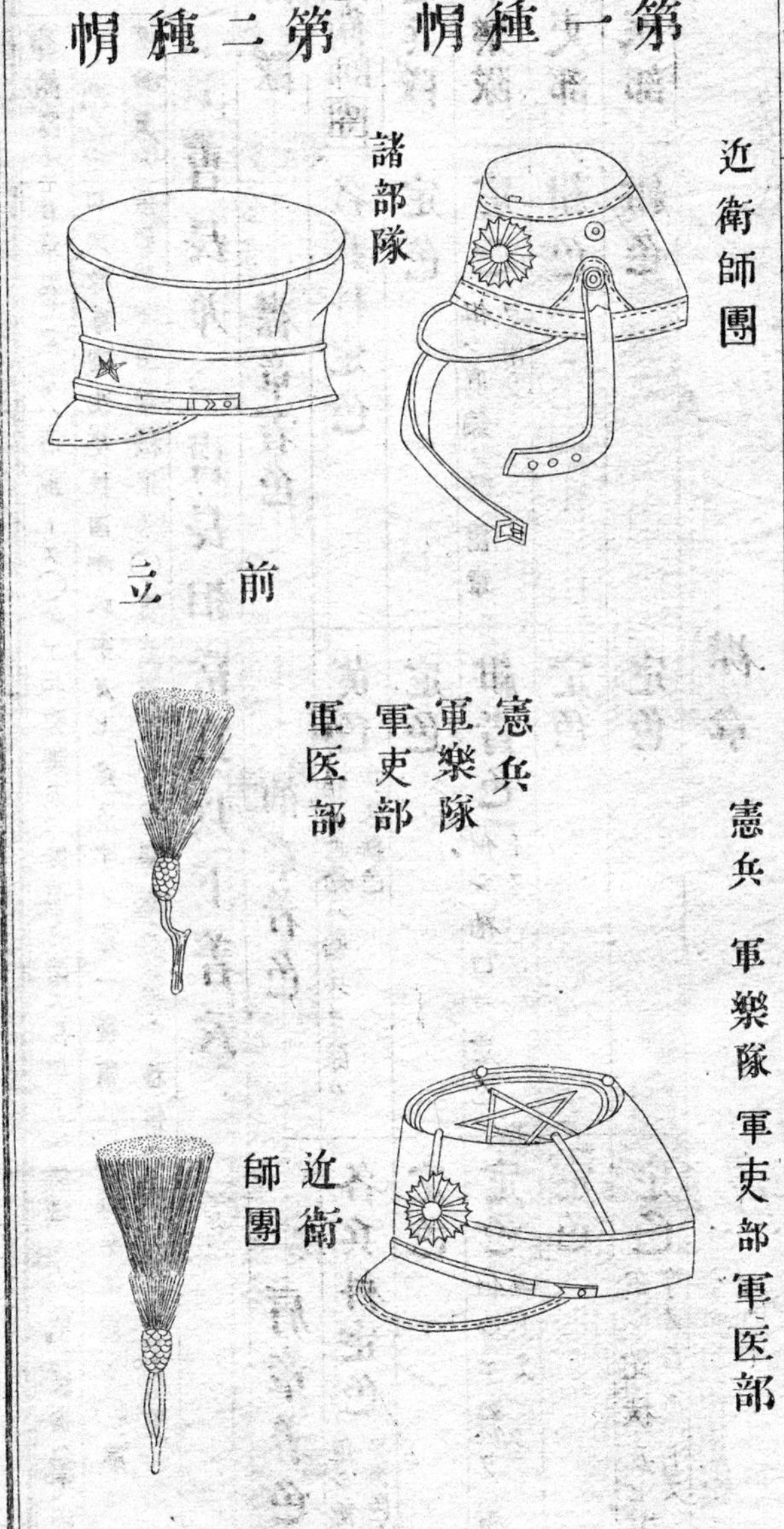

明治19年制定の「陸軍下士以下服制」

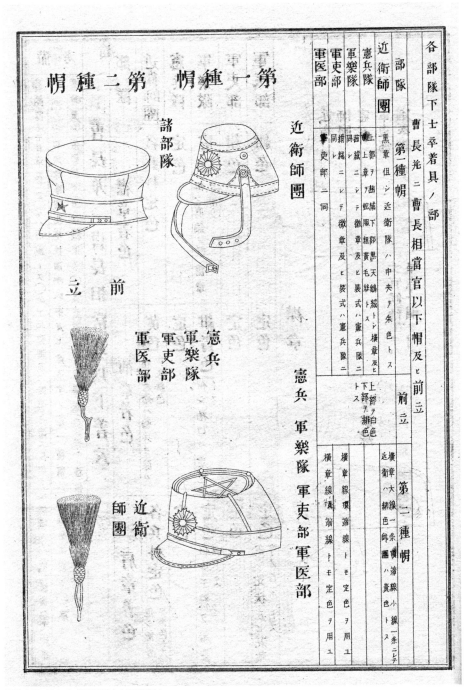

備考
各部隊トモ日章及ヒ星章ハ真鍮トス○砲工兵監護及ヒ騎砲兵諸工長同下長諸職工ノ第一種帽ハ軍吏部ニ同シク屯田兵教導團生徒校團喇叭手及ヒ建築卒ノ第一種帽ハ師團卒ニ同シ○第二種帽ノ地質ハ諸部隊トモ紺絨トス○憲兵隊及ヒ軍樂隊ハ第二種帽ヲ用ユルヿナシ

曹長并ニ曹長相當官以下着衣

部隊	襟章着色	袖章着色	肩章着色
近衛師團	各兵科定色	黄色 但シ近衛ハ騎兵ヲ除クノ外緋色	各兵科定色 但シ記号ヲ白色トス
憲兵隊	定色	定色	定色
軍樂隊	定色 但シ真鍮ノ樂器章ヲ附ス	紺青色 但シ袖口ヲ定色トス	定色 但シ玉縁ヲ紺青色トス
軍吏部	紺色	定色	定色
軍医部	紺色	定色	定色 但シ蛇杖及ヒ花葉等ヲ白色トス

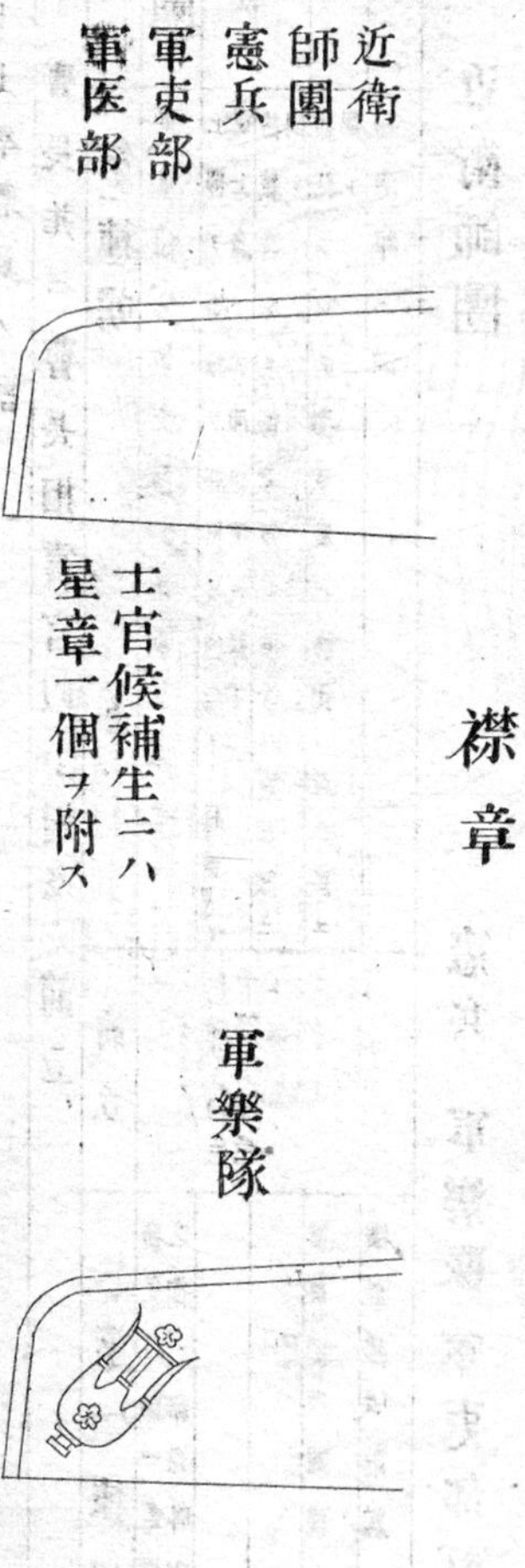

明治19年制定の「陸軍下士以下服制」

諸部隊ノ上衣

曹長ノ袖章

騎兵隊ノ上衣

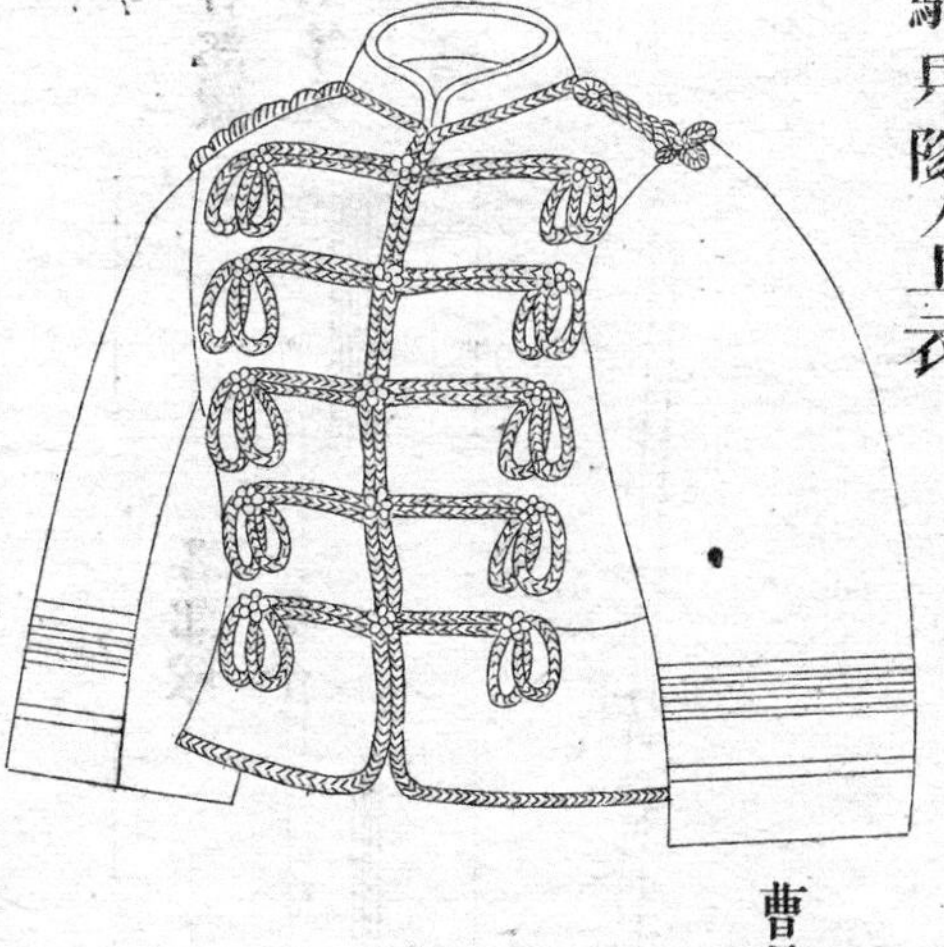

曹長ノ袖章

備考

各部隊トモ地質ハ紺絨○屯田兵ノ徽章ハ師團ニ同シク砲工兵監護騎砲兵諸工長同下長諸職工教導團生徒校園喇叭手建築卒等ノ徽章ハ各附屬スル兵科ノ定色ヲ附ス○騎兵隊ノ服製ハ他ノ部隊ト異ナリ全縁邊胸部背部及ヒ肩章ニ近衛ハ緋師團ハ黄色毛糸組飾紐ヲ附シ記号ヲ真鍮トス騎砲輜ノ蹄鉄工長同下長ノ服製ハ其科ノ一等軍曹二等軍曹ニ同シ

曹長及ヒ曹長相當官以下袖章ノ區分

部隊
曹長及ヒ相當官
一等軍曹及ヒ相當官
二等軍曹及ヒ相當官
上等兵及ヒ相當官
一等卒及ヒ相當官
二等卒及ヒ相當官

明治19年制定の「陸軍下士以下服制」

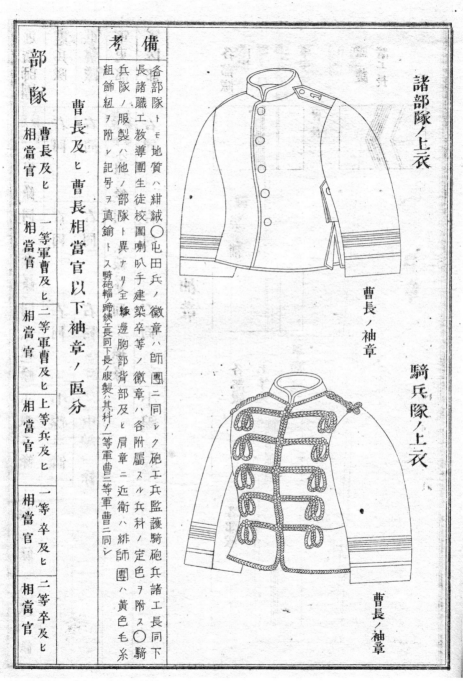

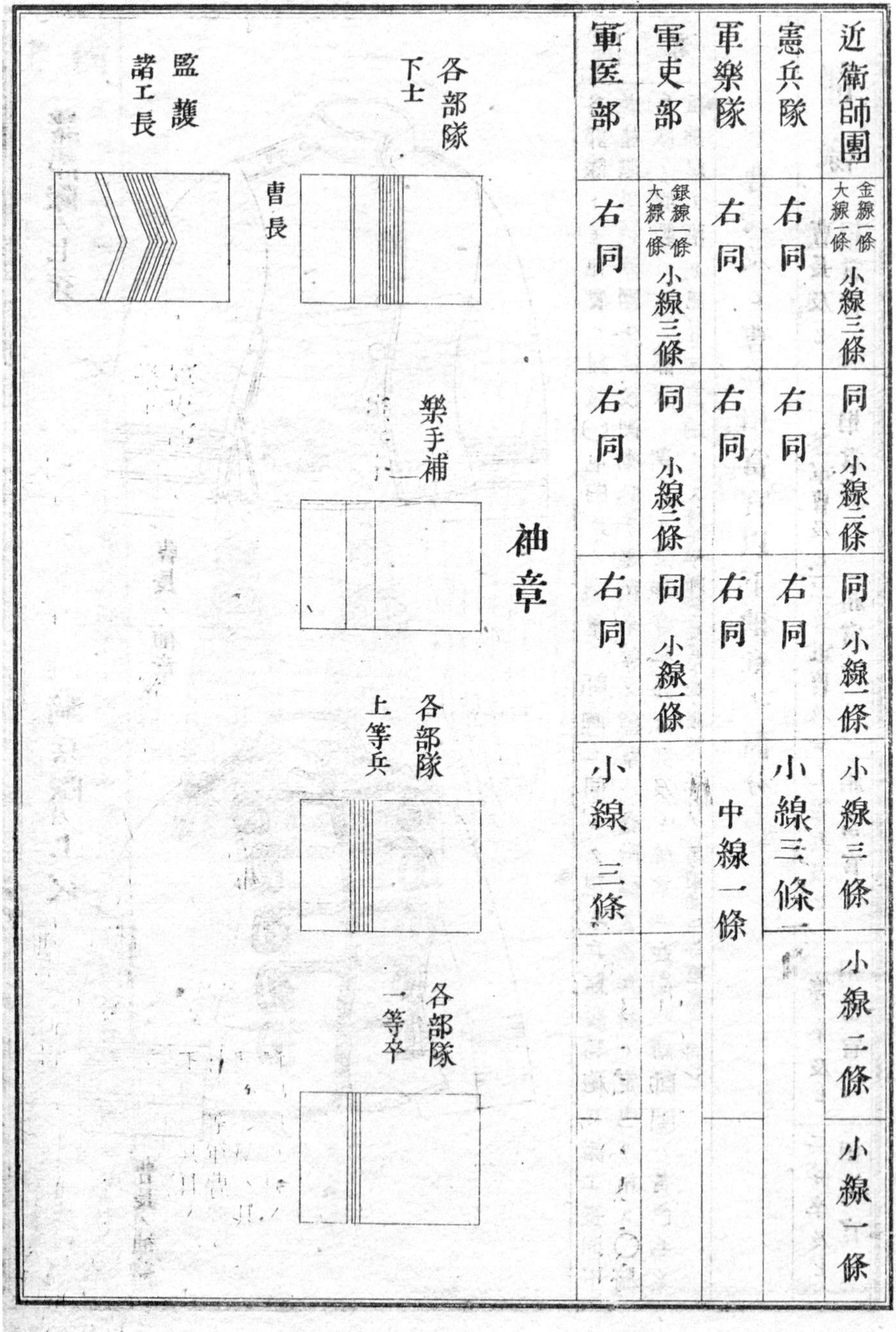

近衛師團	金線一條 大線一條 小線三條	同 小線二條	同 小線一條	小線三條	小線二條	小線一條
憲兵隊	右同	右同	右同	小線三條		
軍樂隊	右同	右同	右同	中線一條		
軍吏部	銀線一條 大線一條 小線三條	同 小線二條	同 小線一條			
軍医部	右同	右同	右同	小線三條		

明治19年制定の「陸軍下士以下服制」

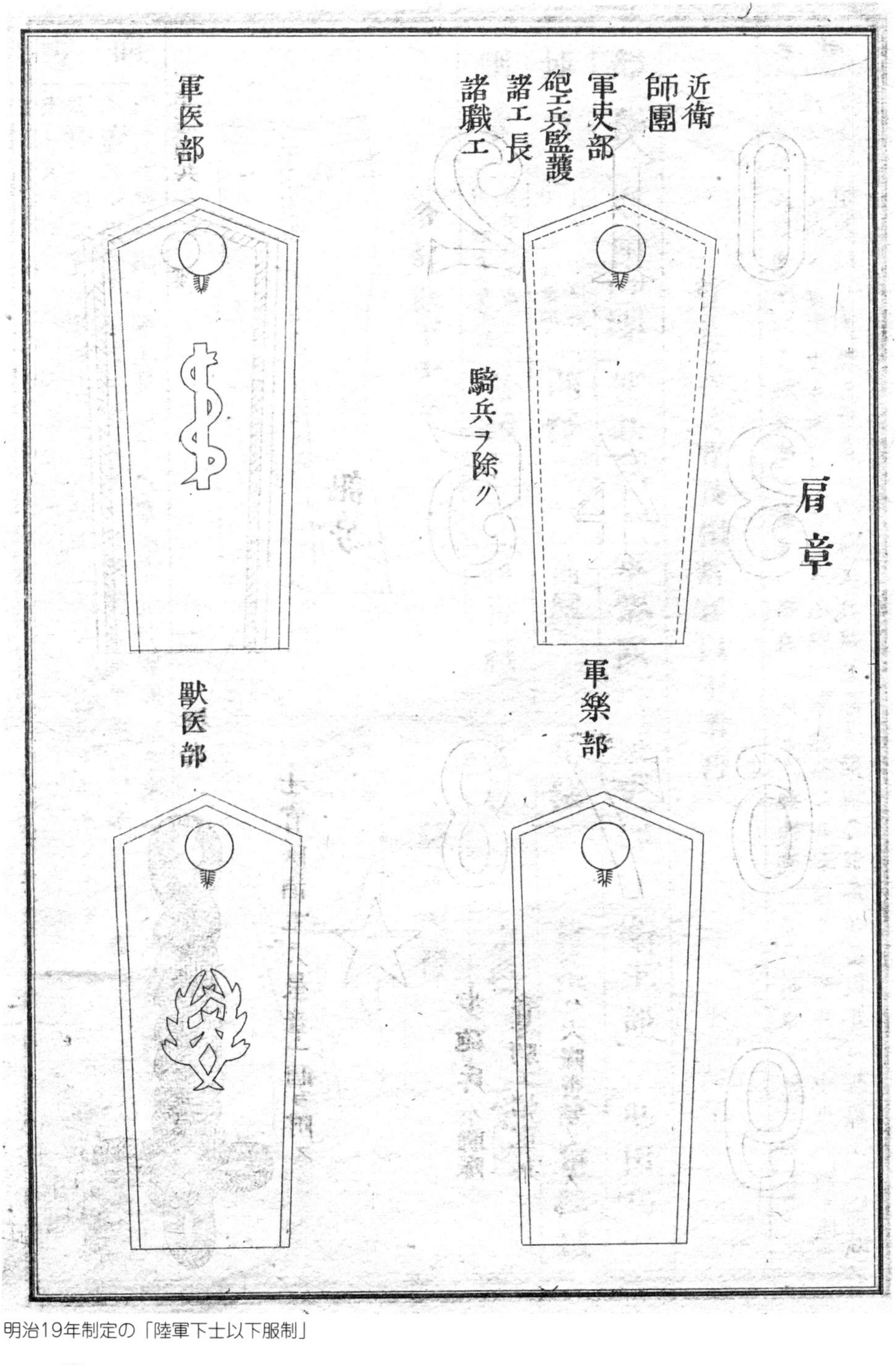

明治19年制定の「陸軍下士以下服制」

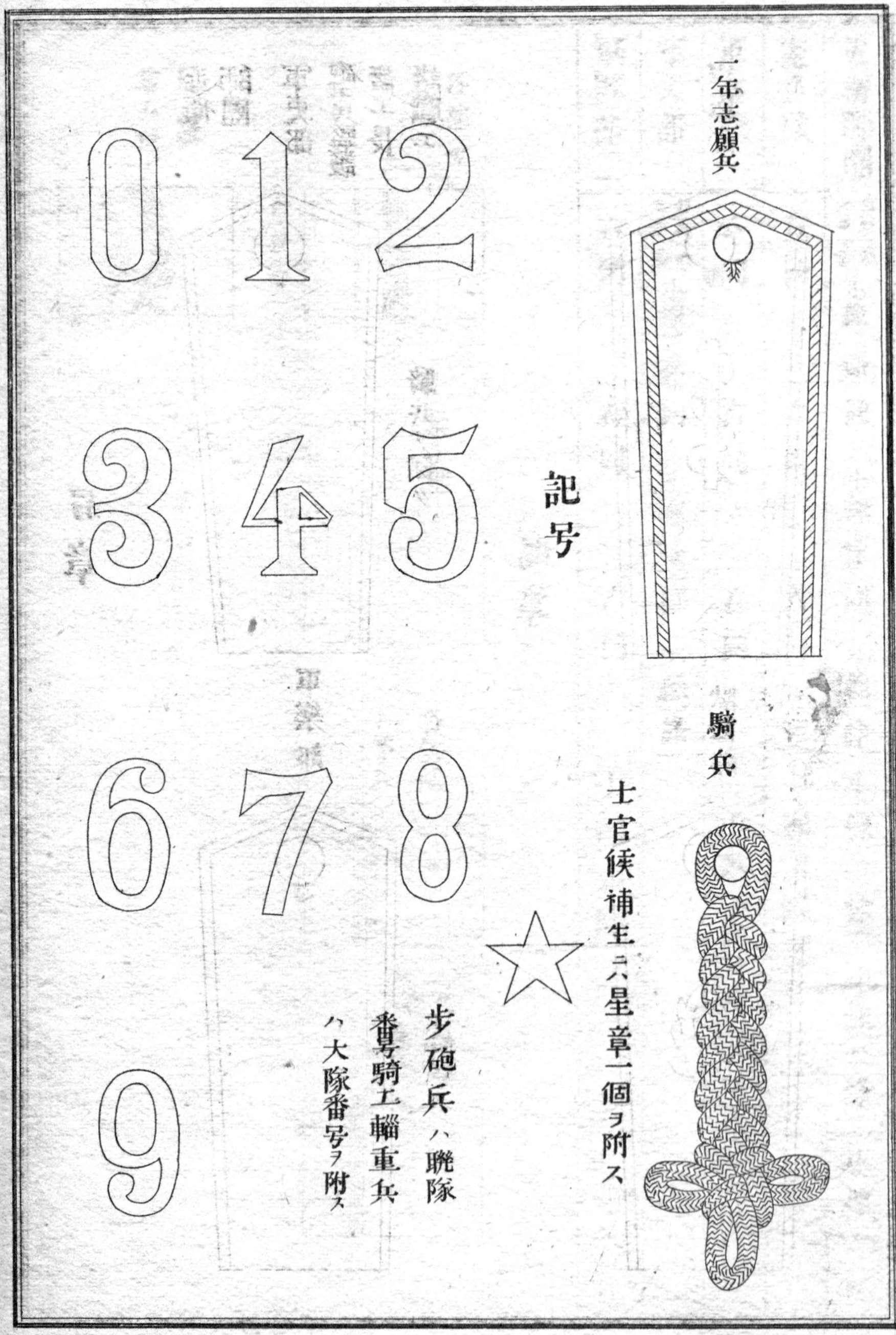

明治19年制定の「陸軍下士以下服制」

備考

下士ノ金銀線ハ大線ニ密着ス○砲工兵監護及ヒ騎砲兵諸職工長以下ハ諸線トモ突起狀ニ附シ而ノ職工中等級アル部ニハ小線一條或ハ二條等級ナキ部ニハ中線一條ヲ用ユ○屯田兵校園喇叭手建築卒ノ袖章ハ歩兵ニ同シク教導團生徒ハ袖章ヲ附スル丁ナシ

曹長并ニ曹長相當官以下着袴

部隊	近衛師團	憲兵隊	軍樂隊	軍吏部	衛生部	屯田兵
地質	下士卒紺絨 但シ騎兵茜絨トス	茜絨	茜絨	紺絨	紺絨	藍霜降絨
側章	各兵科定色 但シ騎兵ハ萠黄絨	黒絨	紺青絨	定色	定色	定色

各部隊下士卒

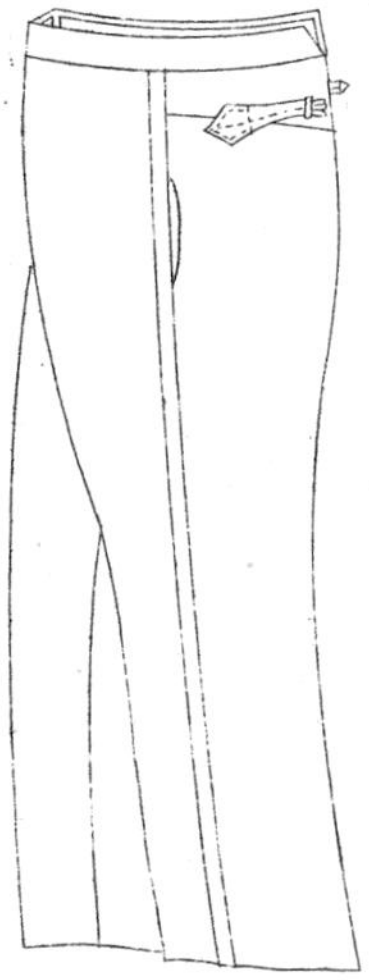

騎兵短袴

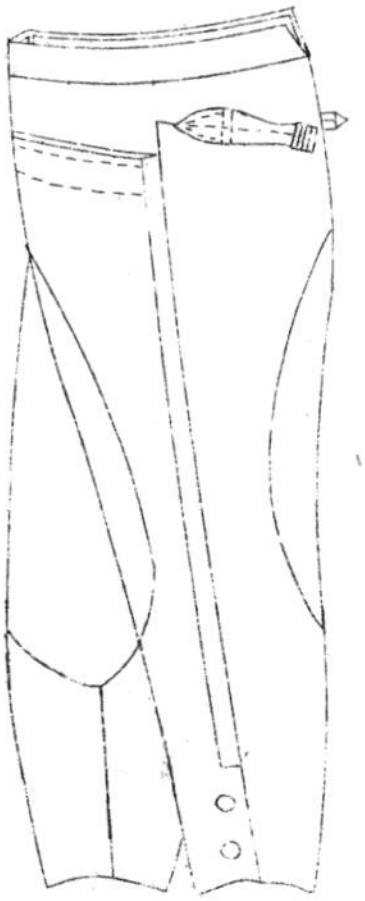

備考

砲工兵監護騎砲兵諸工長以下教導團生徒校團喇叭手建築手等ハ地質紺絨ニシテ側章ハ各屬スル部隊ノ製式ニ準ス但シ校團騎兵科生徒及ヒ喇叭手ハ騎兵卒ニ同シ○騎兵科ノ短袴ハ同地質同側章トス○軍吏部衛生部ノ下士以下側章ノ巾ヲ一分トシ其他ハ総テ五分トス

明治19年制定の「陸軍下士以下服制」

曹長并ニ曹長相當官以下夏衣袴及ビ日覆

部隊	袖章
近衛師團	白内記（下士巾三分 上等兵巾一分）
憲兵隊	茜本呉呂
軍樂隊	紺青本呉呂
軍吏部	花色藍本呉呂
衛生部	深緑色本呉呂

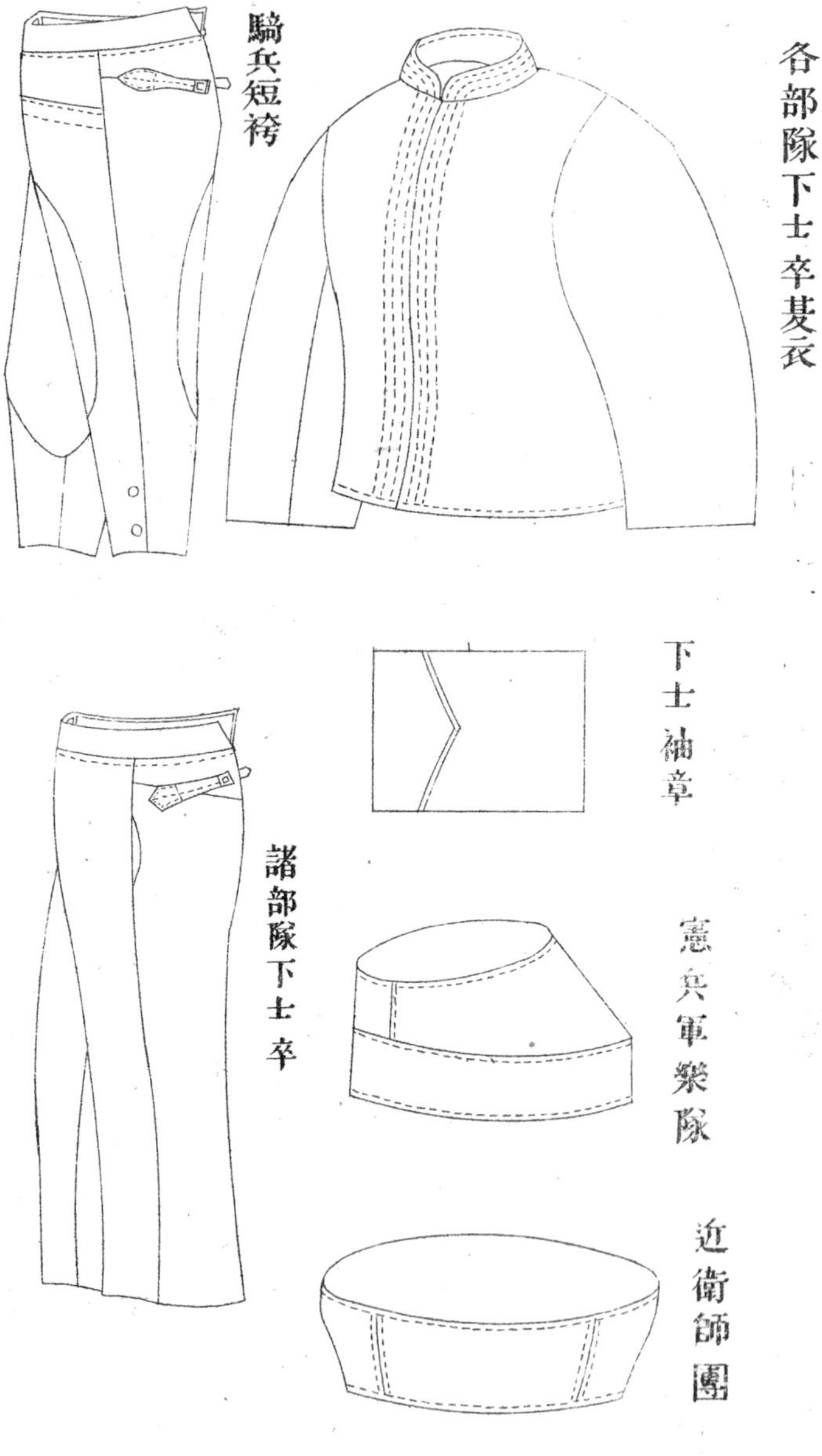

明治19年制定の「陸軍下士以下服制」

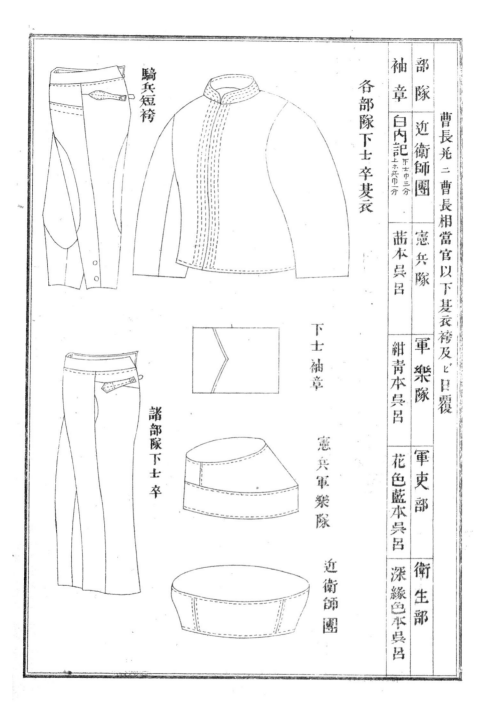

備考

地質ハ衣袴トモ白雲齊ニシテ諸兵及教導團生徒ハ袖章ヲ附セス而ソ袴ハ下士以下総テ無徽章トス○屯田兵砲工兵監護騎砲兵諸工長以下ハ総テ師團下士卒ノ製式ニ同シ○憲兵及ヒ軍樂部ノ下士卒ハ第一種帽ニ其他ハ第二種帽ニ日覆ヲ附ス

曹長並ニ曹長相當官以下外套ノ袖章區分

部隊	袖章
近衛師團	黄毛緣 但シ近衛ハ緋
憲兵隊	茜毛緣大線一條 黄毛緣小線一條
軍樂隊	紺青毛緣
軍吏部	花色藍毛緣
衛生部	深緣毛緣

外套袖章

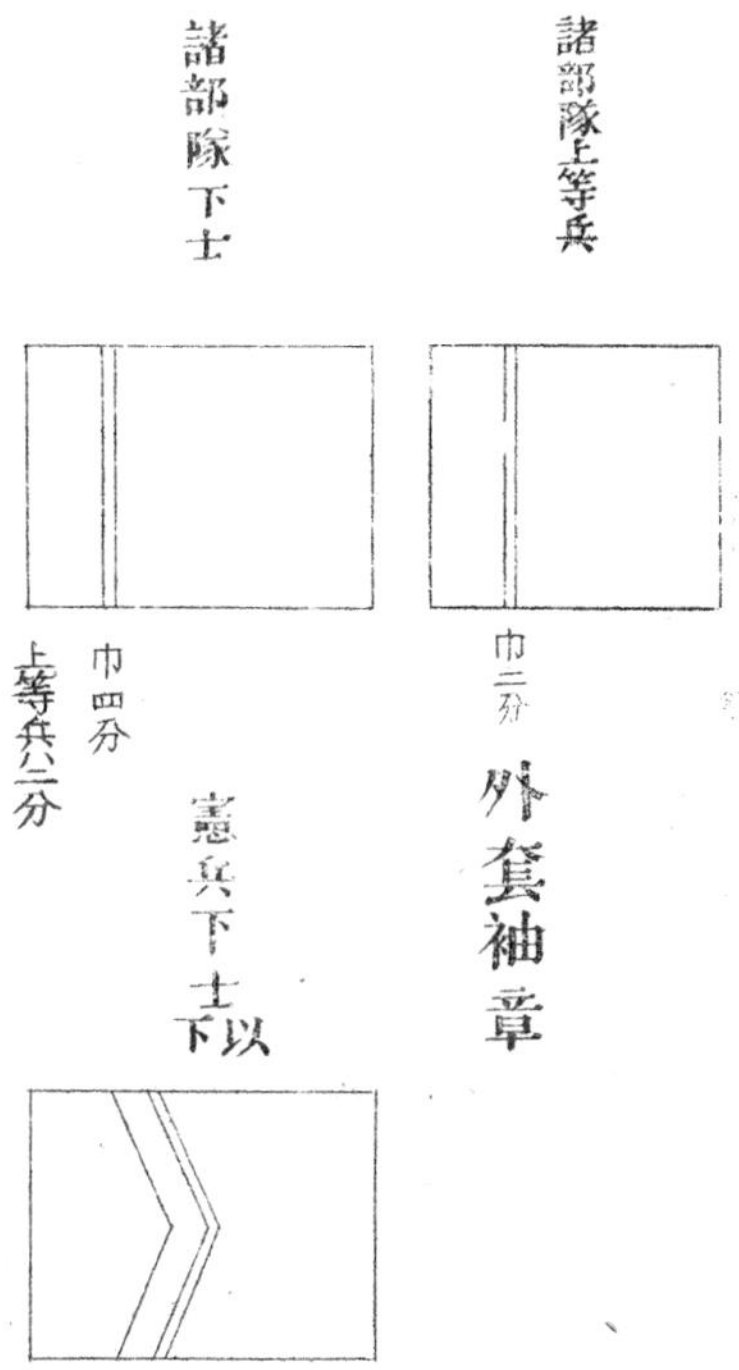

備考

憲兵ノ外諸部隊兵卒及ヒ教導團生徒ハ袖章ヲ附セス○各部隊トモ地質ハ総テ紺絨ヲ用ユ

明治19年制定の「陸軍下士以下服制」

〈再現された軍服……その②〉

以下７葉の写真は昭和10年に陸軍省が陸軍被服廠に残る
被服サンプルを用いて明治19年制定の被服を再現したものである。

明治19年制定の軍服を着用した歩兵大尉。

明治19年制定の正装を着用した屯田兵中佐。

明治19年制定の陸軍中将の正装

明治19年制定の軍服を着用した騎兵二等卒。

明治19年制定の正装を着用した騎兵曹長。

明治19年制定の軍服を着用した歩兵曹長。

明治19年制定の正装を着用した憲兵曹長。

屯田兵のコサック視察の折の明治22年７月にロシアのノーチエルカスクで撮影された写真。写真右より「栃内元吉屯田兵大尉」・「荒城重雄屯田兵少佐」・「トウロウエロフコサック中尉」・「屯田兵本部長永山少将」・「通訳陸軍大学校教官小島奉次郎」。将校は明治19年制定将校同相当官用の軍衣・軍跨・第一種帽を着用しており、霜降色と呼ばれた独特な屯田兵の軍跨の色彩が白黒写真ながらもわかる。

明治22年に札幌練兵場で写された屯田兵の観兵式。不鮮明な写真ではあるが、屯田兵独特の霜降色の軍跨の色彩がわかる写真である。

第三章　日清戦争と決戦前夜

①決戦前夜の被服改正

第三章では明治二十年から「日清戦争」を踏まえて、明治三十六年の日露戦争勃発直前までの時期の被服体系を述べる。

以下に明治二十六年「被服改正」、明治二十七～二十八年「日清戦争」、明治三十三年「戦時略服の制定」、明治三十三～三十四年「茶褐服の試用」、明治三十三年「被服改正」、明治三十四年「陸軍服装規定」を列記する。

＊明治26年から34年の主要被服規定

年　代	規　定　名　称
明治26年	被服改正
明治33年	戦時略服の制定
明治33～34年	茶褐服の試用
明治33年	被服改正
明治34年	陸軍服装規定

②明治二十六年の被服改正

明治二十六年四月二十二日の「勅令第二十五号」による「将校服制中改正」により、将校、准士官、下副官の夏衣の改正が行なわれた（P.208参照）。

従来の「夏衣」は「軍衣」と同じスタイルで、地質は白色布綿製で胸部肋骨部分を「丸打紐」から「白絹丸打紐」としたものであったが、整備性と高温多湿の日本の夏季には不向きであることから肋骨を廃止してボタン留めにするとともに、袖章を簡略化した夏服が新たに採用された。

ボタンは直径五分五厘の銀色ボタン五個が付けられ、袖章も星使用と袖線で表示する簡略な大部に変更された。

袖章は袖口に階級ランクを示す銀色星章を将官三個、佐官二個、尉官二個を付けるとともに、袖線として階級詳細を示すため一分幅の「蛇腹組白線」ないし「平織白線」のラインを大将と

＊袖章一覧

階　級	星　章	袖　線
大　将	3	3
中　将	3	2
少　将	3	1
大　佐	2	3
中　佐	2	2
少　佐	2	1
大　尉	1	3
中　尉	1	2
少　尉	1	1

大佐と大尉は三本、中将と中佐と中尉は二本、少将と少佐と少尉は一本を付けた。

袖章の詳細は、右下表のとおりである。

③日清戦争と被服

明治二十七年から二十八年にかけて清国との間に戦端を開いた「日清戦争」で日本陸軍の用いた被服は、前掲の明治十九年制定の「陸軍下士以下服制（内閣達十四号）」と「陸軍将校服制（勅令第四十八号）であった。

また、将校では戦争勃発の前年である明治二十六年に改正された「夏衣」が夏季には用いられた。

なお、極寒の大陸で戦われた「日清戦争」では、極寒に対処すべく既存の「外套」の上に重ねて着用する「防寒胴衣」が採用された。

「防寒胴衣」は茶褐綿布の裏に山羊皮を装着したノンスリーブのチョッキタイプの防寒衣であり、外套の上から重ねて着用した。

④戦時略服の制定　明治三十三年

「北清事変」下の明治三十三年に、戦時にかぎって将校、同相当官、准士官用の被服を既存の肋骨服スタイルから夏服スタイルの「戦時略服」と呼ばれる略式被服の着用が可能となった。

明治三十三年八月二十四日の「陸達第八十七号」により「戦時略服」が制定された。

「戦時略服」は「戦地ニ限リ將校同相當官竝ビ准士官ノ軍衣ハ夏衣同様ノ制式ヲ略衣トシテ用ユルヲ得」とされ、服は濃紺絨ないし紺絨の生地を用いて明治二十六年制定の「夏衣跨」と同一のスタイルで作成したものであり、袖の階級表示も明治二十六年制定と同一で、袖章は黒線が用いられた。

この「戦時略服」は、「北清事変」に出征した「第五師団」のみで着用されたものであったが、のちの明治三十七年制定の「戦時服」（後述）の原型となったものである。

⑤茶褐服の試用　明治三十三〜三十四年

「北清事変」では前項の「戦時略服」の使用のほかに、事変終了後の北京駐屯部隊で通称「茶褐服」と呼ばれる帯赤茶褐色の色彩の試作軍衣跨が試験採用された。

将校、同相当官、准士官用の被服は前述の「戦時略服」と同一のデザインであるが、服の地質に支那大陸北部の地形に応じたカモフラージュ効果を考慮して帯赤茶褐色に染めた茶褐絨を用いたものであり、袖章はなく肩章に階級が表示された。

軍帽は第二種帽をベースに、鉢巻部分の黒線が茶褐色の線に変更された。

なお、夏衣は軍衣跨と同一のデザインで、帯赤茶褐色に染められた綿地にボタン五個を付けたものであった。

下士兵卒の被服でも「茶褐服」が用いられ、軍衣跨は明治十九年制定の下士官兵卒用の軍衣と同一のスタイルであるが、地質を紺絨から帯赤茶褐色に染めた茶褐絨を用いたもので、袖章はなく肩章に聯隊番号と階級が表示された。

下士兵卒の夏衣は軍衣袴と同一のデザインで、帯赤茶褐色に染められた綿地に赤銅色のボタン五個を付けたものであった。

⑥明治三十三年の被服改正

明治三十三年九月八日に「勅令第三百六十四号」により「陸軍服制」が定められた。

この「陸軍服制」は従来まで「将校」と「下士官兵」の被服が別体系で制定されていたものを統合したものであり、既存の下士官兵用の明治十九年二月二十四日の「陸軍下士以下服制（内閣達十四号）」と将校用被服の「陸軍将校服制（勅令第四十八号）」を統合したものである。

⑦陸軍服装規定　明治三十四年

明治三十三年の被服改正につづき、明治三十四年九月二十一日に「陸達乙第五十九号」で「陸軍服装規定」が改正された。

以下に明治三十四年改正の「陸軍服装規定」の全文を示す。

＊陸軍服装規定　明治三十四年

第一章　総則

第一條　陸軍々人ノ服装ハ左ノ五種ニ區分ス

一　正装
二　軍装
三　禮装
四　通常禮装
五　略装

第二條　第一條第一號第二號及第三號ハ將校（特ニ明文アルモノノ外相當官准士官ヲ含ム以下同シ）下士兵卒ニ通スル服装トシ第四號第五號ハ將校ノミノ服装トス

第三條　正装ヲ爲ス場合概ネ左ノ如シ

一　新年
二　三大節（新年宴會　紀元節　天長節）
三　特ニ拜謁ノ爲參内スルトキ
四　賢處參拜ノトキ
五　陸軍始
六　靖國神社大祭日
七　觀兵式又ハ儀仗服務ノトキ
八　任官敍位敍勳ノトキ
九　一般大禮服着用ノトキ

其ノ他自家ノ賀儀葬祭（下士以下ニ在リテハ親族ノ賀儀葬祭共）ニモ之ヲ着用スルコトヲ得

第四條　軍装ヲ爲ス場合概ネ左ノ如シ

一　動員部隊ニ屬スルトキ
二　衞戍部隊ニ屬スルトキ
三　秋季演習及廉アル演習ノトキ

第五條　略装ハ公私ノ別ナク平常着用スル所ノ服装トス

第六條　禮装ヲ爲ス場合概ネ左ノ如シ

一　宮中若ハ皇族ノ晩餐ニ陪スルトキ
二　夜會其ノ他廉アル宴會ニ出ルトキ
三　一般通常禮服着用ノトキ

其他親族ノ賀儀葬祭ニモ之ヲ着用スルコトヲ得

第七條　通常禮装ヲ爲ス場合概ネ左ノ如シ

一　宮中若ハ皇族ノ午餐ニ陪スルトキ
二　内謁見ノ爲參内スルトキ
三　歳末御祝辭ノ爲參内スルトキ
四　天覽ノ場所ニ列席スルトキ
五　行幸行啓等ノ場所ニ參集スルトキ
六　天機伺若ハ任官敍位敍勳及其ノ他ノ御禮ノ爲參内スルトキ
七　特ニ上官ニ對謁スルトキ第五條　略裝ハ公私ノ別ナク平常着用スル所ノ服裝トス

第八條　各種服裝着用ノ場合ハ概ネ第三條乃至第七條ニ示スカ如シト雖條令規則等ニ特ニ明文アルモノハ此ノ限ニ在ラス

第九條　動員セル部隊ニ屬スルモノハ正裝、禮裝マタハ通常禮裝着用ノ場合ニ於テ軍裝又ハ略裝ヲ用ウルコトヲ得守備又ハ特別ノ任務ニ由リ衛戍地外ニ駐屯スル部隊ニ屬スルモノニシテ正裝禮裝又ハ通常禮裝ヲ整ヒ得サルトキハ前項ニ同ジ

第十條　夏衣ハ暑中（六月一日ヨリ九月盡日マテノ間トス但氣候ニ依リ必要ト認メタルトキハ該地最高級團隊長ニ於テ着用期限ヲ伸縮スルコトヲ得以下皆同シ）略裝ニ用ウルヲ正則トスト雖モ軍裝及通常禮裝ニモ亦之ヲ着用スルコトヲ得但通常禮裝ニ在リテ夏衣ヲ着スルトキハ必ス夏跨ヲ併用スルモノトス

第十一條　夏跨ハ著中何レノ服裝ニ在リテモ着用スルコトヲ得但シ正裝ニテ室内ニ於ケル儀式等ニ列スルトキハ必ス跨ヲ着用スヘシ

第十二條　外套ハ何レノ服裝ヲ論セス雨雪ノ時又ハ防寒ノ爲室外ニ於テ着用シ（氣候温熱ノトキニ在リテハ夏外套ヲ用ウルコトヲ得）軍裝略裝ニ在リテハ防寒ノ爲室内ニ於テモ亦之ヲ着用スルコトヲ得但シ儀式ノ場所ニ在リテハ雨雪ノ外及上官ノ居室ニ在リテハ武裝シタルトキ又ハ許可ヲ得タルトキニ非サレハ之ヲ着用スルコトヲ許サス

第十三條　雨覆ハ室外ニ於テ外套ニ併用シ或ハ單ニ之ノミヲ着用スルモノトス

第十四條　顎紐ハ何レノ服裝ヲ論セス隊伍ニ列スルトキハ必ス之ヲ用ウルモノトス

第十五條　日覆ハ炎暑ノ際用ウルモノトス但シ第一種帽ニ用ウルハ軍裝略裝ノトキニ限ル

第十六條　北海道臺灣及其ノ他ノ地ニ在ル軍人ニ特別ニ支給シタル被服等ノ着裝ハ該地所在最高級ノ團隊長之ヲ定ムヘシ

第十七條　勳章及記章ハ何レノ服裝ニ在リテモ之ヲ佩用ス而シテ菊花大綬章旭日桐花大綬章旭日大綬章勳一等瑞寶章又ハ功一級章ハ正裝及禮裝ニノミ佩用シ其ノ他ノ服裝ニハ其ノ副章ノミヲ佩用スヘシ但シ禮裝ト雖時宜ニ依リ大綬ヲ佩ヒス副章ノミヲ佩用シ又略裝ハ勿論軍裝ト雖動章ヲ佩用セサルコトヲ得

第十八條　隊伍ニ列スルトキ其ノ他服裝ノ齊一ヲ要スルトキハ當該團隊長若ハ長官本規則ノ範圍内ニ於テ其ノ着裝法ヲ定ムルモノトス

第二章　將校ノ服裝

其ノ一　通則

第十九條　刀ハ將校准士官及ビ樂長樂長補之ヲ佩用シ劍ハ將校相當官（樂長ヲ除ク）之ヲ佩用ス但シ軍隊ノ長ニアラサル將官ハ刀ニ換フルニ劍ヲ以テスルコトヲ得

第二十條　刀及劍ハ正衣ヲ着セントキハ衣ノ上ニ軍衣夏衣ヲ着セシトキハ衣ノ下ニ之ヲ佩用ス而シテ刀ハ室ノ内外ヲ論セス何レノ場合ト雖モ上部ノ環ヲ刀帶ノ釣金ニ掛ケ乘馬ニ在リテハ之ヲ掛ケサルモノトス但シ騎兵將校ハ正衣軍衣夏衣ニ論ナシ衣ノ下ニ佩用ス

第二十一條　飾緒ハ参謀官タル將校ハ何レノ服裝ヲ論セス常ニ之ヲ佩用シ参謀官ニ在ラサル將官ハ正裝禮裝ノトキニ限リ之ヲ用ウルモノトス

第二十二條　飾緒ハ金線製ノモノヲ用ウルヲ正則トスト雖モ軍裝及略裝ニ在リテハ絹絲製（白茶色）ノモノヲ用ウルモ妨ナシ

第二十三條　懸章ハ高等官衙副官傳令使週番衛戍巡察ノ將校何レノ服裝ヲ論セス之ヲ用イ其ノ佩用方ハ右肩ヨリ左脇ニ斜ニ掛クルモノトス但シ高等官衙副官傳令使ハ特ニ長官ニ隨從スルトキ週番及衛戍巡察ハ勤務ヲ執ルトキノ外ハ之ヲ佩用セサルモ妨ナシ

第二十四條　短跨ハ何レノ服裝ニ在リテモ長靴ヲ穿ツトキ着用スルモノトス而シテ暑中ハ夏跨ヲ短跨ト同式ニ調整シ着用スルモ妨ナシ

第二十五條　手套ハ白色革製ノモノヲ用ウルヲ正則トスト雖軍裝及略裝ニ在リテハ燻色茶色及茶褐色ノ革製又ハ莫大小《メリヤス》製（白、ネズミ、茶、茶褐ノ四色ニ限ル）ノモノヲ用ウルコトヲ得

第二十六條　何レノ服裝ニ在リテモ下襟（白布製立襟）及白シャツ袖口（袖口ヲ附シタルモノ）ヲ着用スヘシ但シ軍裝略裝ニ在リテハ時宜ニ依リ白シャツ（袖口ヲ附シタルモノ）ヲ用イサルモ妨ナシ

第二十七條　短靴ハ何レノ服裝ヲ論セス之ヲ跨下ニ穿チ留革ヲ附着シ（徒歩者ニ在リテハ正裝ノ外時宜ニ依リ附着セサルコトヲ得）又拍車ハ乘馬本分ノ者ニ限リ短靴長靴共ニ之ヲ附着スヘシ但シ略裝ニ在リテハ第一種靴ヲ跨上ニ穿チ又ハ制外適宜ニ短靴（黒色ニ限ル）ヲ用ウルコトヲ得

第二十八條　將校雨雪ノトキニ乘馬スルトキハ場合ニ依リ膝覆ヲ用ウルコトヲ得

第二十九條　軍裝及略裝ニ在リテハ騎兵將校ハ刀帶ノ釣鎖ヲ釣革ニ換ヘ他ノ將校ハ刀帶ニ一條ノ吊皮ヲ用ウルコトヲ得

其ノ二　正裝

第三十條　正裝ハ左ニ列記スルモノヲ着裝ス

第一種帽
前立
正衣
跨
肩章
飾帶
刀（劍）
正緒
手套
靴

此ノ服裝ニ在リテ乘馬スルトキ

ハ其ノ馬具ハ左ニ列記スルモノ
ヲ装具ス
頭絡
轡衡
副衡
韁
副韁
鞍
鞍褥
鐙
靼
鞍嚢
鞍嚢外覆
腹帯
靷
鞦
第三十一條　正装ニ在リテハ騎兵將校ハ長靴其ノ他ノ者ハ短靴ヲ穿ツモノトス但シ隊伍ニ列スル乗馬本分ノ將校ハ長靴ヲ穿ツヘシ（隊伍ヲ離レタル後ト雖モ服装ヲ改ムル暇ナキ場合ニ在リテハ之ニ同シ）

其ノ三　軍装

第三十二條　軍装ハ左ニ列記スルモノヲ着装ス
第二種帽（第二種帽の制ナキ者ハ第一種帽ヲ用ウ）
軍衣第二種帽ノ制ナキ者ハ第一種帽ヲ用ウ
跨
刀（劍）
刀緒（劍緒）
手套
靴
此ノ服装ニ在リテ乗馬スルトキハ其ノ馬具ハ左ニ列記スルモノヲ装具ス
但將官ハ便宜ニ依リ旅嚢ヲ装セサルモ妨ナシ
頭絡
轡衡
副衡
韁
副韁
鞍
鞍褥
鐙
靼
鞍嚢
腹帯
靷
鞦
旅嚢
野繫
第三十三條　軍装ニ在リテハ乗馬本分ノ者ハ長靴ヲ穿チ其ノ他ノ者ハ短靴ヲ穿チ脚絆ヲ着ス而シテ乗馬本分ニアラサル隊附士官ハ背嚢ヲ負フ（各部士官ハ携帯嚢ヲ掛ク）モノトス但シ隊伍ニ列セサル衞戍勤務等ニ在リテハ背嚢及脚絆ヲ省キ第四十條ト同一ノ馬装ヲ用ウルモ妨ナシ
第三十四條　背嚢ヲ負フ者ハ之ニ雨覆又ハ夏外套ヲ附着ス其ノ之ヲ負ハサル者ハ雨覆又ハ夏外套ヲ巻キ左肩ヨリ右脇ニ斜ニ掛クルモノトス但シ時宜ニ依リ之ヲ背嚢ニ附着セス又肩ニ掛ケサルモ妨ナシ

其ノ四　略装

第三十五條　略装ノ着装ハ概ネ軍装ニ同シ唯帽ハ第一種第二種ノ何レヲモ用イ背嚢及雨覆ヲ用イサル等ヲ異ナリト

ス此ノ服裝ニ在リテ乘馬スルトキハ其ノ馬裝ハ第四十條ノモノニ同シ

第三十六條　略裝ニ在リテハ靴ハ短靴又ハ長靴ヲ穿チ或ハ脚絆ヲ着シ又ハ着セサル等總テ適宜トス

第三十七條　騎兵將校中隊外勤務ノ者ハ略裝ニ在リテハ他ノ兵科ノ跨ト同式ノモノヲ用ウルコトヲ得但シ隊附ノ者ト雖モ隊務ニ服セサルトキハ之ヲ用ウルモ妨ナシ

第三十八條　砲工學校、騎兵實施學校ノ學生ハ校内演習作業及ニ於テ隊伍ヲ組ミ演習スルトキニ限リ軍衣ニ胸章ヲ附セサルモノ（騎兵科ハ地質濃紺色ニシテ側章ナキ跨ヲ用ウルコトヲ得）ヲ着用スルコトヲ得但シ馬術教官及ビ厩長調馬手長ニ在リテモ校内演習又ハ調教中ニ限リ學生ト同様ノ演習服ヲ着スルモ妨ナシ

軍馬補充部部員ハ牧場内ニ在リテ業務ニ服スルトキハ前項學生ト同様ノ服ヲ着シ且長靴ニ換フルニ短靴及脚絆ヲ以テスルコトヲ得

其ノ五　禮裝

第三十九條　禮裝ハ左ニ列記スルモノヲ着裝ス

第一種帽
正衣
跨
肩章
刀（劍）
正緒
手套
靴

此ノ服裝ニ在リテ乘馬スルトキハ其ノ馬具ハ左ニ列記スルモノヲ裝具ス

頭絡
轡銜
副銜
韁
副韁
鞍
鞍褥
鐙
靻
腹帯
靷
鞦

第四十條　禮裝ニ在リテハ騎兵將校ハ長靴其ノ他ハ短靴ヲ穿ツモノトス

其ノ六　通常禮裝

第四十一條　通常禮裝ハ左ニ列記スルモノヲ着裝ス

第一種帽
軍衣
跨
刀（劍）
刀緒（緒劍）
手套
靴

此ノ服裝ニ在リテ乘馬スルトキハ其ノ馬具ハ左ニ列記スルモノヲ裝具ス

但シ鞍褥及銜ハ隊伍ニ列セサルトキニ限リ制外ノモノヲ用ウルコトヲ得

頭絡
轡銜
副銜
韁
副韁

鞍

鞍褥

鐙

韁

腹帯

第四十二條　通常禮裝ニ在リテハ騎兵將校及隊伍ニ列スル乘馬本分ノ將校ハ長靴ヲ穿チ其ノ他ハ短靴ヲ穿ツモノトス但シ乘馬本分ノモノハ隊伍ニ列セサルトキト雖廉アル宴會儀式等ノ場合ヲ除ク外長靴ヲ用ウルコトヲ得

第三章　下士官卒ノ服裝

其ノ一　通則

第四十三條　刀劍ハ何レノ服裝ヲ論セス騎兵科ノ者ハ衣ノ下ニ其ノ他ノ者ハ衣ノ上ニ佩スヘシ又外套ヲ着スルトキハ兵科ヲ問ワス總テ之ヲ其ノ上ニ佩スヘシ

第四十四條　手套ヲ給與シアル者ハ何レノ服裝ニ在リテモ之ヲ用ウヘシ然レトモ野戰砲兵ノ隊伍ニ列スル者ニ在リテハ乘馬スル者ニ限リ之ヲ用ウ又隊伍ニ列セサルトキハ手套ヲ給與シアル者ト否トヲ問ワス白、鼠、茶若ハ茶褐色ノモノヲ用ウルコトヲ得

第四十五條　襟布ハ何レノ服裝ニ在リテモ衣ノ襟幅ヨリ稍廣ク折リ之ヲ頸ニ卷クヘシ

第四十六條　略衣跨ハ兵卒平常屯營内ニ在ルトキ及操練演習等ノトキニ着用スルモノトス

第四十七條　絨衣跨ヲ着用シテ操練演習ヲ爲ストキハ肩章ヲ除去シ若ハ卷キ置クモ妨ナシ

其ノ二　正裝

第四十八條　正裝ハ兵種ニ依リ區別アリト雖一般ニ着裝スルモノ概ネ左ノ如シ

第一種帽

前立

衣跨

襟布

靴

但シ屯田歩兵砲兵輸卒輜重輸卒及ビ看護卒ハ第二種帽ヲ用ウ

第四十九條　兵種ニ依リ區別アルモノ左ノ如シ

一　曹長（憲兵ヲ除ク）ハ其ノ兵種ノ如何ヲ問ワス皆刀ヲ佩ヒ歩兵要塞砲兵ニ在リテハ短靴、工兵ニ在リテハ工兵靴ヲ穿チ脚絆ヲ跨下ニ着シ騎兵ニ在リテハ長靴ヲ穿チ野戰砲兵（山砲隊ノ乘馬セサル者ハ短靴ヲ穿チ脚絆ヲ跨下ニ着ス）及輜重兵ニ在リテハ半長靴ヲ跨上ニ穿ツ而シテ隊伍ニ列スル騎兵輜重兵ノ曹長ハ拳銃（彈藥盒共）ヲ携帶ス

拳銃ヲ携帶スル者ハ憲兵ヲ除クノ外携帶革ヲ以テ左肩ヨリ斜ニ右ニ掛ケ帶革ヲ以テ之ヲ締ム

二　憲兵曹長軍曹伍長及上等兵ハ刀ヲ佩ヒ半長靴ヲ跨上ニ穿チ警察勤務ニ服スルトキハ拳銃（彈藥盒共）ヲ帶革ニ附着ス

三　歩兵要塞砲兵工兵軍曹伍長及兵卒ハ銃劍ヲ佩ヒ短靴ヲ穿チ脚絆ヲ跨下ニ着ス而シテ隊伍ニ列スル者ハ背嚢ヲ負ヒ（負

革ヲ肩章ノ下ニス）彈藥盒ヲ附着シ銃ヲ携持ス但シ背囊ニハ外套ヲ蹄鐵状ニ附着シ尚噐具ヲ携帶スヘキ者ニ在リテハ之ヲ束装ス
四　騎兵軍曹伍長及兵卒ハ刀ヲ佩ヒ長靴ヲ穿ツ而シテ隊伍ニ列スル者ハ槍又ハ銃ヲ携持ス（銃ヲ携フル者ハ彈藥盒ヲ附着ス）
五　野戰砲兵軍曹伍長及兵卒ハ銃劍ヲ佩ヒ半長靴ヲ跨上ニ穿ツ（山砲隊ノ乗馬セサル者及輸卒ハ短靴ヲ穿チ脚絆ヲ跨下ニ着ス）而シテ隊伍ニ列スルトキ徒歩ノ者ハ背囊ヲ負ヒハ外套ヲ蹄鐵状ニ附着ス（場合ニ依リ背囊及外套ハ前車ニ附着ス）但シ輸卒ハ外套ヲ卷キ左肩ヨリ右脇ニ掛ク
六　輜重兵軍曹伍長及兵卒ハ刀（輸卒ハ銃劍）ヲ佩ヒ半長靴ヲ跨上ニ穿ツ而シテ兵卒ノ隊伍ニ列スル者ハ彈藥盒ヲ附着シ銃ヲ携持ス但シ輸卒ノ服装ハ砲兵輸卒ニ同シ
七　屯田歩兵下士兵卒ノ服装ハ歩兵下士兵卒同シ
八　衛生部軍吏部及軍樂部ノ下士兵卒ハ總テ銃劍ヲ佩ヒ短靴ヲ穿チ脚絆ヲ跨下ニ着ス
九　砲兵諸工長及砲兵蹄鐵工長ハ前號ニ同シ但シ野砲隊附砲兵蹄鐵工長ハ半長靴ヲ跨上ニ穿ツ
十　騎兵一等蹄鉄工長は第一號ニ同シ二（三）等蹄鐵工長ハ第四號ニ同シ但シ隊伍ニ列スル場合ト雖拳銃ヲ携帶スルコトナシ
十一　輜重兵蹄鐵工長ハ刀ヲ佩ヒ半長靴ヲ跨上ニ穿ツ
十二　隊外ニ奉職スル軍曹及砲兵蹄鐵工長ハ總テ刀ヲ佩ス
其ノ三　軍装
第五十條　軍装ハ左ニ揚クルモノヲ取捨スルノ外概ネ正装ト同一ニス
一　第二種帽ヲ用ウ（第二種帽ノ制ナキ者ハ第一種帽ヲ用ウ）
二　水筒ヲ携帶ス
三　歩兵要塞砲兵工兵隊ノ下士及兵卒ニ在リテハ雑囊ヲ携帶シ且手旗ヲ携帶スヘキ者ハ之ヲ背囊ニ束装ス
四　憲兵及ビ軍樂部下士以下ニ在リテハ革雑囊ヲ携帶ス
五　野戰砲兵下士兵卒ノ内拳銃（彈藥盒共）ヲ所持スルモノハ之ヲ携帶シ手旗ヲ携帶スヘキ者ハ之ヲ背囊ニ束装ス
六　彈藥大隊ノ砲兵特務總長及下士竝喇叭ハ拳銃（彈藥盒共）ヲ携帶シ其ノ他ノ兵卒ハ銃（彈藥盒共）ヲ携帶ス
七　徒歩ニシテ隊附ノ者ハ總テ背囊ヲ負フ（縫工長靴工長及騎兵蹄鐵工長ヲ除ク）但シ第四條第一號ノ場合ニ在リテハ隊外ノ者モ亦同シ
八　背囊ヲ負フ者ハ之ニ飯盒及豫備靴ヲ附着ス又時宜ニ依リ毛布ヲ附着スルコトアリ

九　砲兵輸卒及輜重輸卒ハ背負袋ヲ負フ
十　脚絆ヲ着スル者ハ之ヲ跨上ニス
十一　衞生部下士ハ醫療嚢看護手看護卒ハ包帯嚢ヲ携帯ス
十二　対馬警備歩兵大隊ニ在リテハ外套ヲ巻キ左肩ヨリ右脇ニ掛ケシ山足袋ヲ穿チ木綿脚絆ヲ着セシムルコトアリ
十三　屯田歩兵ニ在リテハ靴ニ換フルニ草鞋ヲ以テスルコトアルヘシ
十四　従卒馬卒ノ軍装ハ輸卒ノモノニ同シ

其ノ四　略装

第五十一條　略装ハ第四十九條ノ第二號乃至第九號ニ揚クルモノヲ適用セサルノ外概ネ軍装ニ同シ但シ脚絆ハ跨ノ上又ハ下ニ着シ若ハ之ヲ着用セサル等適宜トス

第四章　士官候補生一年志願兵及陸軍諸生徒の服装

第五十二條　見習士官見習醫官見習薬劑官見習獣醫官見習軍吏ノ服装ハ將校ノ例ニ準ス

第五十三條　士官候補生（見習士官ヲ除ク）及一年志願兵（軍醫生薬劑生獣醫生ヲ除ク）ハ各階級ニ應スル該當兵科ノ下士兵卒ニ準ス但シ騎兵科士官候補生ハ士官學校分遣中ニ限リ絨跨及跨ヲ長跨ニ調製混用セシムルコトヲ得

第五十四條　軍醫生薬劑生獣醫生ノ服装ハ一等看護長一等蹄鐵工長ノ例ニ準ス

第五十五條　各兵科下士候補生騎砲輜重兵蹄鐵工長候補生（各學生ヲ除ク）ノ服装ハ當該兵科ノ兵卒ニ衞生部下士候補生ノ服装ハ歩兵科ノ兵卒ニ準ス

第五十六條　幼年學校生徒砲兵諸工長及縫靴工長候補生中生徒竝軍樂學校生徒ノ服装ハ場合ノ如何ニ係ハラス唯一一種ヲ用イ制規ノ帽衣跨靴ヲ着用シ銃剣ヲ帯フルノ外當該長官適宜之ヲ定ムルモノトス

夏衣

將校及相當官

備考

釦及星章ハ銀色ニシテ袖章ハ蛇腹組又ハ平織白線ニシテ大將大佐大尉ハ三條中將中佐中尉ハ二條少將少佐少尉ハ一條トシ將官ハ星章三個佐官ハ二個尉官ハ一個トス准士官ハ線及星章ヲ附セズ

明治26年制定の将校・准士官用の夏衣の図。

「日清戦争」出征前に写された完全軍装の「歩兵二等卒」。明治19年制定の軍衣と軍跨を着用して、着剣した「十八年式村田銃」を持ち、「背嚢」と「雑嚢」と「硝子水筒」を装備している。「背嚢」には携帯シャベルである「携帯方匙」と予備の「短靴」を付けている。村田銃用の「弾薬盒（弾薬ポーチ）」は背後に装備しているものと推測される。

「日清戦争」出征前に写された「歩兵二等卒」。明治19年制定の軍衣、軍跨、第二種帽、脚絆、短靴を着用し、背嚢を背負い、当時の最新式である着剣した「二十二年式村田連発銃」を持っている。

「日清戦争」出征前に写された将校と当番兵。将校は明治19年制定の軍服と「第二種帽」を着用し、「将校用背嚢」を背負い、右肩から左腰に「双眼鏡嚢」、左肩から右腰に「拳銃嚢」を掛けて、「将校用脚絆」を装着している。左手に「双眼鏡」、右手に「桑原製軽便拳銃」を装備している。「当番兵」は明治19年制定の軍衣跨と「第二種帽」を被り、「脚絆」は「跨」の下に装着している。腰には村田銃用の「銃剣」を下げている。

明治28年４月24日に金洲で撮影された「第二軍司令部」の記念撮影。写真中央は「大山巌大将」。

明治28年の台湾討伐時に撮影された山砲射撃中の砲兵で、明治19年制定の「夏服」を着用しており、腰には「砲兵刀」と「硝子水筒」等の装備が見られる。また、写真手前に「砲兵用背嚢」が見える。

前掲写真と同じく台湾討伐のときの写真。軍旗を先頭に行軍中の状況であり、将兵は明治19年制定の「夏服」を着用している。下士官兵は「十八年式村田銃」を担い、「背嚢」「雑嚢」「硝子水筒」を装備している。写真左の兵卒は「背嚢」に「携帯方匙」を縛着している。写真右の先頭にいる将校は「雨覆」を左肩から右腰に掛けており、写真中央の将校は「背負袋」と「雨覆」を襷がけに装備している。

「日清戦争」で用いられた「防寒胴衣」。大陸の激しい極寒に対応すべく、通常は「外套」の上から重ねて着用した。また、写真のように「軍衣」の雨下に重ねて着用するほか、軍医の下に着用も可能であった。

明治27年夏に福知山で架橋演習を行なう工兵。川の向こう岸では「長靴」を履いた将校連が作業の進捗を眺めており、写真中央でカメラに目線を寄せる将校は腰に「軍刀」を帯びている。

明治19年制定の正衣を着用の少将。将官用の白短跨を着用している。

明治19年制定の正衣を着用の少将。

明治19年制定の軍衣を着用の少将。将官を示す袖章が３段になっている様子がわかる。

明治19年制定の軍衣を着用の大佐。

明治19年制定の軍衣を着用の参謀。参謀を示す「飾緒」を付け、右胸に陸軍大学校卒業を示す通称「陸大徽章」と呼ばれた「陸軍大学校卒業徽章」を付けている。

妻子とともに写る正装の大尉。明治19年制定の「正衣」と「正跨」に「前立」を付けた「第一種帽」を被り、腰には「蝕帯」を巻いている。

明治30年前後の中隊本部での記念撮影。写真前列中央の「大尉」と左右の少尉、後列2名の「少尉」（1名は「週番懸章」を装備）はともに明治19年制定の「軍衣」と「軍跨」に「第二種帽」を被っており、後列両左右には明治19年制定の下士官兵用「軍衣」と「軍跨」に「第一種帽」を被った「士官候補生」がいる。「士官候補生」の階級は「二等軍曹」である。なお、明治32年の制度改正で従来の「一等軍曹」「二等軍曹」の呼称は、「軍曹」「伍長」に替わる。

婚礼の記念撮影に写る中尉。明治19年制定の「正衣」と「正跨」に、腰には「蝕帯」を巻き、「刀」には「正緒」が付けられている。サイドテーブルには「前立」を付けた「第一種帽」がある。

明治19年制定の「軍衣」と「夏跨」に「第一種帽」を被った中尉。

明治19年制定の「軍衣」と「軍跨」に「第一種帽」を被った少尉。「第二種帽」には「尉官」を示すラインが入れられていることがわかる。「刀」には「刀緒」が付けられている。軍衣の肋骨部分を目立つように仕立てている。

明治19年制定の「軍衣」と「軍袴」に「第一種帽」を被った少尉。

明治19年制定の下士兵卒用被服を着用の見習士官。階級は曹長であり、上衣の両襟部分に「士官候補生」を示す星形の襟部徽章を付けている。長靴を履き、「軍刀」には「刀緒」を付けている。

明治19年制定の下士兵卒用被服を着用の見習士官と幼年学校生徒。写真手前の２名は「幼年学校生徒」であり、襟部分に襟部徽章を付けておらず、写真奥の「士官候補生」は両襟に「士官候補生」を示す襟部徽章を付けている。

将校と幼年学校生徒。将校の階級は「大尉」であり、明治19年制定の軍衣と夏跨を着用し、「第二種帽」には「日覆」を付けている。生徒は明治19年制定の夏衣・夏跨と「日覆」を付けた「第二種帽」を被っている。

明治19年制定の下士兵卒用の軍衣に「第二種帽」を被った下士官（階級不明）。」軍刀は明治８年制定の騎兵砲兵工兵輜重兵用の「下士兵卒刀」を持っている。

明治33年に撮影された伍長。明治19年制定の下士兵卒用の軍衣と軍跨に「第二種帽」を被り、「三十二年式軍刀」を持っている。

明治19年制定の下士兵卒用の下士官外套と軍衣と軍跨に「第二種帽」を被り、「半長靴」を履いた下士官（階級不明）。撮影用に「騎兵用下副官刀」を持っている。

明治19年制定の下士兵卒用の軍衣と軍跨に「第二種帽」を被り、「半長靴」を履いた砲兵ないし輜重兵の「一等卒」。撮影用のためか「三十二年式軍刀乙」を持っている。

明治19年制定の下士兵卒用の外套と軍衣と軍跨に「第二種帽」を被った兵卒。「三十二年式軍刀」を持っており、外套は明治22年改正以前のものを着用している（明治22年６月の改正で兵用外套には袖線が付く）。

明治19年制定の下士兵卒用の軍衣に「第二種帽」を被った「一等卒」。

「第一種帽」を被った兵卒（階級不明）。「第二種帽」と異なり革製の本体の様子がよくわかる。

「一年志願兵」の肩章。通常の肩章と異なり周囲に紅白の紐飾りがある。

乗馬状態の砲兵ないし輜重兵の伍長。明治19年制定の下士兵卒用の軍衣・夏跨に「日覆」を付けた「第二種帽」を被り、「半長靴」を履いている。武装として「三十二年式軍刀乙」を腰に下げているが、乗馬のため革帯の環に掛けずにそのまま下げている。背中には「三十年式騎銃」を背負っている。

前掲写真と同一人物で、明治19年制定の下士兵卒用の夏衣・夏跨を着用している。軍馬の馬装がよくわかる写真である。

部にある針金を変形させて、崩した形で被っている。３列目の右から３名の「士官候補生襟技徽章」を付けていない下士官は「助教」である。

明治30年ごろに「陸軍士官学校」で撮影された区隊長を囲んだ士官候補生の記念撮影。前列の右から3人目の「大尉」が区隊長であり、右に「中尉」と「士官候補生」がおり、左には「少尉（「第一種帽」着用）」「少尉」「士官候補生」がいる。2列目の左から2番目の「士官候補生」は「第一種帽」の天井

見える。「特務曹長」の「第二種帽」は尉官帽にある階級表示のラインがなく、袖部分は「特務曹長」を示す山形に付けられた黒毛縁（幅三分）と蛇腹組黒線が一条ずつ付けられている。

明治35年に「歩兵第一聯隊」で撮影された写真。中隊長を囲んだ記念撮影であり、２列目中央で唯一「第一種帽」を被った大尉が中隊長で、右に「少尉」と「士官候補生」、左に「中尉」と「特務曹長」が

「22」を付け、左襟部分には明治33年制定の桜を模った銀色金属製の「台湾守備隊襟部徽章」を付け、右襟部分には所属する「台湾守備隊」の「大隊」ないし「中隊」番号（写真は「11」の中隊番号が見える）を付けている。

明治33年ごろに撮影された「台湾守備隊」の写真。前列中央の少尉は明治19年制定の将校准士官用上衣と夏跨に「第一種帽」を被り、短靴を履いている。兵卒は全員が明治19年制定の下士兵卒用の上衣と夏跨に「日覆」を付けた「第一種帽」に「短靴」を履き、村田銃用の「銃剣」を持っている。「台湾守備隊」は内地部隊より交代で要員が派遣されており、下士兵卒は肩章に内地の所属聯隊の番号である

が見える。門柱の左に「輜重兵第八大隊第一中隊」の記載があることから、明治31年創設の「第八師団」の編成にあたり隷下の「輜重兵第八大隊」編成のために既存の「第二師団」隷下の「輜重兵第二大隊」の要員が基幹となっていることがわかる。（写真提供／ Crea Bartoon）

明治30年代前半に撮影された「輜重兵第二大隊」の営門。写真左の哨舎に立つ衛兵は明治19年制定の下士兵卒用の夏衣・夏跨に日覆を付けた「第二種帽」を被り、「半長靴」を履いて左肩より右腰に「雨覆」を掛けている。持っている小銃は「スペンセル銃」である。写真右には「刀」を吊った２名の将校

輜重兵第八大隊

明治30年代前半に撮影された「輜重兵第八大隊」の営門。歩哨は明治19年制定の軍衣・夏袴に日覆を付けた「第二種帽」を被り「半長靴」を履いている。腰には「三十二年式軍刀乙」を吊り、右肩に「三十年式騎銃」を担っている。(写真提供／Crea Bartoon)

騎兵第八聯隊

青森県弘前にある「騎兵第八大隊」の営門。大隊が編成された明治29年11月５日直後の撮影であり、明治19年制の騎兵用の軍衣・軍跨に「第二種帽」を被り「長靴」を履いた立哨する３名の衛兵の内の左の１名は「村田騎銃」を持っている。（写真提供／ Crea Bartoon）

八大隊

明治31年に弘前に新設された「工兵第八大隊」の兵営営門。大隊は「第八師団」の創設のため既存の「第二師団」隷下の仙台の「工兵第二大隊」の要員を基幹に明治29年に編成され、明治31年に弘前に移転した。哨舎前の歩哨は明治19年制定の下士官兵用の軍衣・軍袴に「第二種帽」を被り、「短靴」を履いて「脚絆」を付けている。装備としては「背嚢」を背負い「三十年式騎銃」を持ち、腰に「三十年式銃剣」を付けている。（写真提供／ Crea Bartoon）

「半長靴」を履き、「日覆」を付けた「第二種帽」を被り、腰には「砲兵刀」を吊り左肩から右腰に丸めた「外套」を下げている。（写真提供／ Crea Bartoon）

明治30年に撮影された弘前の「野戦砲第八大隊」の兵舎。大隊は明治29年に編成に着手し、翌30年に弘前に兵舎が完成し、明治31年10月1日に編成が完結した。兵営の庭には大隊編成のため基幹要員が集合している。まさに営門を通過しようとする兵卒は、明治19年制定の下士兵卒用の軍衣・夏跨に

ている。写真左には立木に隠れて見えずらいものの哨舎前の歩哨が「三十年式歩兵銃」を持って立哨している姿が写っている。（写真提供／ Crea Bartoon）

明治30年に撮影された弘前の「歩兵第三十一聯隊」の兵舎。聯隊は日清戦争直後の明治28年より編成がはじまり明治30年に創設された。写真に写る営門周辺の下士官兵は明治19年制定の軍衣、軍跨、第二種帽に短靴と脚絆を付けており、腰には「三十年式歩兵銃」用の「弾薬盒と「三十年式銃剣」を吊っ

弘前聯隊區司令部

明治30年に撮影された弘前の「歩兵第四旅団司令部」と「弘前聯隊区司令部」の庁舎。哨舎前の歩哨は明治19年制定の軍衣、軍跨、第二種帽に短靴と脚絆を付けて背嚢を背負い「三十年式歩兵銃」を持っている。(写真提供/ Crea Bartoon)

第四章　日露戦争と二つの戦時服

①日露戦争と被服

建国以来初の未曾有の規模の国家動員戦である「日露戦争」では、被服面でも大きな進歩があった。

開戦と同時に既存の明治三十三年制定の被服につづいて、戦時簡略型の将校被服である「戦時服」が採用され、さらに翌年になると将校下士兵卒用のより実戦向きの「新戦時服」が制定され、戦場に投入された。

以下に「明治三十七年二月戦時又ハ事変ノ際ニ於ケル陸軍服制ニ関スル件」、明治三十七年三月一日「下士官兵の被服整備体系の簡略化」「特殊被服」、明治三十八年「陸軍戦時服服制」「茶褐絨製の旧戦時服」「着色夏衣跨」、明治三十八年「臨時茶褐色木綿製外被」、明治三十八年「陸軍服装規則の改正　明治三十八年戦時服ノ着装及混用法」とあわせて「装備品の変遷」を示す。

②戦時又ハ事変ノ際ニ於ケル陸軍服制ニ関スル件

明治三十七年二月になると、激化が予想される戦争に備えて将校被服の整備を顧慮して明治十九年制定の将校・准士官の服制を戦時規格品に代替する時限立法である「戦時又ハ事変ノ際ニ於ケル陸軍服制ニ関スル件」が「勅令第二十九号」で定められた。この戦時時限立法による将校服は通称「戦時服」と呼ばれた。

「戦時又ハ事変ノ際ニ於ケル陸軍服制ニ関スル件」の全文は、「戰時又ハ事變ニ際シ陸軍將校同相當官及准士官ノ軍衣ハ夏衣同様ノ制式（地質ハ濃紺絨又ハ紺絨、袖章ハ黒絨、釦數ハ五個又ハ六個）將校以下ノ夏衣夏跨日覆垂布ハ茶褐色ト爲スコトヲ得」である。

この規定により将校の軍服は明治二十六年改正の夏衣と階級識別を同一タイプにするとともに、服の地質は濃紺ないし紺絨となった。

また、夏衣・夏袴・日覆・垂布は、従来の白色から戦場での不可視性とカモフラージュ効果を考慮して新たに茶褐色とされた。

③下士官兵の被服整備体系の簡略化

日露戦争での大規模兵力動員に備え

た被服補給体系の簡略化を目的として、明治三十七年三月一日の「陸普大四十六号」の「戦時下士以下被服調弁補給手続」が日露戦争の期間中のみの時限立法として制定された。

この制定によって動員事務の円滑化をはかるとともに、平時より「戦用品」としてストックしている戦時動員被服のなかから動員部隊には制式の「短靴」と「麻脚絆」を装備させ、爾後の補給は兵站勤務部隊以外の野戦部隊には新たに「編上靴」と「巻脚絆」を追送するという規定であった。

「戦時下士以下被服調弁補給手続」の第五条の条文は、以下のとおりである。

＊戦時下士以下被服調弁補給手続

第五條　海外ニ出征スル部隊ノ下士以下用短靴及麻脚絆ハ平時準備ノ戦用品ヲ着用セシメ爾後野戦部隊（兵站諸部隊ヲ除ク）ニ限リ短靴及ビ麻脚絆ニ代ヘ編上靴及巻脚絆ヲ追送スルモノトス

④特殊被服

極寒と酷暑が予想される日露戦争では、激しい気候と環境に応ずべく出征部隊に対して「特殊被服」の提供を定めた時限立法である「特殊被服貸与交付及返納方」が明治三十七年五月十五日に「陸達第九十七号」により制定された。

＊特殊被服貸与一覧

品目		貸与期間	貸与区分	
			軍人	軍属（軍役夫を除く）
防寒被服	毛布製外套	冬季	一	一
	毛メリヤス製襦袢跨下		内一	
	混綿メリヤス製襦袢跨下			
	本小絨製襦袢跨下			
	毛メリヤス製手套		内一	
	混綿メリヤス製手套			
	毛メリヤス製靴下		内一	
	混綿メリヤス製靴下			
防蚊覆面		夏季	一	一
垂布			一	一
本小絨製腹巻		四季	一	一
携帯天幕		配当区分に依る		
備考		補助輸卒隊・後備隊・師団及び兵站附下士以下には、本小絨製又は混綿メリヤス製の物を、其の他の者に在りては毛、メリヤス製の物を貸与するを例とす		

「特殊被服」は、「防寒被服」「防《ぼう》蚊《ぶん》覆面」「垂布」「本小絨製腹巻」「携帯天幕」の五種類があり、「防寒被服」は「毛布製外套」「毛メリヤス製襦袢跨下」「混綿メリヤス製襦袢跨下」「本小絨製襦袢跨下」「毛メリヤス製手套」「混綿メリヤス製手套」「毛メリヤス製靴下」「混綿メリヤス製靴下」に細分された。

オフィシャルな「特殊被服」の貸

与一覧は、P.261表のとおりである。

A．防寒被服

「防寒被服」には、「毛布製外套」「毛メリヤス製襦袢跨下」「混綿メリヤス製襦袢跨下」「本小絨製襦袢跨下」「毛メリヤス製手套」「混綿メリヤス製手套」「毛メリヤス製靴下」「混綿メリヤス製靴下」がある。

「毛布製外套」は、大陸の極寒は陸軍正規の絨製外套のみでは防ぐことが困難で毛皮製外套の必要性が生じたものの、短期間で毛皮製外套の調達が不可能なために、軍用の茶色毛布を用いて臨時に作成した外套であり、襟部分には茶褐布製の頭巾（フード）が織り込まれていた。

「毛布製外套」は外套本体のほかに、付属品として「三角頭巾」「手袋」「布製長靴」があり、通常の外套の上に重ねて着用した。「三角頭巾」は毛布製の頭巾であり、「手袋」は毛布製で脱落防止のため外套の肩部分から紐でつなげられており、「布製長靴」は防寒長靴の代用として真綿を入れた茶褐布製の長靴で、靴底部分は布を何重にも重ねて縫い合わせたものであった。

のちに「毛布製外套」に変わり、チョッキタイプで通常の「絨製外套」の上から装着する茶褐綿布の内面に山羊毛皮を張り付けた「防寒胴衣」等が適宜に整備されて戦闘部隊単位に配備された。また、この「防寒胴衣」の制定とあわせて、下士官兵用の外套の襟部分に装着する「防寒襟」が制定され部隊配備された。

防寒用下着としては、「毛メリヤス製襦袢跨下」「本小絨製襦袢跨下」「混綿メリヤス製襦袢跨下」の三種類があり、いずれも通常の「襦袢」と「跨下」の上に重ねて着用する。

防寒手袋としては「毛メリヤス製手套」「混綿メリヤス製手套」があり、単体での使用のほかに、極寒時は「軍手」の上に重ねて着用する。

防寒用靴下には、「毛メリヤス製靴下」「混綿メリヤス製靴下」があった。

B．防蚊覆面

「防蚊《ぼうぶん》覆面」は、夏季にマラリア蚊や毒虫の襲来から頭部や顔面を保護するための覆面であり、茶褐布と茶褐蚊帳生地で円筒形に作成された覆面で、内部に展張用の針金が螺旋状に入れられている。

携帯時は針金を押し付け畳んだ状態で背嚢に縛り付け、使用に際しては軍帽の上から被る。

C．垂布

「垂布」は後頭部に対する直射日光遮断のため、夏季に帽子覆後部に取り付ける白綿布製の垂れ布であり、のちに茶褐布に変わった。

D．本小絨製腹巻

「本小絨製腹巻」はオールシーズンを経て腹部の冷え防止に対処するための絨製の腹巻である。

E．携帯天幕

「携帯天幕」は日露戦争ではじめて用

いられた野営用の個人携帯用小型テントであり、「幕」「支柱」「控杭」「張綱」より構成されており、複数を組み合わせて大型の天幕を構築するほか、「マント」のように羽織って「雨覆」の代用としても使用できた。携帯する場合は「背嚢」に取り付けて携帯された。

「幕」と呼ばれる天幕本体は茶褐交織帆布製であり、付属品として「支柱」とテントペグである「控杭」と展張用の紐である「張綱」があった。

「支柱」はつなぎ合わせるタイプで「支柱甲」と「支柱乙」があり、「支柱甲」一に対して「支柱乙」二の割合で整備されており、通常三つ一組で「支柱甲・支柱乙－二」「支柱甲・支柱乙－二」「支柱乙－二」の割合（三名一組）で携帯した。

⑤明治三十八年「陸軍戦時服服制」

明治三十八年になると、前年の勅令第二十九号の「戦時事変ノ際ニ於ケル服制」により制定された「戦時服」に

＊陸軍戦時服服制　明治38年①（以下⑥まで）

将校同相当官服制（軍楽部を除く）			
名称	第二種帽	外套	夏短跨
	軍衣	雨覆	夏外套
	跨	夏衣	襟章
	短跨	夏跨	肩章

第二種帽	名称	地質	星章	眼庇	顎紐
	将校	茶褐絨 鉢巻　緋絨 上部喰出　緋絨	金色金属	黒革	黒塗薄革 両縁折込とす 釦　金色金属
	将校相当官	茶褐絨 鉢巻　緋絨 上部喰出　緋絨	銀色金属	黒革	黒塗薄革 両縁折込とす 釦　銀色金属

軍衣	名称	地質	釦
	将校	茶褐絨 袖章　緋絨	金色金属
	将校相当官	茶褐絨 袖章　緋絨	銀色金属

跨	名称	地質
	将校 将校相当官	茶褐絨 側章　緋絨

短跨	名称	地質
	将校 将校相当官	茶褐絨 側章　緋絨

②

	名称	地質	釦
外套	将校	表　茶褐絨 裏　同色若は薄鼠色絨毛繻子 側章　緋絨	金色金属
	将校相当官	表　茶褐絨 裏　同色若は薄鼠色絨毛繻子 側章　緋絨	銀色金属

	名称	地質	形状
雨覆	将校 将校相当官	表　茶褐絨 裏　同色若は薄鼠色絨毛繻子 裏	陸軍服制に同じ 但し釦は褐色とする

	名称	地質	釦	形状
夏衣	将校	茶褐布若は同色薄毛絨	金色金属	軍衣に同じ 但し袖章を除く
	将校相当官	茶褐布若は同色薄毛絨	銀色金属	軍衣に同じ 但し袖章を除く

	名称	地質	形状
夏袴	将校 将校相当官	茶褐布若は同色薄毛絨	袴に同じ 但し側章を除く

	名称	地質	形状
夏短袴	将校 将校相当官	茶褐布若は同色薄毛絨	短袴に同じ 但し側章を除く

	名称	地質	形状
夏外套	将校 将校相当官	茶褐絨若は同色薄毛絨	陸軍服制に同じ 但し釦は褐色とする

	名称	品質
襟章	将校 将校相当官	憲　兵　黒絨 歩　兵　緋絨 騎　兵　萌黄絨 砲　兵　黄絨 工　兵　鳶絨 輜重兵　藍絨 経理部　銀茶絨 衛生部　深緑絨 獣医部　深緑絨

替わり、将校・准士官・下士兵卒を対象として新たに従来の軍服とは根本的に異なる野戦での偽装効果を主眼としたコンセプトの帯赤茶褐色の生地を用いた新たな「戦時服」が制定された。

　この「新、戦時、服」は明治三十八年の「勅令第百九十六号」で「陸軍戦時服服制」として制定され、戦闘のほかに通常礼装でも使用可能とされた戦時服である。

③

	名称	地質	線章	星章
肩章	将官	緋絨	両縁　円筒金線縄目繍 中間　平織金線１条	金色金属若は金線繍 大将　３個 中将　２個 少将　１個
	将官相当官	緋絨	両縁　円筒銀線縄目繍 中間　平織銀線１条	銀色金属若は銀線繍 中将相当官　２個 少将相当官　１個
	佐官	緋絨	両縁　円筒金線縄目繍 中間　平織金線２条	金色金属若は金線繍 大佐　３個 中佐　２個 少佐　１個
	佐官相当官	緋絨	両縁　円筒銀線縄目繍 中間　平織銀線２条	銀色金属若は銀線繍 大佐相当官　３個 中佐相当官　２個 少佐相当官　１個
	尉官	緋絨	両縁　円筒金線縄目繍 中間　平織金線１条	金色金属若は金線繍 大尉　３個 中尉　２個 少尉　１個
	尉官相当官	緋絨	両縁　円筒銀線縄目繍 中間　平織銀線１条	銀色金属若は銀線繍 大尉相当官　３個 中尉相当官　２個 少尉相当官　１個
備考	一．本服制に伴ふ刀、刀帯、刀緒、飾緒及懸章は陸軍服制に同じ 二．近衛師団に属する将校は金色、同相当官は銀色の櫻枝を第二種帽の星章の下部に附す 三．隊付将校は金色、同相当官は銀色の金属製襟部徽章〔聯（大）（中）隊番号を表する亜剌比亜数字（後備隊に在りては羅馬数字）〕を襟の左右に附す 四．国民軍に属する校は金色、同相当官は銀色の金属製襟部徽章〔師管番号（亜剌比亜数字）を襟の右に聯（大）（中）隊番号（亜剌比亜数字）を襟の左に〕を附す 五．前二項の襟部徽章は将校に在りては金線繍、同相当官に在りては銀線繍と為すことを得			

この「陸軍戦時服服制」の制定にともない、既存の明治三十三年勅令第三百六十四号による「陸軍服制」の「正服」と「軍服（肋紐付）」はそのまま保存されることとなった。

また、前述した明治三十七年勅令第二十九号「戦時事変ノ際ニ於ケル服制」は、この「新戦時服」の制式発布とともに廃止となるが、既存の被服のみは日露戦役間の着用は可能とされた。

この「新戦時服」は生地が帯赤茶褐色であることから通称「茶褐色制服」ないし略して「茶褐服」等とよばれ、これに対して「紺絨」を用いた旧式の被服は「紺絨制服」ないし略して「紺絨服」や「紺色服」などと呼ばれた。

⑥茶褐絨製の旧戦時服

将校准士官の被服では「新戦時服」の制定以前の「旧戦時服」の時期より、服のスタイルは「旧戦

④

准　士　官　服　制　（軍楽部を除く）
将校に同じ 但し其の肩章は尉官と同一にして星章を附せず

下　士　兵　卒　服　制　（軍楽部を除く）			
名称	第二種帽	防寒襟	襟章
	衣	雨覆	肩章
	袴	夏衣	
	外套	夏袴	

第二種帽	名　称	地　質	星　章	眼　庇	顎　紐
	各兵下士兵卒	茶褐絨 鉢巻　緋絨 上部喰出　緋絨	金色金属	黒革	黒革 釦　金色金属
	各部下士兵卒	茶褐絨 鉢巻　緋絨 上部喰出　緋絨	銀色金属	黒革	黒革 釦　銀色金属

軍衣	名　称	地　質	釦
	各兵下士兵卒	茶褐絨 袖章　蛇腹組緋毛糸	赤銅
	各部下士兵卒	茶褐絨 袖章　蛇腹組白毛糸	白銅

袴	名　称	地　質
	各兵下士兵卒（騎兵を除く） 各部下士兵卒	茶褐絨 側章　蛇腹組緋毛糸
	騎兵下士兵卒	茶褐絨 側章　蛇腹組緋毛糸

外套	名　称	地　質	釦
	各兵下士兵卒	茶褐絨 側章　蛇腹組緋毛糸	赤銅
	各部下士兵卒	茶褐絨 側章　緋絨	白銅

防寒襟	名　称	地　質	形　状
	各兵下士兵卒 各部下士兵卒	表　茶褐絨 裏　毛皮	脱着製にして外套に装着す 紐は茶褐色丸打とす

雨覆	名　称	地　質	形　状
	憲兵下士兵卒	茶褐絨	陸軍服制に同じ 但し釦は褐色とする

⑤

	名　称	地　質	釦	形　状
夏衣	各兵下士兵卒	茶褐布	赤銅	衣に同じ 但し袖章を除く
	各部下士兵卒	茶褐布	白銅	衣に同じ 但し袖章を除く

	名　称	地　質	形　状
夏跨	各兵下士兵卒 各部下士兵卒	茶褐布	跨に同じ 但し側章を除く
	騎兵下士兵卒	茶褐布	跨に同じ

	名　称	品　質
襟章	各兵下士兵卒 各部下士兵卒	憲　兵　黒絨 歩　兵　緋絨 騎　兵　萌黄絨 砲　兵　黄絨 工　兵　鳶絨 輜重兵　藍絨 経理部　銀茶絨 衛生部　深緑絨

	名　称	地　質	線　章	星　章
肩章	各兵下士	緋絨	平織金線１条	金色金属 曹長　３個 一等工長　３個 軍曹　２個 二等工長　２個 伍長　１個 三等工長　１個
	各部下士	緋絨	平織銀線１条	銀色金属 曹長相当　３個 軍曹相当　２個 伍長相当　１個
	各兵兵卒	緋絨		黄絨 上等兵　３個 一等兵　２個 二等兵　１個 雑卒　１個
	各部兵卒	緋絨		白絨 上等兵相当　３個 雑卒　１個

⑥

<table>
<tr><td>備考</td><td>一. 近衛師団に属する各兵下士兵卒は金色、各部下士兵卒は銀色の櫻枝を第二種帽の星章の下部に附す
二. 隊附各兵下士兵卒は金色、各部下士兵卒は銀色の金属製襟部徽章〔聯（大）（中）隊番号を表する亜剌比亜数字（後備隊に在りては羅馬数字）〕を襟の左右に附す
三. 国民軍に属する兵下士兵卒は金色、各部下士兵卒は銀色の金属製襟部徽を〔師管番号（羅馬数字）を襟の右に聯（大）（中）隊番号（亜剌比亜数字）を襟の左に〕附す
四. 各兵各部下士兵卒（騎兵を除く）の跨は常に長靴若は脚絆を跨上に穿つべき特別の場合に在りては騎兵下士兵卒と同一の製式と為すことを得</td></tr>
</table>

士官・下士兵候補者服制（軍楽部を除く）

<table>
<tr><th colspan="2">名称</th><th>第二種帽</th><th>衣跨</th><th>外套</th><th>防寒襟</th><th>雨覆</th><th>夏衣跨</th><th>襟章</th><th>肩章</th></tr>
<tr><td rowspan="2">各兵科</td><td>見習士官</td><td colspan="4" rowspan="2">各階級に応し当該兵科の下士兵卒に同じ</td><td rowspan="2">尉官に同じ
但し裏を附せす</td><td colspan="3" rowspan="2">各階級に応し当該兵科の下士兵卒に同じ</td></tr>
<tr><td>士官候補生</td></tr>
<tr><td rowspan="2">経理部</td><td>見習士官</td><td colspan="4" rowspan="2">各階級に応し歩兵科下士兵卒に同じ</td><td rowspan="2">尉官に同じ
但し裏を附せず</td><td colspan="3" rowspan="2">各階級に応し歩兵科下士兵卒に同じ</td></tr>
<tr><td>士官候補生</td></tr>
<tr><td colspan="2">一年志願兵</td><td colspan="8">各階級に応し所属隊兵科の下士兵卒に同じ
但し肩章の縁辺に赤白毛の縷絲を附す</td></tr>
<tr><td colspan="2">見習医官
見習薬剤官
見習獣医官</td><td colspan="4">一等看護長に同じ</td><td>軍医に同じ
但し裏を附せす</td><td colspan="3">一等看護長に同じ</td></tr>
<tr><td colspan="2">中央幼年学校生徒
地方幼年学校生徒</td><td colspan="8">各兵二等卒と同じ
但し襟章及肩章の星章を除く</td></tr>
<tr><td colspan="2">砲兵諸工長候補者
砲兵工科学校生徒</td><td colspan="8">砲兵二等卒に同じ
但し肩章の星章を除く</td></tr>
<tr><td>備考</td><td colspan="9">一. 隊附のもの及国民軍附きのもの襟部に付着すべき徽章は各兵各部下士兵卒に同じ但し国民軍に属するものは師管番号を表する徽章を其他の隊附のものは襟の右に附す但し隊号を表する徽章を除く
二. 各兵科士官候補生、主計候補生、一年志願兵中主計生、軍医生、薬剤生、獣医生、見習医官、見習薬剤官、見習獣医官、各兵予備役後備役見習士官、予備役後備役見習主計主計、同見習同見習医官、同見習薬剤官及予備役見習獣医官は襟の右に特別の徽章（各兵科は金色、各部は銀色の金属製）を附す但し隊外に在りて襟の左に隊号を表する徽章を附せざるものに在りては此徽章を襟に左右に附す
三. 監督候補生の服制は主計候補生、見習監督の服制は見習主計に同じ</td></tr>
<tr><td colspan="10">附則
陸軍戦時服服制は陸軍大臣の定むる所に寄り平時に在りても之を使用することを得
明治三十七年勅令第二十九号は之を廃止す但し当分の内同令の制服を用うることを得</td></tr>
</table>

時服」でありながら服の地質を「新戦時服」と同様の「茶褐絨」で作製した軍衣・軍跨が存在していた。

⑦着色夏衣跨

帯赤茶褐色の「新戦時服」の制定以前から、戦場では従来より用いていた紺色の軍衣・軍跨・外套は敵から目立ちやすく部隊では臨時の対応手段として、本来は白色綿地製の「夏衣」と「夏跨」を染料で茶褐色に染めたものを、既存の紺色「軍衣」と「軍跨」の上から着用した。

この茶褐色に着色した「夏衣」と「夏跨」は「着色夏衣跨」等と呼ばれ、部隊では通称「上覆」と呼ばれていた。なお「着色夏衣跨」の使用に際して、白色木綿製の「脚袢」も茶褐色に染めて用いられた。

また、この「着色夏衣跨」のほかにも、「土嚢袋」に頭部と袖を出すために頭孔と袖孔を設けて古代の「貫頭衣」に酷似した臨時のカモフラージュベストを急造するケースも多様にあった。

⑧臨時茶褐色木綿製外被

明治三十八年一月になると、「着色夏衣跨」に替わり旧式タイプの紺色の軍衣、軍跨、外套の上から着用する帯赤茶褐色に染めた木綿生地で作製した「臨時茶褐色木綿製外被」四十万個が調達された。

この「臨時茶褐色木綿製外被」は、「高等司令部」と「戦列部隊」の将校以下に必要に応じて配備すべく大陸に送られた。

なお、既存の「着色夏衣跨」も併用して用いられた。

⑨陸軍服装規則の改正　明治三十八年戦時服ノ着装及混用法

前述した「新戦時服」の規定である明治三十八年の「陸軍戦時服服制」制定にともない、明治三十八年七月十二日に「陸達第三十五号」で「陸軍服装規則」が改正され、新設された第五章に「戦時服ノ着装及混用法」が追加された。

この「戦時服ノ着装及混用法」により新制服である「新戦時服」の着装とあわせて、既存の「戦時服」と明治三十三年制定制服との混用する場合の着用根拠が制式に定められた。

「陸軍服装規則」の新設された第五章「戦時服ノ着装及混用法」の全文は、以下のとおりである。

＊戦時服ノ着装及混用法

陸軍服装規則　第五章

第五十七條　戦時服ノ着装法ハ本章ニ於テ規定スルモノノ外前各章ノ規定ヲ適用ス

第五十八條　戦時服ハ平時ニ在リテモ軍装、略装及通常禮装ニ用ウルコトヲ得

第五十九條　通常禮装ニ戦時服ヲ用ウルトキハ第一種帽ノ代リニ第二種帽ヲ用ウルモノトス又季節ニ應シ軍衣、夏衣ノ何レヲモ用ウルヲ得ト雖夏衣ト跨トハ併用スルヲ得ス

第六十條　夏短跨ハ第十一條及第二十

四條ニ據リ着用スルモノトス
第六十一條　防寒襟ハ支給セラレタル部隊ニ限リ嚴寒ノ際之ヲ用ウルモノトス
第六十二條　通常禮裝ニ在リテハ戰時服ノ夏跨及夏短跨ヲ三十三年制（明治三十三年勅令第三百六十四號ヲ云ウ）軍衣ト混用スルノ外戰時服ト他ノ制服（三十三年制及三十七年制　明治三十七年勅令第二十九號ヲ云ウ）ト混用スルヲ得ス但シ外套、雨覆及夏外套ハコノ限ニ在ラス
第六十三條　戰時服ノ第二種帽ハ軍裝及略裝ニ於テ他ノ制服ト混用スルコトヲ得但准士官以上ニ在リテハ紺色ノ軍衣ト混用スルコトヲ得ス
第六十四條　戰時服ノ軍衣、衣跨及夏衣ハ軍裝及略裝ニ於テ他ノ制服ト混用スルコトヲ得但准士官以上ニ在リテハ此ノ場合ニ戰時服ノ第二種帽ヲ用ウヘキモノトス
第六十五條　戰時服ノ跨、短跨、夏跨及夏短跨ハ軍裝及略裝ニ於テ他ノ制服ト混用スルコトヲ得
第六十六條　戰時服ノ外套、雨覆及夏外套ハ總テノ服裝ニ於テ他ノ制服ト混用スルコトヲ得三十三年制外套、雨覆及夏外套モ亦之ニ準ス

⑩装備品の変遷

第四章の最後として、以下に「日露戦争」前後の装備品として「水筒」「雑嚢」「飯盒」の変遷を示す。

A．水筒

「水筒」は建軍当初は正規の装備として存在しておらず、当初は部隊単位で「水桶」や「竹筒水筒」を携行したほか、鎮台によっては市井への依頼作製によるブリキ製の「武力製水筒」を装備する例もあった。

はじめて軍装時に水筒の携帯を定めた規定は明治九年の「陸軍服装規則」の第十八条に『軍装ハ正装ニ同ク唯前立ヲ装セサルヲ異ナリトス　但徒歩ノ下士卒ハ脚絆ヲ跨上ニ着シ豫備靴ヲ背囊ノ両脇ニ附シ食器ヲ背囊ノ外部中央ニ附着シ飲器ヲ携帯ス』とあるように「飲器」の名称で「水筒」の携帯が記されており、明治十二〜十三年ごろより「武力製水筒」の部隊配備が開始された。

明治十八年なると、欧米視察を終えて帰朝した「大山巌陸軍大臣」が視察先のドイツで見たガラス製水筒を元にして、国産のガラス製水筒の製造に着手し、明治十九年より逐次に十万個の製造が開始された。

この水筒はガラス製の本体を破損防止の目的で黒漆塗革の覆いで包み込んだもので、黒皮製の負紐がつけられており、携帯に際しては左肩から右後ろ腰に襷に掛けるもので、水筒の制式名称は『水筒』であり、部隊では「硝子吸筒（水筒）」等と呼ばれることもあった。

また、「硝子水筒」は皮製覆いの下部にベルト止めでコップ代用の「飲器」と呼ばれる黒漆塗りの皮製カップが取り付けられているタイプもある。

「日清戦争」では、冬季の極寒期に水筒内の水の凍結に起因する水筒の破裂

があいつぎ、「第一師団」では明治二十七年九月に「陸軍省」に対して、毛布製の水筒カバーである「毛布製水筒嚢」の追送申請が出された。

また、「第六師団」でも明治二十七年十月二十七日に「陸軍省」に対して、既存の水筒より内部に防錆加工を施した錬鉄製水筒の装備要望があり、旧制式の「武力製水筒」の送付依頼が出されたほか、二十七年十二月には毛布製の水筒カバーである「水筒包」一万二千個の追送申請が出された。

明治三十年になると、アルミニウムの精錬技術の安定化によりアルミニウム製の「水筒」が制定され、従来の「硝子水筒」に代わり制式配備が開始された。

このアルミニウム製「水筒」は三合の水を収容することができ、通常の水筒としての使用のほかに水筒本体を火にかけての水の煮沸も可能であり、肩から腰に掛ける「負革」と呼ばれる携帯用の革ベルトが付随している。

水筒は形状から通称「徳利水筒」とも呼ばれ、のちの昭和五年に「昭五式水筒」が制定されたあとも長く用いられた。

B．雑嚢

建軍以来、「雑嚢」は必要に応じて各部隊単位で適宜に調達が行なわれていたが、明治二十三年に陸軍オフィシャルの制式雑嚢を制定すべく、雑嚢の製作と実用試験が行なわれた。

実験ではプロトタイプの「甲種雑嚢」六十個、「乙種雑嚢」六十個と「水筒」百二十個が準備され、明治二十三年より「会計局」が「戦用器材審査委員会」で水筒とともに一個中隊分の試作品を用いての実用試験が行なわれた。

試験の結果、陸軍制式の「雑嚢」は明治二十五年九月二十九日に「陸達第六十八号」の「下士兵卒用雑嚢制定の件」により制式制定され、制式名称は「下士兵卒用雑嚢」と呼称された。

「下士兵卒用雑嚢」は実包三十発、糧食一食分、水筒、日用品若干を収めるものであり、樹皮汁染した厚織麻布製で内部には水筒を収納した際に水筒を引っ掛ける「水筒掛」と呼ばれる金属性フックが付いており、携帯に際しては左肩から右脇にかける。

この「雑嚢」はのちに数度の小改正を受けつつ「日露戦争」でも用いられ、のちの大正三年に新制式の「雑嚢」が制定されるまで用いられた。

C．飯盒

建軍当初には、まだ「飯盒」は存在しておらず、将校は漆塗のブリキ製弁当箱、下士官兵は「飯骨柳」と呼ばれる竹を編んだ弁当箱等が利用されていた。

軍装に際して「飯盒」の携帯を制式に規定したものは、前掲の明治九年「陸軍服装規則」の第十八条に『但徒歩ノ下士卒ハ脚絆ヲ跨上ニ着シ豫備靴ヲ背嚢ノ兩脇ニ附シ食器ヲ背嚢ノ外部中央ニ附着シ飲器ヲ携帯ス』とあるように「食器」の名称で「飯盒」の携帯が記されており、この時期の「飯盒」

は「ブリキ製」ないし「琺瑯引金属製」の弁当箱を兼ねた配食容器であり、煮炊きは不可能であった。

事実この「飯盒」は、「日清戦争」までは「弁当箱兼用食器」としての位置づけで運用されていた。

明治三十一年になると「水筒」と同様にアルミニウムの精錬技術の安定化により、煮炊きが可能なアルミニウム製の「飯盒」が制定され「日露戦争」で多用された。

この明治三十一年制定の「飯盒」は、最大二食分四合の米の炊飯が可能であり「背嚢」の背部分にベルトで固定して携帯した。

明治38年に旅順で戦場掃除を行なう兵卒。写真右の「脚絆」に「短靴」の兵卒に対して、左は「巻脚絆」に「編上靴」を付けていることから補充兵であることがわかる。

「毛布製外套」の着用状況。外套本体とあわせて付属品の「三角頭巾」「手袋」「布製長靴」が見られる。

「外套」「防寒襟」を装着した状況。「背嚢」の周囲には「毛布製外套」「携帯天幕」と鋲付の予備の「短靴」が着けられ、「飯盒」の上には「飯骨柳」が乗せられている。

「防寒胴衣」の着用例。「鉄船」利用の「軍橋」を渡る輜重兵と輜重輸卒が「防寒胴衣」を着用している。右より２名は現地部隊製造の毛布利用による「頭巾」を付けている。また、右から３人目で米叺を積んだ駄馬を引く輜重輸卒は、「防寒胴衣」の着用により「背負袋」を背負えないため肩口に巻いている。

樽による飲料水運搬中における小休止の状況。写真右から２人目以外は全員が上衣の下に「防寒胴衣」を着用している。写真右には外した装具類が見られ、馬蹄上に巻いた毛布製外套には防滑用の草鞋が下げられているほか、明治31年制定のアルミニウム製「水筒」や、自衛用の「三十年式歩兵銃」も見られる。

後方地区での糧秣の準備中の状況。正規の「外套」着用者に混じり「防寒胴衣」や「毛布製外套」が見られる。

厳冬期に「三一式速射野砲」を射撃中の砲兵で、左１名と右２名がカモフラージュの意味で通称「上覆」と呼ばれた「着色夏衣」を着用している。

明治19年制定の将校准士官用の正衣・正跨・前立付の第一種帽・飾帯に正緒付の軍刀を持って出征前の記念撮影におさまる中尉。

日露戦争出征の記念撮影におさまる少佐。明治19年制定の将校准士官用の軍衣、軍跨、第二種帽、長靴に刀緒付の明治19年制定の軍刀を持っている。だが、戦場での動きやすさを優先して「軍刀」の2つ目の吊具である「第二佩環」を取り外している。

日露戦争出征の記念撮影におさまる騎兵少尉。明治19年制定の騎兵将校用の軍衣、夏跨、第一種帽、長靴、刀身の長い明治19年制定の騎兵軍刀を持っている。

日露戦争出征の記念撮影におさまる少尉。明治19年制定の将校相当官用の軍衣、夏跨、日覆付の第一種帽、拍車付の長靴を着用し、刀緒を付けた軍刀を持っている。

夏跨、日覆付の第二種帽、脚絆、短靴を着用し、「背嚢」を背負い、右方から左脇に「雑嚢」を下げ、「二十二年式村連発銃」を持っている。「水筒」は「雑嚢」の中におさめているものと推測される。

日露戦争出征の記念撮影におさまる砲兵少佐。明治19年制定の将校相当官用の軍衣、夏跨、日覆付の第二種帽、長靴を着用し、刀緒を付けた日本刀仕込みの「軍刀」を持っている。写真左は「馬丁」であり、正規の「帽」と「法被」を着用している。写真左は従兵で、明治19年制定の下士兵卒用の夏衣、

日露戦争出征の記念撮影におさまる少尉。明治19年制定の将校相当官用の軍衣、軍跨、第一種帽を着用し、刀緒を付けた軍刀を持っている。

明治37年に出征に際して撮影された、明治37年制定の戦時服を着用して軍装した大尉。明治19年制定の将校同相当官被服にくらべて軽快な服であり、また、階級の識別も容易である。

明治37年に出征に際して撮影された、明治37年制定の戦時服を着用して軍装した少尉。明治19年制定の尉官用軍刀を持っており、「第二佩環」をはずしている。

明治37年に出征に際して撮影された、明治37年制定の戦時服を着用して軍装した少尉。

明治37年に出征に際して撮影された、明治37年制定の戦時服の夏服を着用した中尉。茶褐色に染めた日覆を付けた第二種帽を被っている。軍刀ではなく「指揮刀」を持っている。

明治37年に出征に際して撮影された、明治37年制定の戦時服を着用して軍装した将校。階級は大尉であり、「第二種帽」を被り、足回りは「短靴」に絨製の将校用脚胖を付けている。装備は「背囊」を背負い、右肩から左脇に左脇に「双眼鏡囊」を付け、左肩から右腰に「拳銃囊」を付け、右手には「二十六年式拳銃」を持っている。軍刀は明治19年制定の尉官用軍刀に「日本刀」ないし「造兵刀（「村田刀」）」の刀身を仕込んだため、刀身幅が大きくなって握り部分は両手握り対応で、規定では水牛角の握りであるが白鮫革に変更してあり、佩環も「第二佩環」を省略している。

同じく、出征に際して撮影された、明治37年制定の戦時服を着用して軍装した将校。「第二種帽」を被り、足回りは「短靴」に絨製の将校用脚絆を付けている。装備は「背嚢」を背負い、首から「双眼鏡」を下げて、右肩から左脇に「双眼鏡嚢」を付け、腰には装備の固定をかねて「拳銃嚢」を付けた「軍刀帯」を巻いている。「軍刀」は前掲写真と同じく「日本刀」ないし「造兵刀」の刀身を仕込んでいる。

隊付として戦闘部隊に従軍する士官候補生の写真。明治19年制定将校同相当官用の夏衣、夏跨、日覆付の第二種帽に半長靴を履き、「三十二年式軍刀乙」を持っている。なお、夏衣は茶褐色に染めた「着色夏衣」である。

戦場で撮影された乗馬姿の二等軍医生（軍医中佐）。明治19年制定の将校同相当官用の軍衣、軍跨、長靴に第二種帽（佐官及び同相当官用）を被り、「剣」ではなく明治19年制定の「軍刀」を下げている。

明治39年に凱旋した４名の将校で、１枚の写真から明治19年制定の軍服から「旧戦時服」と「新戦時服」の３種類の軍服を見ることができる。写真裏書より、左から「三等軍医（旧戦時服）」、「三等獣医（明治十九年制定の軍衣・軍跨）」、「三等主計（明治十九年制定の外套）」、「砲兵少尉（新戦時服）」である。全員が戦場での動きやすさを優先して「軍刀」の２つ目の吊具である「第二佩環」を取り外している。

明治37年に撮影された補充兵。明治19年制定の外套を着用し、背嚢、雑嚢、水筒を付けており、「二十二年式村田連発銃」を持っている。

明治37年に撮影された喇叭卒（階級は一等卒）。「二十二年式村田連発銃」を持っている。

明治37年に撮影された兵卒。記念撮影に際して肩に掛けていた外套をはずして着用したため、外套にしわが寄った上衣になっている。腰には「十八年式村田銃」の銃剣を下げている。外套は下士官と兵卒の識別線がないことから、明治二十二年改正以前のデッドストックが配られたものと思われる。「脚絆」を付けておらず短靴のみであるが、「脚絆」を付けるに際しての「靴下」を用いた「跨」の裾の処理方法がわかる写真である。

明治37年に撮影された曹長。明治19年制定の下士兵卒用軍衣、軍跨、第二種帽を着用している。軍刀は私物の明治19年制定の尉官用軍刀を手にしている。

明治37年に撮影された伍長。明治19年制定の下士兵卒用軍衣、軍跨に第二種帽を被り、明治八年制定の下士官軍刀を下げている。

明治37年に撮影された「歩兵第八聯隊」の伍長。明治19年制定の下士兵卒用軍衣、軍跨に第二種帽を被っている。腰の革帯には「三十年式銃剣」を付けている。

明治37年8月1日、出征に際して広島で写した上等兵の写真。明治19年制定の下士兵卒用軍衣、夏跨、日覆付の第二種帽に短靴を履いている。サイドテーブル脇には革帯に通した「十八年式村田銃」の銃剣が見える。

明治37年に出征に際して妻と写真に写る上等兵。明治19年制定の下士兵卒用軍衣、軍跨に天頂部を潰した第二種帽に半長靴を履いている。

明治37年４月に出征に際して母親と写真に映る一等兵。ポケットが追加されたタイプの上衣を着用している。寸胴タイプの軍足（くつ下）の形がよくわかる。

明治38年に撮影された曹長。明治19年制定の下士兵卒用軍衣と軍跨に明治38年制定の第二種帽を被っている。軍刀は明治19年制定の尉官用軍刀を下げている。

明治38年６月25日に撮影された樺太占領軍の第十三師団第二十五旅団歩兵第五十聯第四中隊の上等兵。軍衣は戦時生産型で肩章を省略して左右胸部分に貼り付けタイプの胸ポケットが追加されており、右胸ポケットには「懐中時計」の紐が見える。

明治38年夏に奉天で撮影された兵卒の写真。明治38年制定の下士兵卒用夏被服（新戦時服）の戦時省略タイプの夏衣、夏袴、第二種帽を着用している。この戦時省略タイプの夏衣は帯赤茶褐色綿地製で、明治19年制定の下士兵卒軍衣のスタイルで縫製されており、肩章と襟章は未着ないし外した状態であり、足回りは編上靴に巻脚絆である。写真中央の兵の腰には明治31年制定の水筒が見える。

明治38年内地で撮影された写真で、前掲写真と同じく明治38年制定の下士兵卒用夏被服（新戦時服）の戦時省略タイプの夏衣、夏袴、日覆付の第二種帽、半長靴を着用している。足元には背嚢があり、「外套」が馬蹄状に縛着されているほかに、予備の半長靴が取り付けられている。

記念撮影を行なう騎兵伍長（前列）と騎兵上等兵（後列左）と騎兵一等卒（後列右）。全員が明治19年制定の騎兵下士兵卒用の軍衣、軍跨、第二種帽、長靴を着用しており、騎兵用の「三十二年式軍刀甲」を装備している。軍衣の肩章は外している。

記念撮影におさまる騎兵軍曹（写真右）と騎兵二等卒（写真左）。明治19年制定の騎兵下士兵卒用の軍衣、軍跨、第二種帽、長靴を着用して「三十二年式軍刀甲」を装備している。二等卒は頭頂部を崩した第二種帽を被っている。

騎兵二等卒。一般兵科用の「三十二年式軍刀乙」に対して、騎兵専用の「三十二年式軍刀甲」の刀身の長さのわかる写真である。

出征に際して記念撮影を行なう「輜重輸卒」。明治19年制定の下士兵卒用の軍衣、軍跨、第二種帽、脚絆、短靴を着装しており、軍衣の袖には袖章がない。輸卒は規定面では「三十年式銃剣」の携帯が定められていたが、実際には「三十年式銃剣」は戦闘部隊に優先配備されたため、旧式の「徒歩刀」や旧式銃剣を配備されることが多く、写真では「二十二年式村田連発銃」の銃剣を装備している。

明治19年制定の下士兵卒用の夏衣と夏跨を着用した下士兵卒。「日覆」を付けた「第二種帽」を被っている。

明治19年制定の下士兵卒用の夏衣と夏跨を着用した下士官。「日覆」を付けて頭頂部を潰した「第二種帽」を被っており、記念撮影用に「指揮刀」を持っている。右袖部分に下士官を示す山型の袖線が見える。

兵卒用の「軍衣」「軍跨」「前立」付の「第一種帽」を着用して「脚絆」は正装のため「跨」の下に着用している。写真中央の笑顔満面で行進する喇叭卒に対して、写真右の将校（中尉）が鋭い視線を送っている。

＜以下６葉の写真は日露戦争前後に写された「歩兵第三十二聯隊」の写真である＞
明治36年３月28日の「軍旗祭」の際に正装で「山形城」内を通過する隊列。将校は明治19年制定の将校同相当官用の「正衣」「正跨」「前立」付の「第一種帽」を着用し、下士兵卒は明治19年制定の下士

「日露戦争」の勃発により明治37年４月に予備役の招集を行なう「歩兵第三十二聯隊」営庭には多くの見送り者が溢れかえり、夏衣、夏跨に日覆を付けた第二種帽を被った現役兵が入営者の対応にあたる姿が写されている。

上には「着色夏衣」を重ね着しており、「脚胖」も茶褐色に染められている。写真右の将校は「夏外套（マント）」を着用している。

明治37年９月２日に撮影された営門を通過して出征する「歩兵第三十二聯隊」。下士兵卒は「軍衣」「軍跨」「日覆」付の「第二種帽」を着用し、背嚢を背負っている。カモフラージュを兼ねて「軍衣」の

過

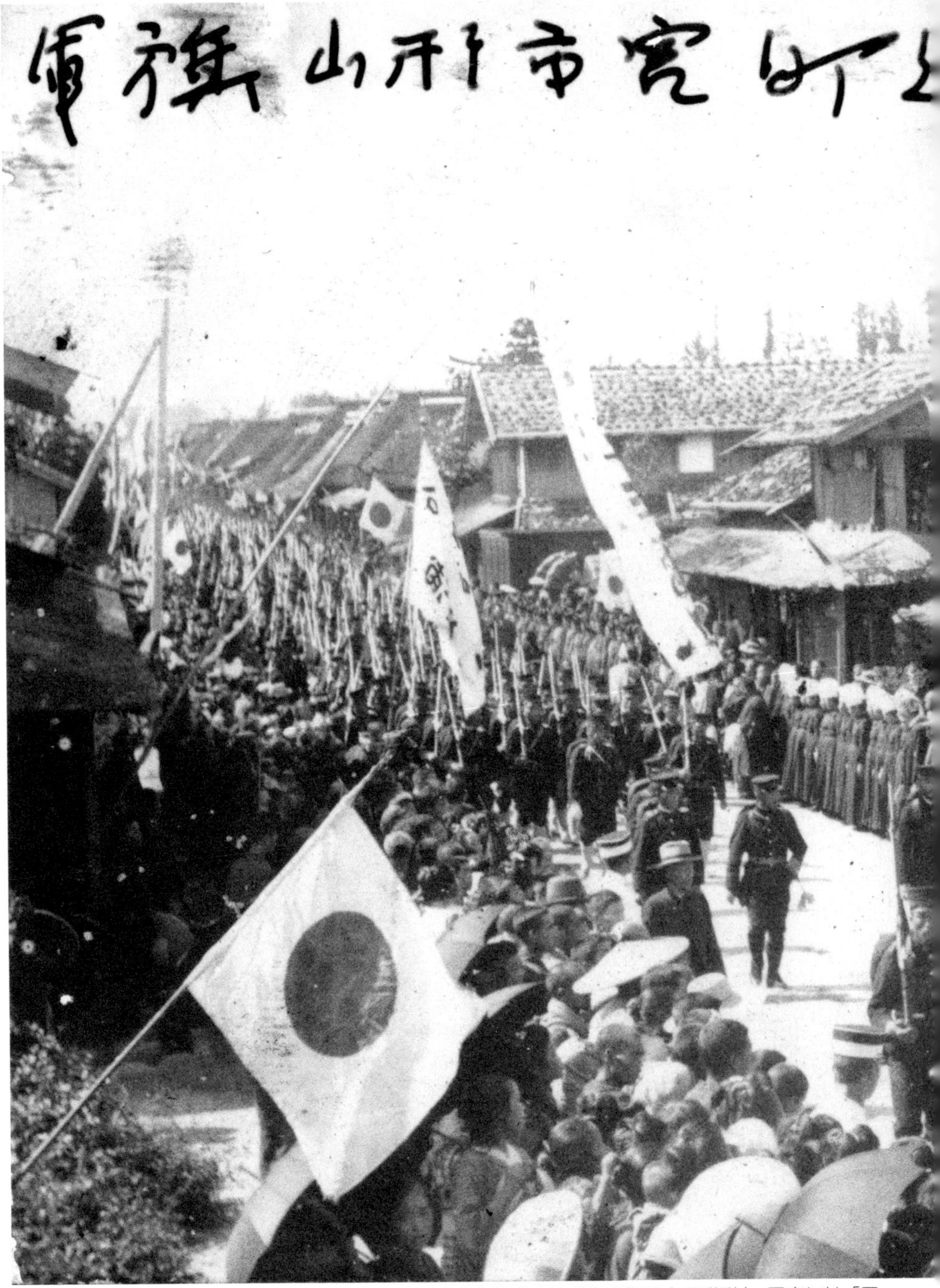

明治37年９月２日に撮影された出征のため山形市内を行進する「歩兵第三十二聯隊」。写真には「軍旗」を先頭に市内を通過する様子が写されている。道の左右には国運をかけて歩武堂々と行進する将兵を歓呼の声で送る国民の姿が見られる。

山形兵三十二聯
仙台市ニ向フ

明治37年９月２日に撮影された出征する「歩兵第三十二聯隊」。写真には宮町橋を通過して仙台市へ向かう「大行李」が写されており、写真左の乗馬する将校につづいて行李を積んだ駄馬をひく「輜重輸卒」の姿が見える。

時山形県三十二聯隊
隊出発

明治37年、戦場の「歩兵第三十二聯隊」の増援のために「歩兵第三十二聯隊留守隊」より戦場に向かう「補充隊」。下士官兵は明治十九年制定の下士兵卒用の軍衣、軍跨、脚絆、短靴、外套、第二種帽（日覆付）に背嚢、水筒、雑嚢、弾薬盒、銃剣を付けて「三十年式歩兵銃」を担っている。

日露戦争勃発前後の台湾守備隊の状況。写真は「台湾守備歩兵第五大隊」の営門で、衛兵は明治19年制定の下士兵卒用の夏衣、夏跨、第二種帽（日覆付)、脚絆、短靴を着用し、背嚢を背負い「十八年式村田銃」を装備している。

台湾守備隊が親日の高砂族で編成した「護郷隊」。帽、上衣、革帯、銃、銃剣は守備隊からの支給品であり、肩から毛布を掛けている。銃は「十八年式村絨」と村田銃用銃剣を装備しており、多くの隊員が裸足であり、腰に「蕃刀」を付けている者もいる。写真左には台湾守備隊員の助教役の下士官がいる。

第五章　日露戦争後の被服

①日露戦争後の被服規定

「日露戦争」終結後の陸軍の服制は「日露戦争」中の明治三十八年に制定された「新戦時服」を明治三十九年に制式の服制とし、同年に「陸軍軍服服制」を定めるとともに被服規定である「陸軍服装規則」の改正が行なわれ、同年末にさらに改正された「陸軍服装規則」を新規の「陸軍服装規則」に置き換えている。

この「陸軍軍服服制」の制定と前後して、既存の生地を用いて「代用服」が制定されて死蔵物資の活用がはかられつつ、明治四十二年には二回にわたり被服生地の改正を経て、明治四十五年の大規模被服改正が行なわれた。

以下に主要被服法令の沿革を表示するとともに、明治三十九年「陸軍軍服服制」、明治三十九年一回目の「陸軍服装規則」改正、明治三十九年「陸軍服装規則」制定、明治三十九年「代用服の制定」、「被服廠の拡大」「製絨所の拡大」「四二式と改四二式の存在」「明治四十五年の被服改正」を順次述べる。

＊日露戦争後の主要被服規定

年　代	規定名称
明治39年	陸軍軍服服制
明治39年　改正	陸軍服装規則
明治39年	陸軍服装規則
明治39年	代用服の制定
明治42年	四二式
明治42年	改四二式
明治45年	被服改正

②明治三十九年の被服改正

「日露戦争」終結後の明治三十九年になると、明治三十八年に通称「新戦時服」の呼称で用いられた「陸軍戦時服服制」を陸軍制式の服制にすることとなり、既存の「陸軍戦時服服制」をベースとして、明治三十九年に「勅令第七十一号」をもって「陸軍軍服服制」が制定された。

③陸軍服装規則の改正　明治三十九年

明治三十九年の「陸軍服制」の改正に合わせて、同年では二回にわたり

「陸軍服装規則」が改正された。

一回目の「陸軍服装規則」改正は、明治三十九年四月十三日の「陸達第三十号」によるもので、既存の明治三十三年制定（陸達第五十九号）の「陸軍服装規則」に必要条項を追加改正したものである。

以下に一回目の改正で、既存の「陸軍服装規則」（明治三十三年陸達第五十九号）に追加された事項を示す。

＊陸軍服装規則改正　明治三十九年四月
第四條ニ左ノ一項ヲ加フ
観兵式又ハ儀杖服務ノトキ又ハ軍隊靖國神社参拝ノトキニモ軍装ヲ著用セシムルコトヲ得
第九條ノ二
将校同相當官ニシテ佐官以下ノ各級将校ト會同スル場合ニ於テハ通常禮装及軍装ニ限リ茶褐色制服ヲ用ウルモノトス
第九條ノ三
外套雨覆及夏外套ヲ除クノ他茶褐色制服ト其ノ他ノ制服ト混用スルコトヲ得ス
第十條中「略装ニ用ウルヲ正則トスト雖軍装及通常禮装ニモ亦」ヲ「略装軍装及通常禮装ニ」ニ改ム
第十一條　茶褐色夏跨ハ茶褐色衣ヲ著スルトキニ限リ著用スルモノトス
将官同相當官ノ白色夏跨ハ夏跨ハ暑中何レノ服装ニ在リテモ著用スルコトヲ得但シ正装ニテ室内ニ於ケル儀式等ニ列スルトキハ必ス跨ヲ著用スヘシ
第十九條　刀ハ将校之ヲ佩用ス但シ軍隊ノ長ニ非サル将官同相當官ハ刀ニ換フルニ劍ヲ持テスルコトヲ得
第二十四條　短跨（暑中ニ在リテハ夏短跨）ハ何レノ服装ニ在リテモ長靴ヲ

〈表1〉

品目	着装法及特別ノ規定
第一種帽	
前立	
正衣	
肩章	
跨（三十三年式）	
飾帶	騎兵將校及ビ各科各部ノ准士官ハ之ヲ用イス
飾緒	將官及参謀ノ職ニ在ル者之ヲ用ウ
懸章	高等官衙副官、週番將校之ヲ用ウ
刀（正緒共）	乗馬ニ在リテハ上部ノ環ヲ釣金ニ掛ケス 騎兵將校ハ正衣ノ下ニ佩フ
短靴	騎兵將校ハ長靴ヲ用ウ

〈表2〉

品目	着装法及特別ノ規定
第一種帽	
正衣	
肩章	
跨（三十三年式）	
飾緒	將官及参謀ノ職ニ在ル者之ヲ用ウ
懸章	高等官衙副官、週番將校之ヲ用ウ
刀（正緒共）	乗馬ニ在リテハ上部ノ環ヲ釣金ニ掛ケス 騎兵將校ハ正衣ノ下ニ佩フ
短靴	騎兵將校ハ長靴ヲ用ウ

穿ツトキ著用スルモノトス
　短跨ヲ著用スルトキハ第十一條ノ例ニヨル
第四十一条中「第一種帽」ヲ「第二種帽（將官同相當官ニシテ明治三十三年敕令第三百六十四號ノ軍衣跨ヲ用ウルトキ及第二種帽ノ制ナキモノハ第一種帽）」ニ改ム
第四十三條　刀劍ハ何レノ服裝ヲ論セス衣ノ上ニ佩フヘシ又外套ヲ著スルトキハ總テ之ヲ其ノ上ニ佩フヘシ
第四十七條　防寒襟ハ支給セラレタル部隊ニ限リ嚴寒ノ際用ウルモノトス
第四十七條ノ二　茶褐色制服ト同制式ノ紺色制服ハ茶褐色制服ト同一ニ使用ス但シ茶褐色制服ト混用スルコトヲ得ス
第四十八條中「第一種帽」ヲ「第二種帽（第二種帽ノ制ナキモノハ第一種帽ヲ用ウ）」ニ改メ「前立」ノ下ニ「第一種帽ヲ用ウルモノニ限ル」ノ注釋ヲ加ヘ但書ヲ削ル
第四十九條第三號中「負皮ヲ肩章ノ下ニス」ノ割注及第七號ヲ削リ第八號中「衛生部軍吏部」ヲ「經理部衛生部」ニ改ム
第五十條中第一號及第七號割注中「縫工長靴工長及」ヲ削リ第八號中「時宜ニ依リ」ノ下ニ「携帶天幕」ヲ加ヘ第十三号ヲ削ル
第五十二條中「見習士官」ノ下ニ「見習主計」ヲ加ヘ「見習軍吏」ヲ削ル
第五章削除
第五十六條ノ次ニ左ノ附則ヲ加フ

〈表3〉

品目	着装法及特別ノ規定
第二種帽（茶褐色）	
軍衣（茶褐色）	
短跨（茶褐色）	暑中茶褐色夏衣ト併用スルモ妨ナシ
夏衣（茶褐色）	暑中之ヲ用ウ
夏短跨（茶褐色）	暑中之ヲ用ウ 茶褐色軍衣ト併用スルモ妨ナシ
飾緒	参謀ノ職ニ在ル者之ヲ用ウ
外套若ハ雨覆（茶褐色）	隊伍ニ列スルトキ用ウ 着用スルトキノ外ハ巻テ鞍尾ニ附ス
夏外套（茶褐色）	隊伍ニ列シ外套若ハ雨覆ヲ用イサルトキ之ヲ用ウ 着用スルトキノ外ハ巻テ鞍尾ニ附ス
刀（刀緒共）	衣ノ下ニ佩フ徒歩ニ在リテハ上部ノ環ヲ釣金ニ掛ケ乗馬ニ在リテハ之ヲ掛ケス
長靴	
備考	一　暑中ト稱スルハ六月一日ヨリ九月盡日迄ノ間トス但シ氣候ニ依リ必要ト認ムルトキハ東京衛戍總督、衛戍司令官（衛戍地外ニ在リテハ該地高級團隊長）ニ於テ之ヲ伸縮スルコトヲ得以下同シ 二　宮中ニ参内シ若ハ一般通常服着用ノ場合ニ於テハ特ニ茶褐色ノ跨（夏衣ヲ着スルトキハ夏跨）短靴ヲ用ウ

〈表４〉

<table>
<tr><th rowspan="2">品目</th><th rowspan="2">着装法</th><th colspan="2">特別ノ規定</th></tr>
<tr><th>乗馬本分ノ者</th><th>乗馬本分ニアラサル者</th></tr>
<tr><td>第二種帽</td><td></td><td></td><td></td></tr>
<tr><td>軍衣</td><td></td><td></td><td></td></tr>
<tr><td>袴</td><td rowspan="2">暑中夏衣ト併用スルモ妨ナシ</td><td></td><td></td></tr>
<tr><td>短袴</td><td></td><td></td></tr>
<tr><td>夏衣</td><td></td><td>暑中之ヲ用ウ</td><td>暑中之ヲ用ウ</td></tr>
<tr><td>夏袴</td><td rowspan="2">軍衣ト併用スルモ妨ナシ</td><td></td><td></td></tr>
<tr><td>夏短袴</td><td>暑中之ヲ用ウ</td><td></td></tr>
<tr><td>飾緒</td><td></td><td>参謀ノ職ニ在ル者之ヲ用ウ</td><td></td></tr>
<tr><td>懸章</td><td>右肩ヨリ左脇ニ掛ク</td><td>高等官衙副官、週番衛戍巡察將校之ヲ用ウ</td><td>高等官衙副官、週番衛戍巡察將校之ヲ用ウ</td></tr>
<tr><td>背嚢</td><td></td><td></td><td rowspan="2">隊伍ニ列スルトキ用ウ</td></tr>
<tr><td>外套若ハ雨覆</td><td rowspan="2">着用スルトキノ外ハ巻テ背嚢若ハ鞍尾ニ附ス背嚢ヲ負ハスシテ隊伍ニ列スルトキハ巻テ右肩ヨリ左脇ニ掛ク</td><td>隊伍ニ列スルトキ用ウ</td></tr>
<tr><td>夏外套</td><td>隊伍ニ列シ外套若ハ雨覆ヲ用イサルトキ之ヲ用ウ</td><td>隊伍ニ列シ外套若ハ雨覆ヲ用イサルトキ之ヲ用ウ</td></tr>
<tr><td>刀（刀緒共）</td><td>衣ノ下ニ佩フ徒歩ニ在リテハ何レノ場合ト雖モ上部ノ環ヲ鈎金ニ掛ケ乗馬ニ在リテハ之ヲ掛ケス</td><td></td><td></td></tr>
<tr><td>短靴</td><td></td><td></td><td></td></tr>
<tr><td>長靴</td><td></td><td></td><td></td></tr>
<tr><td>脚絆</td><td>袴上ニ着ス</td><td></td><td>隊伍ニ列スルトキ用ウ</td></tr>
<tr><td>備考</td><td colspan="3">一　表中斜線ハ用イサルモノヲ示ス
二　准士官ニシテ乗馬スベキ者ハ乗馬本分ノ者ニ準ズ
三　宮中ニ参内シ若ハ一般通常服着用ノ場合ニ於テハ乗馬本分ノ者（騎兵ヲ除ク）ト雖特ニ紺褐色ノ袴（夏衣ヲ着スルトキハ夏袴）短靴ヲ用ウ</td></tr>
</table>

〈表５〉

<table>
<tr><th rowspan="2">品　目</th><th rowspan="2">着装法</th><th colspan="2">特　別　ノ　規　定</th></tr>
<tr><th>曹長</th><th>軍曹以下</th></tr>
<tr><td>第二種帽</td><td></td><td></td><td></td></tr>
<tr><td>衣　襟布共</td><td></td><td></td><td></td></tr>
<tr><td>跨</td><td>暑中夏衣ト併用スルモ妨ナシ</td><td></td><td></td></tr>
<tr><td>夏衣　襟布共</td><td></td><td rowspan="2">暑中之ヲ用ウ</td><td rowspan="2">暑中之ヲ用ウ</td></tr>
<tr><td>夏跨</td><td>衣ト併用スルモ妨ナシ</td></tr>
<tr><td>背嚢</td><td></td><td rowspan="4">隊伍ニ列スルトキ用ウ</td><td rowspan="4">隊伍ニ列スルトキ用ウ</td></tr>
<tr><td>外套</td><td>着用スルトキノ外ハ巻テ背嚢ニ附シ若ハ巻テ右肩ヨリ左脇ニ掛ク</td></tr>
<tr><td>水筒</td><td></td></tr>
<tr><td>雑嚢</td><td></td></tr>
<tr><td>短靴
工兵ハ工兵靴</td><td></td><td></td><td></td></tr>
<tr><td>脚絆</td><td>跨上ニ着ス</td><td>隊伍ニ列セサルトキハ用イサルモ妨ナシ</td><td>隊伍ニ列セサルトキハ用イサルモ妨ナシ</td></tr>
<tr><td>刀　刀緒共</td><td>衣若ハ外套ノ上ニ佩ヒ環ヲ釣金ニ掛ク</td><td></td><td></td></tr>
<tr><td>銃
弾薬盒共</td><td></td><td></td><td>隊伍ニ列スルトキ用ウ</td></tr>
<tr><td>銃剣</td><td></td><td></td><td></td></tr>
<tr><td>喇叭</td><td></td><td>鼓手長隊伍ニ列スルトキ用ウ</td><td>鼓手（喇叭）長、鼓手及喇叭手隊伍ニ列スルトキ用ウ</td></tr>
<tr><td>器具
手旗</td><td>背嚢ニ附ス</td><td>所持スル物隊伍ニ列スルトキ用ウ</td><td>所持スル物隊伍ニ列スルトキ用ウ</td></tr>
<tr><td>飯盒
予備靴</td><td rowspan="2"></td><td rowspan="2">隊伍ニ列スルトキ用ウ</td><td rowspan="2">隊伍ニ列スルトキ用ウ</td></tr>
<tr><td>形態天幕
毛布</td></tr>
<tr><td>備考</td><td colspan="3">一　表中斜線ハ用イサルモノヲ示ス
二　支給品本表規定ニ合セサルモノアルトキハ本表及第七條ニ準シテ取捨着用セルモノトス</td></tr>
</table>

附則

第五十七條　佐尉官同相當官准士官ノ三十三年制外套雨覆及夏外套ハ當分ノ中他ノ制服ト混用スルコトヲ得

第五十八條　佐尉官同相當官准士官（樂長及樂長補ヲ除ク）ノ三十三年制帽・衣・跨ハ本年六月盡日迄通常禮裝軍裝略裝ニ之ヲ使用シ其ノ以後ハ略裝ニ限リ當分之ヲ使用スルコトヲ得

第五十九條　佐尉官同相當官准士官ノ三十三年制第二種帽及衣跨ハ來ル本年六月盡日迄從前ノ規定ニ依リ茶褐色制服ト混用スルコトヲ得

第六十條　下士以下（軍樂部ヲ除ク）ノ三十三年制制服ハ本年九月盡日迄從前ノ規定ニ依リ正裝軍裝略裝ニ之ヲ使用シ其ノ以後ハ憲兵及騎兵ニ限リ略裝ニノミ當分之ヲ使用スルコトヲ得

二回目の改正は、明治三十九年十二月十九日の「陸達第八十一号」によるもので、一回目である四月十三日の「陸達第三十号」による改正ではなく、既存の明治三十三年制定（陸達第五十

〈表6〉

品目	着装法	特別ノ規定				
		騎兵砲兵 輜重兵曹長	憲兵下士 上等兵	騎兵軍曹 伍長、兵卒	砲兵軍曹 伍長、兵卒	輜重兵 軍曹、伍長、 兵卒
第二種帽						
衣　襟布共						
跨	暑中夏衣ト併用スルモ妨ナシ					
夏衣　襟布共		暑中之ヲ用ウ	暑中之ヲ用ウ	暑中之ヲ用ウ	暑中之ヲ用ウ	暑中之ヲ用ウ
夏跨	衣ト併用スルモ妨ナシ					
背囊	砲兵ハ場合依リ前車ニ附ス	砲兵徒歩ニテ隊伍ニ列スルトキ用ウ	動員部隊ニ属シ乗馬セサル者緋之ヲ用フ		徒歩ニテ隊伍ニ列スルトキ用ウ	
外套	着用スルトキノ外ハ巻テ背囊若ハ鞍ニ附ス背囊ヲ負ハサルトキハ巻テ右肩ヨリ左脇ニ掛ク	隊伍ニ列スルトキ用ウ	動員部隊ニ属スルトキ及演習ニ出場スルトキ用ウ	隊伍ニ列スルトキ用ウ	隊伍ニ列スルトキ用ウ	隊伍ニ列スルトキ用ウ
水筒						
雑囊 憲兵ハ革雑囊		要塞砲兵（乙大隊ヲ除ク）隊伍ニ列スルトキ用ウ			要塞砲兵（乙大隊ヲ除ク）隊伍ニ列スルトキ用ウ	
短靴		山砲隊ノ乗馬セサル者及要塞砲兵（乙大隊ヲ除ク）之ヲ用ウ			山砲隊ノ乗馬セサル者及要塞砲兵（乙大隊ヲ除ク）之ヲ用ウ	

半長靴	乗馬ノトキハ拍車ヲ附ス	砲兵（短靴ヲ穿ツ者ヲ除ク）輜重兵之ヲ用ウ			短靴ヲ穿ツ者ヲ除クノ外之ヲ用ウ	
長靴	隊伍ニ列スルトキ及乗馬ノトキハ拍車ヲ附ス	騎兵之ヲ用ウ				
脚絆	跨上ニ着ス	短靴ヲ穿ツ者之ヲ用ウ但シ隊伍ニ列セサルトキハ用イサルモ妨ナシ			短靴ヲ穿ツ者之ヲ用ウ但シ隊伍ニ列セサルトキハ用イサルモ妨ナシ	
刀　刀緒共	衣若ハ外套ノ上ニ佩フ徒歩ニ在リテハ何レノ場合ト雖環ヲ釣金ニ掛ケ乗馬ニ在リテハ之ヲ掛ケス				隊外ニ奉職スル軍装、伍長之用ウ	
銃 弾薬盒共				所持スル者隊伍ニ列スルトキ用ウ近衛騎兵ハ儀式及衛兵勤務ノ際銃ノ代リニ槍ヲ用ウ	要塞砲兵徒歩ニテ隊伍ニ列スルトキ用ウ	所持スル者隊伍ニ列スルトキ用ウ
銃剣						
拳銃 弾薬盒共	憲兵ハ帯革ニ附シ其ノ他ハ携帯革ヲ以テ左肩ヨリ右脇ニ掛ク	所持スル者隊伍ニ列スルトキ用ウ	警察勤務ニスルトキ用ウ	所持スル者隊伍ニ列スルトキ用ウ	所持スル者隊伍ニ列スルトキ用ウ	所持スル者隊伍ニ列スルトキ用ウ
喇叭				喇叭長（手）隊伍ニ列スルトキ用ウ	喇叭長（手）隊伍ニ列スルトキ用ウ	喇叭長（手）隊伍ニ列スルトキ用ウ
器具	背嚢ニ附ス				要塞砲兵（乙大隊ヲ除ク）隊伍ニ列スルトキ用ウ	
手旗	背嚢（鞍）ニ附ス				所持スル者隊伍ニ列スルトキ用ウ	
飯盒 予備靴 携帯天幕 毛布	徒歩者ハ背嚢ニ附シ乗馬者ハ馬嚢中ニ入ル	隊伍ニ列スルトキ用ウ	動員部隊ニ属スルトキ及演習ニ出場スルトキ用ウ	隊伍ニ列スルトキ用ウ	隊伍ニ列スルトキ用ウ	隊伍ニ列スルトキ用ウ
備考	一　表中斜線ハ用イサルモノヲ示ス 二　支給品本表規定ニ合セサルモノアルトキハ本表ニ準シテ取捨着用セルモノトス					

〈表7〉

品目	着装法	特別ノ規定		
		蹄鐵工長 砲兵諸工長	各部下士以下	雑卒
第二種帽				
衣　襟布共				
跨	暑中夏衣ト併用スルモ妨ナシ			
夏衣　襟布共		暑中之ヲ用ウ	暑中之ヲ用ウ	暑中之ヲ用ウ
夏跨	衣ト併用スルモ妨ナシ			
背嚢		砲兵、輜重兵蹄鐵工長及砲兵諸工長（騎兵隊ヲ除ク）隊伍ニ列スルトキ用ウ	騎兵隊附ノ者及軍楽部ヲ除ク外隊伍ニ列スルトキ用ウ	助卒隊伍ニ列スルトキ用ウ
背負袋				助卒ヲ除ク外隊伍ニ列スルトキ用ウ
外套	着用スルトキノ外ハ巻テ背嚢若ハ鞍ニ附ス背嚢ヲ負ハサルトキハ巻テ右肩ヨリ左脇ニ掛ク	隊伍ニ列スルトキ用ウ	隊伍ニ列スルトキ用ウ但シ軍楽部ハ時宜ニヨリ用イサルモ妨ナシ	隊伍ニ列スルトキ用ウ
水筒			隊伍ニ列スルトキ用ウ	
雑嚢 憲兵ハ革雑嚢			軍楽部隊伍ニ列スルトキ用ウ	助卒隊伍ニ列スルトキ用ウ
医療嚢 包帯嚢			看護長、看護手隊伍ニ列スルトキ用ウ	
短靴		砲兵諸工長及山砲隊附蹄鐵工長之ヲ用ウ	動員セル騎兵隊附ノ者ヲ除ク他之ヲ用ウ	
半長靴	乗馬ノトキハ拍車ヲ附ス	砲兵（山砲隊附ヲ除ク）及輜重兵蹄鐵工長之ヲ用ウ		
長靴	隊伍ニ列スルトキ及乗馬ノトキハ拍車ヲ附ス	騎兵蹄鐵工長之ヲ用ウ	動員セル騎兵隊附ノ者之ヲ用ウ	
脚絆	跨上ニ着ス	短靴ヲ穿ツ者之ヲ用ウ但シ隊伍ニ列セサルトキハ用イサルモ妨ナシ	短靴ヲ穿ツ者之ヲ用ウ但シ隊伍ニ列セサルトキハ用イサルモ妨ナシ	隊伍ニ列セサルトキハ用イサルモ妨ナシ
刀　刀緒共	衣若ハ外套ノ上ニ佩フ徒歩ニ在リテハ何レノ場合ト雖環ヲ釣金ニ掛ケ乗馬ニ在リテハ之ヲ掛ケス	蹄鐵工長（砲兵隊附ヲ除ク）之ヲ用ウ		
銃剣		砲兵蹄鐵工長（隊外者ヲ除ク）及砲兵諸工長之ヲ用ウ		
飯盒 予備靴	徒歩者ハ背嚢（背負袋ヲ負フ者ハ之ニ入レ若ハ肩ニ掛ク）ニ附シ乗馬者ハ馬嚢中ニ入ル	隊伍ニ列スルトキ用ウ	隊伍ニ列スルトキ用ウ	隊伍ニ列スルトキ用ウ
携帯天幕 毛布				
備考	一　表中斜線ハ用イサルモノヲ示ス 二　支給品本表規定ニ合セサルモノアルトキハ本表及第七條ニ準シテ取捨着用セルモノトス			

九号）「陸軍服装規則」を廃止して、新たに「陸軍服装規則」を制定したものである。

以下に新たに制定された「陸軍服装規則」を示す。

新しい「陸軍服装規則」は表を多用するなどして従来の「陸軍服装規則」よりも読みやすくなっているのが特徴である。

＊陸軍服装規則　明治三十九年十二月十九日

第一章　服装ノ種類及着装法

第一條　陸軍軍人ノ服装ハ左ノ四種ニ區分ス但シ第一號第二號ハ将校（将校相當官及准士官ヲ含ム以下同シ）ニ限ル

一　正装

二　禮装

三　軍装

四　略装

第二條　正装ハ左表（表1）ニ列記スルモノヲ着装ス

第三條　禮装ハ左表（表2）ニ列記スルモノヲ着装ス

第四條　将官同相當官ノ軍装ハ左表（表3）ニ列記スルモノヲ着用ス

三十三年制軍服（肋骨製）軍装ニ關スル規定

隊伍ニ列スルカ又ハ上長官以下ノ各級将校ト廉アリテ會合ヲスル場合ヲ除ク外左ニ揚クルモノヲ用ウルコトヲ得但シ宮中ニ参内シ若ハ一般通常服着用ノ場合ニ於テハ特ニ紺色ノ跨（夏衣ヲ着スルトキハ白色夏跨）短靴ヲ用ウルモノトス

紺色第二種帽

紺色軍衣

白色短跨

白色夏衣（日覆共　暑中用ウ）

第五條　上長官、士官、准士官ノ軍装ハ左表（表4）ニ列記スルモノヲ着装ス

第六條　歩兵、工兵下以下ノ軍装ハ左表（表5）ニ列記スルモノヲ着用ス

第七條　憲兵、騎兵、砲兵、輜重兵下士以下ノ軍装ハ左表（表6）ニ列記スルモノヲ着用ス

第八條　蹄鐵工長、砲兵、諸工長、各部下士以下、雑卒ノ軍装ハ左表（表7）ニ列記スルモノヲ着用ス

第九條　略装ニ在リテハ左ノ各號ニ依ルノ外概ネ軍装ニシ

一　将校ハ徒歩ノ者ト雖短跨ヲ用イ又

〈表8〉

品目	特別ノ規定	
	正装及礼装	軍装
頭絡　韁　副韁　轡衡 副衡　轡鎖　鞍 腹帯　鐙　靻　鞍褥		
豫備轡鎖　鞍嚢		隊伍ニ列スルトキ用ウ
鞍尾　野繋　旅嚢		
鼻皮　鞍嚢外覆　靷　鞦		
備考	一　表中斜線ハ用イサルモノヲ示ス 二　略装ニ在リテハ概ネ軍装ニ準シシテ取捨ス	

將校一般ニ短靴、長靴何レモヲ使用スルコトヲ得但シ短跨短靴ヲ併用スルハ脚絆ヲ着スルトキニ限ル

二　騎兵將校中隊外服務ノ物ハ他兵科ト同式ノ跨ヲ用ウルコトヲ得但シ隊附ノ者ニシテ隊務ニ服セサルトキ亦同シ

第十條　將校ノ馬装ハ左表（表８）ニ列記スルモノヲ用ウ

第十一條　下士以下ノ馬装ハ右ノ各號ニ依ル

一　軍装ニ在リテハ頭絡、大勒韁、小勒韁、大勒銜、小勒銜、轡鎖、鞍、腹帯、鐙、鐙革、鞍下毛布、鞍嚢、雨覆、蹄鐵嚢、旅嚢、麥嚢、水與噐ヲ用ウ

二　略装ニ在リテハ革製水勒ヲ用ウルコトヲ得ル外概ネ軍装ニ準シテ取捨スル

第二章　各種服装ヲ用ウル場合

第十二條　正装ヲ爲ス場合概ネ左ノ如シ

一　新年

二　三大節（新年宴會　紀元節　天長節）

三　特ニ拜謁ノ爲参内スルトキ

四　賢處参拜ノトキ

五　靖國神社大日（單獨参拜スルトキ）

六　任官敍位敍勳ノトキ

七　一般大禮服着用ノトキ

其ノ他自家ノ賀儀葬祭ニモ之ヲ着用スルコトヲ得

第十三條　禮装ヲ爲ス場合概ネ左ノ如シ

一　宮中若ハ皇族ノ午宴ニ陪スルトキ

二　夜會其他廉アル宴會ニ出ルトキ

三　一般通常禮服着ノトキ

其ノ他親族ノ賀儀葬祭ニモ之ヲ着用スルコトヲ得

第十四條　軍装ヲ爲ス場合概ネ左ノ如シ

一　宮中若ハ皇族ノ午宴ニ陪スルトキ

二　内謁見ノ爲参内スルトキ

三　歳末御祝辭ノ爲参内スルトキ

四　天機伺竝御禮（任官敍位敍勳其ノ他）ノ爲メ参内スルトキ

五　天覽ノ場所ニ参列スルトキ

六　行幸行啓等ノ場所ニ参集スルトキ

七　特ニ上官ニ謁スルトキ

八　陸軍始

九　靖國神社大日（隊伍ヲ爲シテ参拜スルトキ）

十　觀兵式送迎式伺候式又ハ儀仗服務ノトキ

十一　動員部隊ニ屬スルトキ

十二　衞戍部隊ニ屬スルトキ

十三　秋季演習及廉アル演習ノトキ

十四　軍法會議ニ列スルトキ

十五　下士以下ニシテ將校ノ正装禮装ヲ着用スル場合ニ相當スルトキ

十六　一般通常服着用ノ場合

其ノ他一般ノ賀儀葬祭ニモ之ヲ着用スルコトヲ得

本條第九號第十號及其ノ他儀式ノ

場合ニ於ケル軍装ニハ將校ノ野繫、旅嚢及下士以下ノ水筒、雑嚢、背負袋、噐具、手旗、飯盒、豫備靴、携帯天幕、毛布、雨覆、蹄鐵嚢、旅嚢、麥嚢、水與噐ハ之ヲ装着セサルモノトス

本條第十一號第十二号第十三號等ノ場合ニ於ケル軍装ニハ時宜ニヨリ前項諸品ヲ省略スルコトヲ得

第十五條　略装前三條ニ列記スル場合ノ外之ヲ用ウ

第十六條　動員セル部隊ニ屬スル者ハ正装禮装ヲ爲スヘキ場合ニ於テ軍装ヲ用ウ

守備又ハ特別ノ任務ニ由リ衞戍地外ニ駐屯スル部隊ニ屬スル者ニシテ正装禮装ヲ整ヒ得サルシキハ前項ニ同シ

第十七條　東京衞戍總督及衞戍司令官ハ當該衞戍地内ニ屯在スル軍人ノ服装ヲ齊一ナラシムルノ必要アルトキハ本規則ノ範圍内ニ於テ其ノ着装法ヲ定ムルコトヲ得各部團隊長勤務、演習等ノ爲當該部團隊ニ於ケル服装ヲ齊一ヲ要スルトキ亦同シ

第十八條　套ハ何レノ服装ヲ論セス雨雪ノ時又ハ防寒ノ爲室外ニ於テ着用シ（氣候温熱ノトキニ在リテハ夏外套ヲ用ウルコトヲ得）軍装略装ニ在リテハ防寒ノ爲室内ニ於テモ亦之ヲ着用スルコトヲ得但シ儀式ノ場所ニ在リテハ雨雪ノ外及上官ノ居室ニ在リテハ武装シタルトキ又ハ許可ヲ得タルトキノ外之ヲ着用スルコトヲ許サス

第十九條　雨覆ハ室外ニ於テ外套ニ併用シ或ハ單ニ之ノミヲ着用スルモノトス

第二十條　将校ハ何レノ服装ニ在リテモ白色皮手袋ヲ用ウルヲ正則トス但シ軍装略装ニ在リテハ燻、茶、茶褐色革製又ハ白、鼠、茶褐色、莫大小製ノモノヲ用ウルコトヲ得

第二十一條　下士以下ニシテ手套ヲ給與シアル者ハ何レノ服装ニ在リテモ之ヲ用ウヘシ但シ野戰砲兵聯隊、要塞砲兵聯隊乙大隊ノ隊伍ニ列スル者ニ在リテハ乘馬スル者ニ限リ之ヲ用ウ

隊伍ニ列セサルトキハ手套ヲ給與シアル者ト否トヲ問ワス白、鼠、茶若ハ茶褐色ノ物ヲ用ウルコトヲ得

第二十二條　勳章及記章ハ何レノ服装ニ在リテモ之ヲ佩用ス而シテ菊花大綬章旭日桐花大綬章旭日大綬章勳一等瑞寶章又ハ功一級賞ハ正装禮装ニノミ佩用シ其ノ他ノ服装ニハ其ノ副賞ノミヲ佩用スヘシ但シ軍装略装ニ於テ通常ノ勤務若ハ演習等ノ場合ニハ勳章徽章ヲ佩用セサルモ妨ナシ

第二十三條　將校同相當官ハ隊伍ニ列セサルトキハ刀ニ代フルニ劍ヲ用ウルコトヲ得

第二十四條　飾緒ハ軍装略装ニ於テ勤務若ハ演習等ノ場合ニハ絹絲製ノモノヲ用ウルコトヲ得

第二十五條　懸章ハ高等官衙副官ニ在リテハ特ニ長官ニ隨從スルトキノ外、週番及衞戍巡察將校ニ在リテハ勤務ヲ執ルトキノ外ハ之ヲ掛ケサルモ妨ナシ又勤務上必要アルトキハ外套ノ上ニ之ヲ着用スルコトヲ得

第二十六條　將校ニシテ乘馬本分ノ者（乘馬スベキ准士官ヲ含ム）ハ靴ニ拍車ヲ附シ又短靴ヲ穿ツ將校（脚絆ヲ着用

スルトキヲ除ク）ハ總テ留革ヲ附着ス但シ徒歩ノ場合ハ略装ニ於テ留革ヲ用イサルモ妨ナシ
第二十七條　將校ノ馬装中鞍嚢及衡ハ軍装略装ニ於テ通常ノ勤務若ハ演習等ニハ制式外ノモノヲ用ウルコトヲ得
第二十八條　軍装及略装ニ在リテハ騎兵將校（准士官ヲ除ク）ハ刀帯ノ釣鎖ヲ釣革ニ換ヘ他ノ將校ハ刀帯ニ一條ノ釣皮ヲ用ウルコトヲ得
第二十九條　軍人特別ニ支給シタル被服等ノ着装ハ該地高級團隊隊長之ヲ定ムヘシ又防寒用被服ハ貸與若ハ支給セラレタル部隊ニ限リ極寒ノ際之ヲ用ウルモノトス
第三十條　將校雨雪ノトキニ乘馬スルトキハ膝覆ヲ用ウルコトヲ得
第三十一條　見習士官見習主計見習醫官見習藥劑官見習獸醫官ノ服装ハ刀ヲ衣ノ上ニ佩フルノ外將校ノ例ニ準ス但シ正装禮装ノ場合ニハ軍装ヲ用ウ
第三十二條　士官候補生（見習士官ヲ除ク）一年志願兵（主計生軍醫生藥劑生獸醫生ヲ除ク）ハ各階級ニ應スル該當兵科ノ下士兵卒ニ準ス但シ騎兵科士官候補生ハ士官學校分遣中ニ限リ跨及夏跨ヲ長跨ニ調製混用セシムルコトヲ得主計候補生（見習主計ヲ除ク）ノ服装ハ歩兵科士官候補生ノモノニ準ス
第三十三條　主計生軍醫生藥劑生獸醫生ノ服装ハ計手看護長（手）蹄鐵工長（卒）ノ例ニ準ス
第三十四條　幼年學校生徒砲兵工科學校生徒竝戸山學校軍樂生徒ノ服装ハ場合ノ如何ニ係ハラス唯一種ヲ用イ制規ノ帽衣跨靴ヲ着用シ銃劍ヲ帯フルノ外當該長官適宜之ヲ定ムルモノトス

附則

一　服装ニ關シ他ノ諸法規中本則ト抵觸スルモノハ本規則ニ依ル
二　將校以下ノ三十三年制制服及三十八年制制服竝下士以下ノ三十八年制紺色制服中外套、雨覆、夏外套ハ當分ノ内彼此代用スルコトヲ得又茶褐色日覆ヲ附シタル下士以下ノ改造帽ハ暑中茶褐色帽ニ代用スルコトヲ得
前項ノモノヲ除ク外各種制服ハ彼此混用スルコトヲ得ス
三　三十三年制制服ハ上長官士官准士官（樂長及樂長補ヲ除ク）ニ在リテハ略装ニ、下士以下ニ在リテハ憲兵及騎兵ニ限リ軍装（儀式ノ場合ヲ除ク）略装ニ共ニ從前ノ規定ニ依リ當分之ヲ使用スルコトヲ得
四　下士以下ノ明治三十八年制紺色制服ハ茶褐色制服ト同一ニ使用ス但シ儀式ノ場合ニ在リテハ特ニ茶褐色制服ヲ着用スルモノトス

④代用服の制定

明治三十九年四月十二日の「勅令第七十号」による「陸軍服制中改正」で、明治三十八年制定の「戦時服（新戦時服）」の衣跨の地質を新採用の茶褐絨ではなく旧制の濃紺絨を用いて製造した「第二種帽」「衣」「跨」「外套」「雨覆」が制定された。

制定された被服は通称「代用服」や「代用軍服」などと呼称された。

この通称「代用服」は、明治十九年以降より戦時に備えて大量にストックされていた十万着分以上の「濃紺絨」

や「濃紺綿」の生地を死蔵せずに新制服の代替品として利用したものである。

この「代用服」は制定直後より「新戦時服」の代用品として用いられ、後述の明治四十五年の被服改正ののちも大正期まで作業着、営内服、演習用被服等として使用された。

「陸軍服制中改正」の全文は、以下のとおりである。

＊陸軍服制中改正　明治三十九年四月十二日　勅令第七十号

陸軍軍服服制ニ規定スル第二種帽、衣、袴、外套及雨覆ノ地質ハ下士兵卒及竝士官下士官候補者ニ在リテハ當分ノ内濃紺絨ヲ以テ茶褐色絨ニ代用スルコトヲ得

前項ノ場合ニ於テ第二種帽ニハ夏用茶褐色ノ日覆ヲ用フ

⑤被服廠の拡大

「日清戦争」終結後に「陸軍被服廠」も設備の拡大を行なっており、明治三十五年七月に廠内に軍靴製造の「製靴工場」が新設された。

明治三十六年九月五日には「勅令第三十三号」で「大阪陸軍被服支廠」の開設が決定して、翌三十七年一月に東京に事務所を開設して事務業務を開始し、つづいて同年十二月二十八日に大阪城内に事務所を移転して、翌三十八年五月三日に大阪市東区法円坂町に移転して「被服支廠」として戦時被服の整備や調達に従事した。

また、日露戦争下の明治三十八年四月十日に大陸への被服輸送の便を考慮して「陸普第二十二号」で広島に「陸軍被服廠広島派出所」を開設して業務に着手した。

「日露戦争」が終結すると被服廠の体制整備が行なわれ、明治四十年十一月八日の「陸普第八百六十一号」により東京の「陸軍被服廠」は「陸軍被服本廠」となり、「陸軍被服廠広島派出所」は「広島陸軍被服支廠」と改称して、既存の「大阪陸軍被服支廠」とあわせて「本廠」と二つの「支廠」の体勢が採られるようになった。

⑥製絨所の拡大

来たるべき「日露戦争」に備えて、「日清戦争」終結後より「千住製絨所」は規模を拡大しており、平時は平均して七百名から九百名を擁していた作業員も、「日露戦争」に際しては昼夜兼行の増産のために最大で三千十二名の要員を擁するようになった。

以下に明治二十八年から四十年に至るまでの「千住製絨所」での製絨量一覧を示す。

＊千住製絨所　製絨量一覧

年　代	生産量（単位尺）
明治28年	2261813
明治29年	1897875
明治30年	2036123
明治31年	1619814
明治32年	1650852
明治33年	1768584
明治34年	2570053
明治35年	1994010
明治36年	2283327
明治37年	5183604
明治38年	4516455
明治39年	4688902
明治40年	3750092

⑦四二式と改四二式の存在

明治三十九年「勅令第七十一号」による「陸軍軍服服制」で制定された「新戦時服」ベースの被服は帯赤茶褐色の地質であったため、大陸で使用する場合の不可視効果はあったものの、内地での使用に際して色彩が強烈すぎたため、内地の色彩にマッチした帯青茶褐色の地質を用いた下士官兵卒用の軍服が整備された。

この帯青茶褐色の地質を用いて製作されて軍服は「四二式」と呼称され、軍衣のボタンのサイズが少し小型化されている。

「四二式」につづき、「四二式」の帯青茶褐色から、さらに青みを増した地質で製作された軍服類は「改四二式」と呼称された。

なお、「四二式」「改四二式」の呼称は制式のものではなく、「被服廠」をはじめとした軍内部での被服の調達、整備、経理の面から付与された名称であり、衣や跨の裏部分の「表記」と呼ばれる被服の形式や製造年度、所有者名等を記載する片布には「四二式」ないし「改四二式」のスタンプが刻印されていた。

⑧明治四十五年の被服改正

明治四十五年になると既存の「新戦時服」のスタイルをベースとした新型軍服が、同年二月二十四日の「勅令第十号」によって制定された。

明治四十五年の被服改正については、制度面では明治四十五年の制定であるが、実際には大正年間に着用された被服であることから、本書につづく「大正編」執筆の機会があればそこで詳細を述べることとする。

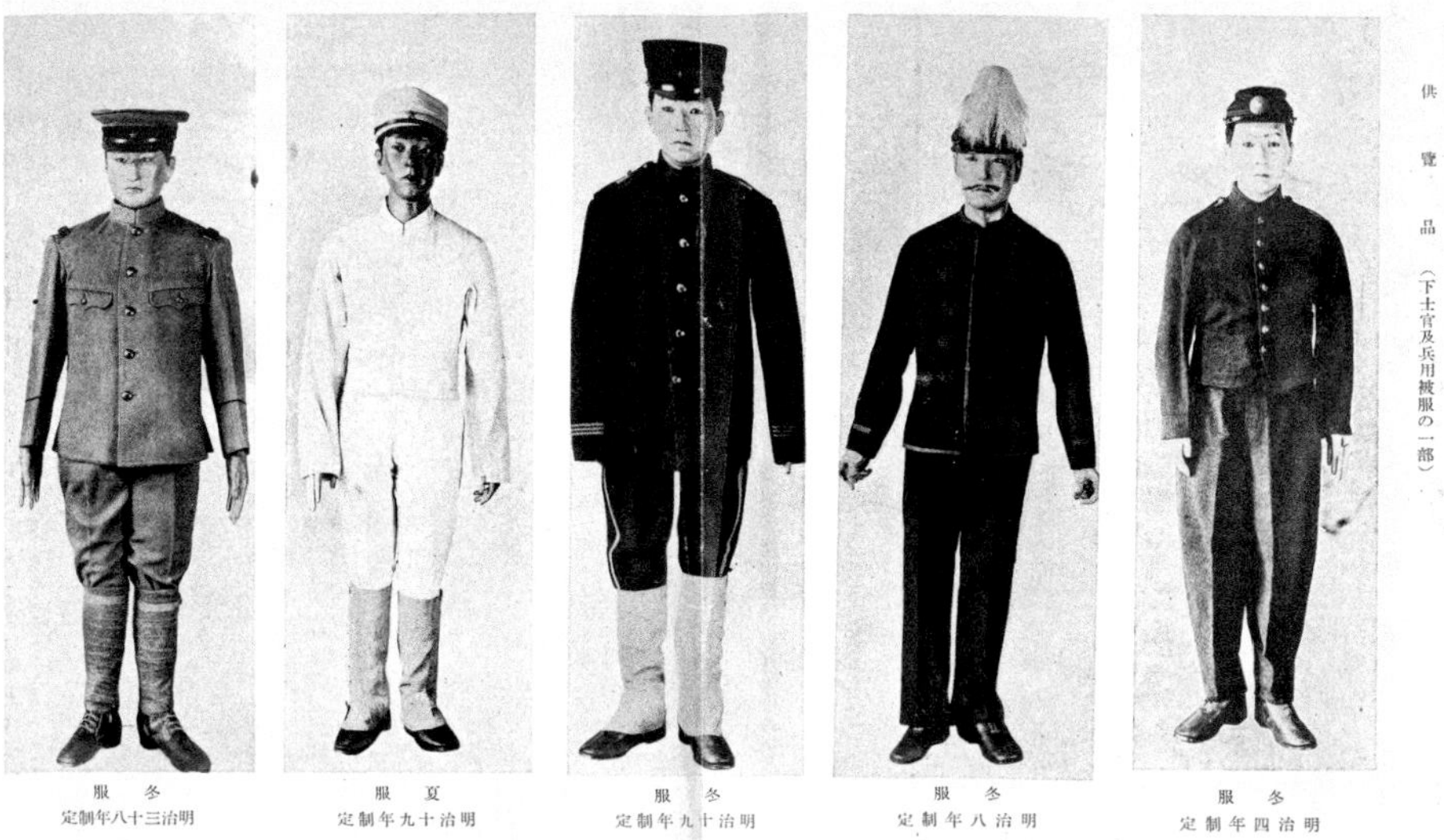

陸軍経理学校が昭和期にまとめた明治初期よりの下士兵卒用被服の沿革。

明治39年に撮影された「大山巌元帥」。明治19年制定の軍服に「第二種帽」をかぶり、右胸に「元帥徽章」を付けている。

明治39年制定の将校准士官被服を着用した将官。階級は不明。（明治40年ごろの撮影）

明治19年制定の軍衣を着用した将官。階級は少将であり、正剣緒を付けた正剣を持っている。

明治40年に久留米の兵営で撮影された明治39年制定の将校准士官被服を着用した「山砲兵第三大隊」の将校連。

「歩兵第十六聯隊」の中尉と二等卒。中尉は明治39年制定の将校准士官被服を着用し、「軍刀」に代わり長身の「指揮刀」を持っている。兵卒は明治39年制定の下士官兵被服の代替品である紺絨製の「代用服」を着用している。（明治40年ごろの撮影）

日露戦争後に任官した憲兵軍曹の記念写真。明治39年の被服改正以降も当分の間は騎兵と憲兵に旧制被服の使用が認められており、明治19年制定の下士兵卒用被服の軍衣、軍跨、第一種帽、長靴を着用し、「三十二年式軍刀乙」を装備している。

明治40年に撮影された「歩兵第三十二聯隊」の「二等卒」。「代用服」を着用しており、足元は「編上靴」に「巻脚絆」を付けており、左肩より右腰に「雑嚢」を下げて「携帯方匙」と外套を付けた「背嚢」を背負っている。小銃は「三十年式歩兵銃」である。頭に被る「第二種帽」は芯を抜いてあえて形を崩している。

明治40年に撮影された「歩兵第二十五聯隊」の「二等卒」。２名とも「代用服」を着用して、左の兵卒は「編上靴」ではなく「短靴」を履き、「巻脚絆」ではなく「脚絆」を付けており、「代用服」の普及とあわせて外地部隊に最新装備を優先配備している状況がよくわかる写真である。「三十年式歩兵銃」の「遊底」を開き「弾薬盒」より取りだした「装弾子」に嵌った訓練用の「擬製弾」を装填する瞬間を写している。

明治39年12月に撮影された「歩兵第三聯隊」の４名の軍曹。「代用服」を着用しており、写真手前の２名は「金鵄勲章」を授与されている。「第二種帽」も紺絨製の「代用帽」である。

明治39年３月に台湾の台北で撮影された軍曹。旧式の明治19年制定の下士兵卒用被服の戦時生産タイプで「肩章」を省略した上衣を着用しており、腰の革帯には「三十年式銃剣」を下げている。

「代用服」を着用した「歩兵第一聯隊」の上等兵。右腕に「精勤章」を付けている。

「代用服」を着用した「歩兵第三聯隊」の上等兵。襟部分の白布を折り曲げて付ける「襟布」の装着状況がよくわかる写真である。（明治40年ごろの撮影）

「代用服」を着用した「騎兵第八聯隊」所属の騎兵一等卒。「三十二年式軍刀甲」を制式の革帯から吊っている。（明治40年ごろの撮影）

明治39年制定の下士兵卒用被服の夏衣と夏跨を着用した「騎兵第十一聯隊」所属の騎兵伍長。「三十二年式軍刀甲」を私物の革帯から吊っており、右手には私物の乗馬鞭を持つ。（明治40年ごろの撮影）

毛皮製プロトタイプの「試製防寒外套」を着用した朝鮮駐留軍の兵士。明治42年の撮影であり、首からは射撃が可能なように親指と人差し指が使えるミトンタイプの「試製防寒手袋」を掛け、足元はフェルト製の「試製防寒長靴」を履いている。

「四二式」ないし「改四二式」の軍衣と軍跨を着用する曹長。明治39年制定の下士兵卒用の軍衣よりもボタンが小型化されている。軍刀は「三十二年式軍刀乙」ではなく私物の明治19年制定の尉官用軍刀の刀身に日本刀を仕込んだものを所持している。

同じく「四二式」ないし「改四二式」の軍衣を着用する曹長。

エピローグ

将兵が普段着用している被服・装備は、その被服制定の時期から、各種の戦訓や技術の進歩により、つねに進化をとげてきました。

調べていくにつれて、被服ひとつをとっても、試作にはじまり制式に至るプロセスがあり、さらには頻繁に改良が行なわれていることが分かりました。

明治陸軍の被服・装備は、海外の模倣からはじまった建軍期から、各種の戦役を経てしだいに国産化が行なわれるとともに、技術革新による改良が繰り返されてきたものであり、まさに被服の視点より陸軍の進歩を見ることができます。

明治期の被服に関しては著者の浅学より、不明瞭・不正確な部分が多く、皆様のご教示・ご鞭撻をいただければ幸いです。

また、あわせて本書が陸軍歴史の継承の一助になれば幸いです。

本書の執筆にあたりまして、大学以来お世話になっております故名越二荒之助先生に御礼申し上げますとともに、貴重な写真と史料の提供やご教示をくださいました奥本剛様、柳瀬敬夫様、長谷川裕介様、Crea Bartoon様、姫宮きりん様、辻田文雄様、軍事法規研究会に心より御礼申し上げます。

著者

写真で見る明治の軍装

2016年1月15日　第1刷発行
2020年4月7日　第2刷発行

著　者　藤田昌雄

発行者　皆川豪志

発行所　株式会社　潮書房光人新社
〒100-8077
東京都千代田区大手町1-7-2
電話番号／03(6281)9891(代)
http://www.kojinsha.co.jp

装　幀　天野昌樹
印刷製本　株式会社堀内印刷所
定価はカバーに表示してあります
乱丁，落丁のものはお取り替え致します。本文は中性紙を使用

ISBN978-4-7698-1610-2 C0095